计算机科学与技术专业核心教材体系建设 —— 建议使用时间

课程系列	一年级上	一年级下	二年级上	二年级下	三年级上	三年级下	四年级上	四年级下
基础系列	大学计算机基础							
电类系列		电子技术基础	数字逻辑设计 / 数字逻辑设计实验					
程序系列		计算机程序设计	面向对象程序设计 / 程序设计实践	数据结构	算法设计与分析			
系统系列		计算机原理	操作系统	计算机系统综合实践	计算机网络	计算机体系结构		
应用系列		离散数学(上) / 信息安全导论	离散数学(下)			人工智能导论 / 数据库原理与技术 / 嵌入式技术	计算机图形学	
系统系列					软件工程 / 编译原理	软件工程综合实践		
选修系列								机器学习 / 物联网导论 / 大数据分析技术 / 数字图像技术

面向新工科专业建设计算机系列教材

计算机程序设计

从理论到实践 微课版

郭卫斌 罗勇军 编著

清华大学出版社

北京

内 容 简 介

本书通过介绍程序设计语言的基本结构，计算机求解实际问题的基本过程，系统地阐述程序设计的基本思想、基本方法和基本技术，以及初步的工程基础知识，培养学生利用计算机求解复杂工程问题的基本能力，具备一定的高级语言程序设计能力。

全书由计算机程序设计基础、计算机程序设计方法和数据组织与处理技术三部分组成。秉承了"以程序设计能力为导向，强化对程序思维和工程实践能力培养"的理念，由问题引出概念，阐述相关知识、理论、方法与技术。以案例为驱动，构造算法，训练学生的实际编程能力。本书注重介绍和分析软件设计全过程，包括算法设计、数据表达、编码、调试与测试、文档撰写等。

本书是初学者学习计算机程序设计的理想选择，既可作为高等学校各专业本科生、研究生的教材，也可作为计算机等级考试的辅导用书，并且适合读者自学。

图书在版编目（CIP）数据

计算机程序设计：从理论到实践：微课版 / 郭卫斌，罗勇军编著. -- 北京：清华大学出版社，2025.5.
（面向新工科专业建设计算机系列教材）. -- ISBN 978-7-302-68881-5

Ⅰ. TP311.1

中国国家版本馆 CIP 数据核字第 2025U0J091 号

策划编辑：白立军
责任编辑：杨　帆
封面设计：刘　键
责任校对：韩天竹
责任印制：刘海龙

出版发行：清华大学出版社
　　　网　　　址：https://www.tup.com.cn，https://www.wqxuetang.com
　　　地　　　址：北京清华大学学研大厦 A 座　　　　　邮　　编：100084
　　　社 总 机：010-83470000　　　　　　　　　　　　邮　　购：010-62786544
　　　投稿与读者服务：010-62776969，c-service@tup.tsinghua.edu.cn
　　　质量反馈：010-62772015，zhiliang@tup.tsinghua.edu.cn
　　　课件下载：https://www.tup.com.cn，010-83470236
印 装 者：三河市龙大印装有限公司
经　　销：全国新华书店
开　　本：185mm×260mm　　　印　张：18.5　　插　页：1　　字　数：465 千字
版　　次：2025 年 5 月第 1 版　　　　　　　　　　　印　次：2025 年 5 月第 1 次印刷
定　　价：69.00 元

产品编号：106192-01

出版说明

一、系列教材背景

人类已经进入智能时代,云计算、大数据、物联网、人工智能、机器人、量子计算等是这个时代最重要的技术热点。为了适应和满足时代发展对人才培养的需要,2017 年 2 月以来,教育部积极推进新工科建设,先后形成了"复旦共识"、"天大行动"和"北京指南",并发布了《教育部高等教育司关于开展新工科研究与实践的通知》《教育部办公厅关于推荐新工科研究与实践项目的通知》,全力探索形成领跑全球工程教育的中国模式、中国经验,助力高等教育强国建设。新工科有两个内涵:一是新的工科专业;二是传统工科专业的新需求。新工科建设将促进一批新专业的发展,这批新专业有的是依托于现有计算机类专业派生、扩展而成的,有的是多个专业有机整合而成的。由计算机类专业派生、扩展形成的新工科专业有计算机科学与技术、软件工程、网络工程、物联网工程、信息管理与信息系统、数据科学与大数据技术等。由计算机类学科交叉融合形成的新工科专业有网络空间安全、人工智能、机器人工程、数字媒体技术、智能科学与技术等。

在新工科建设的"九个一批"中,明确提出"建设一批体现产业和技术最新发展的新课程""建设一批产业急需的新兴工科专业"。新课程和新专业的持续建设,都需要以适应新工科教育的教材作为支撑。由于各个专业之间的课程相互交叉,但是又不能相互包含,所以在选题方向上,既考虑由计算机类专业派生、扩展形成的新工科专业的选题,又考虑由计算机类专业交叉融合形成的新工科专业的选题,特别是网络空间安全专业、智能科学与技术专业的选题。基于此,清华大学出版社计划出版"面向新工科专业建设计算机系列教材"。

二、教材定位

教材使用对象为"211 工程"高校或同等水平及以上高校计算机类专业及相关专业学生。

三、教材编写原则

(1) 借鉴 *Computer Science Curricula* 2013(以下简称 CS2013)。CS2013

的核心知识领域包括算法与复杂度、体系结构与组织、计算科学、离散结构、图形学与可视化、人机交互、信息保障与安全、信息管理、智能系统、网络与通信、操作系统、基于平台的开发、并行与分布式计算、程序设计语言、软件开发基础、软件工程、系统基础、社会问题与专业实践等内容。

(2) 处理好理论与技能培养的关系，注重理论与实践相结合，加强对学生思维方式的训练和计算思维的培养。计算机专业学生能力的培养特别强调理论学习、计算思维培养和实践训练。本系列教材以"重视理论，加强计算思维培养，突出案例和实践应用"为主要目标。

(3) 为便于教学，在纸质教材的基础上，融合多种形式的教学辅助材料。每本教材可以有主教材、教师用书、习题解答、实验指导等。特别是在数字资源建设方面，可以结合当前出版融合的趋势，做好立体化教材建设，可考虑加上微课、微视频、二维码、MOOC 等扩展资源。

四、教材特点

1. 满足新工科专业建设的需要

系列教材涵盖计算机科学与技术、软件工程、物联网工程、数据科学与大数据技术、网络空间安全、人工智能等专业的课程。

2. 案例体现传统工科专业的新需求

编写时，以案例驱动，任务引导，特别是有一些新应用场景的案例。

3. 循序渐进，内容全面

讲解基础知识和实用案例时，由简单到复杂，循序渐进，系统讲解。

4. 资源丰富，立体化建设

除了教学课件外，还可以提供教学大纲、教学计划、微视频等扩展资源，以方便教学。

五、优先出版

1. 精品课程配套教材

主要包括国家级或省级的精品课程和精品资源共享课的配套教材。

2. 传统优秀改版教材

对于已经出版、得到市场认可的优秀教材，由于新技术的发展，计划给图书配上新的教学形式、教学资源的改版教材。

3. 前沿技术与热点教材

反映计算机前沿和当前热点的相关教材，例如云计算、大数据、人工智能、物联网、网络空间安全等方面的教材。

六、联系方式

联系人：白立军

联系电话：010-83470179

联系和投稿邮箱：bailj@tup.tsinghua.edu.cn

面向新工科专业建设计算机系列教材编委会

2019 年 6 月

面向新工科专业建设计算机系列教材编委会

主 任：

张尧学　清华大学计算机科学与技术系教授　中国工程院院士/教育部高等学校
　　　　软件工程专业教学指导委员会主任委员

副主任：

陈　刚　浙江大学计算机科学与技术学院　　　　　　副校长/教授
卢先和　清华大学出版社　　　　　　　　　　　　　总编辑/编审

委 员：

毕　胜　大连海事大学信息科学技术学院　　　　　　院长/教授
蔡伯根　北京交通大学计算机与信息技术学院　　　　院长/教授
陈　兵　南京航空航天大学计算机科学与技术学院　　院长/教授
成秀珍　山东大学计算机科学与技术学院　　　　　　院长/教授
丁志军　同济大学计算机科学与技术系　　　　　　　系主任/教授
董军宇　中国海洋大学信息科学与工程学部　　　　　部长/教授
冯　丹　华中科技大学计算机学院　　　　　　　　　副校长/教授
冯立功　战略支援部队信息工程大学网络空间安全学院　院长/教授
高　英　华南理工大学计算机科学与工程学院　　　　副院长/教授
桂小林　西安交通大学计算机科学与技术学院　　　　教授
郭卫斌　华东理工大学信息科学与工程学院　　　　　副院长/教授
郭文忠　福州大学　　　　　　　　　　　　　　　　副校长/教授
郭毅可　香港科技大学　　　　　　　　　　　　　　副校长/教授
过敏意　上海交通大学计算机科学与工程系　　　　　教授
胡瑞敏　西安电子科技大学网络与信息安全学院　　　院长/教授
黄河燕　北京理工大学计算机学院　　　　　　　　　院长/教授
雷蕴奇　厦门大学计算机科学系　　　　　　　　　　教授
李凡长　苏州大学计算机科学与技术学院　　　　　　院长/教授
李克秋　天津大学计算机科学与技术学院　　　　　　院长/教授
李肯立　湖南大学　　　　　　　　　　　　　　　　副校长/教授
李向阳　中国科学技术大学计算机科学与技术学院　　执行院长/教授
梁荣华　浙江工业大学计算机科学与技术学院　　　　执行院长/教授
刘延飞　火箭军工程大学基础部　　　　　　　　　　副主任/教授
陆建峰　南京理工大学计算机科学与工程学院　　　　副院长/教授
罗军舟　东南大学计算机科学与工程学院　　　　　　教授
吕建成　四川大学计算机学院（软件学院）　　　　　院长/教授
吕卫锋　北京航空航天大学　　　　　　　　　　　　副校长/教授
马志新　兰州大学信息科学与工程学院　　　　　　　副院长/教授

毛晓光	国防科技大学计算机学院	副院长/教授
明　仲	深圳大学计算机与软件学院	院长/教授
彭进业	西北大学信息科学与技术学院	院长/教授
钱德沛	北京航空航天大学计算机学院	中国科学院院士/教授
申恒涛	电子科技大学计算机科学与工程学院	院长/教授
苏　森	北京邮电大学计算机学院	副校长/教授
汪　萌	合肥工业大学	副校长/教授
王长波	华东师范大学计算机科学与软件工程学院	常务副院长/教授
王劲松	天津理工大学计算机科学与工程学院	院长/教授
王良民	江苏大学计算机科学与通信工程学院	院长/教授
王　泉	西安电子科技大学	副校长/教授
王晓阳	复旦大学计算机科学技术学院	教授
王　义	东北大学计算机科学与工程学院	教授
魏晓辉	吉林大学计算机科学与技术学院	院长/教授
文继荣	中国人民大学信息学院	教授
翁　健	暨南大学	副校长/教授
吴　迪	中山大学计算机学院	副院长/教授
吴　卿	杭州电子科技大学	教授
武永卫	清华大学计算机科学与技术系	副主任/教授
肖国强	西南大学计算机与信息科学学院	院长/教授
熊盛武	武汉理工大学计算机科学与技术学院	院长/教授
徐　伟	陆军工程大学指挥控制工程学院	院长/副教授
杨　鉴	云南大学信息学院	教授
杨　燕	西南交通大学信息科学与技术学院	副院长/教授
杨　震	北京工业大学信息学部	副主任/教授
姚　力	北京师范大学人工智能学院	执行院长/教授
叶保留	河海大学计算机与信息学院	院长/教授
印桂生	哈尔滨工程大学计算机科学与技术学院	院长/教授
袁晓洁	南开大学计算机学院	院长/教授
张春元	国防科技大学计算机学院	教授
张　强	大连理工大学计算机科学与技术学院	院长/教授
张清华	重庆邮电大学	副校长/教授
张艳宁	西北工业大学	副校长/教授
赵建平	长春理工大学计算机科学技术学院	院长/教授
郑新奇	中国地质大学(北京)信息工程学院	院长/教授
仲　红	安徽大学计算机科学与技术学院	院长/教授
周　勇	中国矿业大学计算机科学与技术学院	院长/教授
周志华	南京大学	副校长/教授
邹北骥	中南大学计算机学院	教授

秘书长：

| 白立军 | 清华大学出版社 | 副编审 |

前言

    "计算机程序设计"是大学各专业普遍开设的一门重要的核心基础课程，其主要内容包括程序设计的理论、方法与技术。

    程序设计过程是一项融合阅读判断、逻辑思维、抽象表达、工具利用等多项技能综合应用的创造性思维（程序思维）活动。**程序思维**是使编程者站在计算机的角度思考问题，在头脑中运用计算机运行的基本机制，模仿其操作方式，来分析和解决问题的思考过程及方法。程序思维关注的不是问题有没有解，而是如何去求解。因此，它跳出了具体的语言环境，探索对所有编程语言行之有效的过程及方法，是一种基础性思维。程序思维是各专业大学生必须具备的一项最基本的核心素养，包括掌握编程语言的语法知识，以及分析解决问题能力、代码优化能力、持续学习适应新技术能力、团队协作和沟通能力等多方面。

    基于以上思考，本书以大学生的**程序设计能力**培养为导向，以学生已有的知识和技能为起点，以问题驱动，基于实际问题情景设计教学方案，将程序思维训练贯穿于教学全过程，采用项目式、探究式教学，支持学生开展自主性、研究型学习。

    本书有以下三个特色。

    (1) **内容先进，注重实践和应用。**本书覆盖了计算机程序设计的各个环节和阶段，采用"**基础知识→核心技术→实践演练**"的结构进行全书内容的组织。

    每章开始设置了内容提要、学习目的和要求、重要知识点，使学生在学习本章之前就知晓拟学习的主题、主要内容和学习目标。每章最后扼要总结了本章的重要概念、理论与方法，并设有形式丰富的习题供读者课后练习。各章内容相对独立，教师可以根据课程计划学时和专业需要自由选择和组合相关内容，以保持课程体系结构的完整性。书中还引入了一些能够被本科生理解且具有一定复杂度的应用实例，并设置了很多课程思政教学元素，循序渐进地引导学生掌握正确认识问题、分析问题和解决问题的高阶思维能力和创新能力。

    (2) **精心编排，便于学习和教学。**叙述脉络上，本书采用了"**深入浅出，化繁为简，以简驭繁**"的模式，首先介绍计算机程序设计的相关基础知识，然后引入程序设计的核心技术，最后辅以具体的案例进行实践演练。讲解方法上，本书以计算机问题为驱动，通过案例深入，对复杂问题通过分析予以简化，帮助读者清晰地理解问题，在案例分析的基础上引导读者厘清思路，形成对问题的总体观点，逐步加深对算法的理解。编排逻辑上，本书注重对算法的过程描述，促进读者深刻地认知，并将实际问题分解转换为算法形成的能力，运用结构化、模块化设计思想以简捷的方式处理繁杂的问题，由浅入深，将简单问题提升到思维层次，最终达到问题求解，如下图所示。

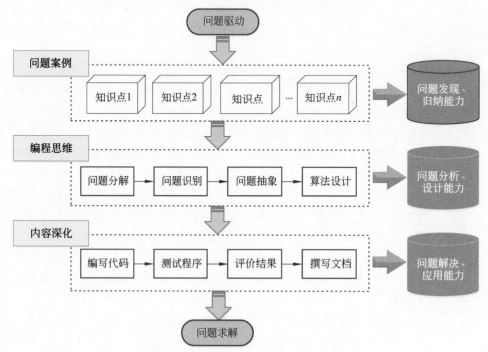

图　能力导向、问题驱动的程序设计教学模式

（3）**可读性好，配套资源丰富**。本书写作过程中，力求将程序设计的相关理论、方法、技术与文学艺术、人们的日常生活、人类思维方法等相结合，使学生能切身感受到与程序设计相关的人文情怀，提高学习的兴趣和主动性。本书体现了作者过去数十年的教学经验积累，力争在将理论与实践相结合、课内课外融合、反映学科发展前沿，以及适应时代发展对大学生培养的新趋势和新要求等方面取得好的效果。除本书外，编者还开发了配套的教学大纲、考试大纲、教学日历、多媒体课件、教学视频、习题库、课程思政案例及视频、实践辅导书、源代码等配套的立体化教学资源，供感兴趣的读者选用。

本书将围绕计算机程序设计所涉及的基础知识、基本方法和基本技术等相关内容展开，包括计算机程序设计所需要具备的基础知识、程序设计过程所用的方法与技术、如何针对不同类型的数据进行组织与处理等。案例环节，按照**"分析问题→设计算法→编写代码→调试运行→编写文档"**的顺序，揭示计算机问题求解的整个过程。

全书共分为三篇。

第一篇：计算机程序设计基础。

第一篇包括第1～3章。第1章主要介绍计算机系统的工作原理，利用计算机进行问题求解的过程，指出程序设计的目的和意义，并简要介绍本书的依托环境——C语言的起源、发展情况，C环境下开发与运行程序的过程。第2章剖析了计算机程序的基本结构，介绍结构化程序的构成要素,归纳了程序设计的基本方法与技术、程序设计的原则与风格。第3章在介绍数据类型含义的基础上,简要介绍计算机程序设计中不同数据类型的组织与处理方法。

第二篇:计算机程序设计方法。

第二篇包括第4、5章。第4章为结构化程序设计方法,系统地介绍顺序、选择和循环三种基本结构化程序的设计方法及技术。第5章为模块化程序设计方法,深入剖析模块化程序设计的思想,详细介绍模块化程序设计的方法与技术。

第三篇:数据组织与处理技术。

第三篇包括第6～10章。第6章介绍批量数据组织与处理方法,第7章介绍混合数据组织与处理方法,第8章介绍对数据的间接访问方法,第9章介绍动态数据组织与处理方法,第10章介绍磁盘数据组织与处理方法。

本书的写作,得益于很多同事、同行的帮助、讨论以及在具体事务上的支持。在此谨向他们表示衷心的感谢!

在编写过程中,作者参考和借鉴了大量的国内外优秀教材、文献以及网络上有价值的资料。鉴于许多资料存在大量未曾标明出处的相互转载,因时间、精力所限,作者不能逐一查考其原作者。为此,谨向有关的作者、编者、译者和网站表示衷心的感谢!

由于作者水平有限,书中难免存在错误和不妥之处,恳请广大读者批评指正。

"愿将黄鹤翅,一借飞云空。"程序设计没有一蹴而就的捷径,希望读者能借本书这个台阶,切实提升自己的计算机程序设计与实现能力!

编　者

2025 年 2 月

CONTENTS

目录

第一篇 计算机程序设计基础

第三篇　数据组织与处理技术

第一篇　计算机程序设计基础

第1章

计算机程序设计概述

【内容提要】 计算机程序是指以某种程序设计语言编写、运行于计算机系统上的指令序列。计算机程序设计过程就是综合性运用算法、数据结构、程序设计方法和程序设计语言等方面知识解决实际问题的过程。本章首先简要介绍计算机系统的组成及工作原理,分析利用计算机进行问题求解的过程及要点。然后,在此基础上阐述计算机程序设计的必要性。最后,介绍当前较流行、应用较广泛的计算机程序设计语言之一——C语言。

【学习目的和要求】 学习本章的主要目的是使学生初步了解进行计算机程序设计所涉及的知识体系。要求掌握计算机程序的含义,计算机程序如何驱动计算机系统工作,如何设计计算机程序进行问题求解。

【重要知识点】 计算机系统;计算机问题求解;计算机程序设计。

◆ 1.1 计算机系统的工作原理

1.1 计算机
系统的
工作原理

要进行计算机程序设计,有必要首先了解计算机系统的工作原理,以及在计算机中如何管理和处理程序中的数据。

1.1.1 计算机系统的组成

计算机系统主要由硬件和软件两大部分组成,如图1-1所示。其中,硬件包括主机和外围设备,软件则分为系统软件和应用软件。在整个系统中,计算机就是一台数据处理机,它一边接收输入的数据,一边进行数据处理并输出相应的处理结果。

1.1.2 计算机硬件系统

冯·诺依曼体系结构(Von Neumann Architecture)是一种以存储程序、指令驱动、运算器为中心,集中控制的计算机体系结构,由运算器、控制器、存储器、输入设备和输出设备五大部件组成(见图1-2)。

(1) 控制部件(Control Unit,CU)。根据各条指令的需要,控制部件向各个部件或设备提供它们协调运行所需要的控制信号,它在整个硬件系统中起到指挥、协调和控制的作用。控制部件通常由程序计数器、指令寄存器、指令译码器、状态/条件寄存器、时序发生器和微操作信号发生器等组成。

(2) 算术逻辑部件(Arithmetic Logic Unit,ALU)。算术逻辑部件对数据进

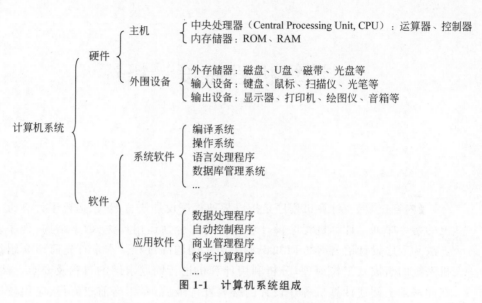

图 1-1　计算机系统组成

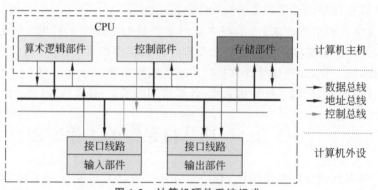

图 1-2　计算机硬件系统组成

行算术运算(加、减、乘、除、求余)、逻辑运算(与、或、非、异或)和移位运算(逻辑移位、算术移位)等。算术逻辑部件通常由算术/逻辑单元、寄存器、多路转换器和数据总线等组成。

(3) **存储部件**(Storage Unit,SU)。存储部件用来存储程序、运算及处理过程所产生的临时数据和最终数据,以及计算机指令或者其他信息。

(4) **输入部件**(Input Unit,IU)。输入部件用来从主机外部接收输入的程序、原始数据或其他信息,以供系统采用。

(5) **输出部件**(Output Unit,OU)。输出部件主要负责将运算或处理的结果输出到计算机外部,输出的形式包括文字、图形图像或声音等多种模态。

三组总线主要用于进行 CPU 与 CPU 之外的部件(如主存储器(Main Memory,简称主存,也称内存))交换信息,交换的信息包括数据、地址和控制三类,分别通过数据总线、地址总线和控制总线进行传送。其中,数据信息包含数据和指令;地址线是单向的,由 CPU 送出地址,用于指定需要访问的指令或数据所在的存储单元的地址。

1.1.3　计算机软件系统

计算机软件系统主要由系统软件和应用软件构成,如图 1-3 所示。

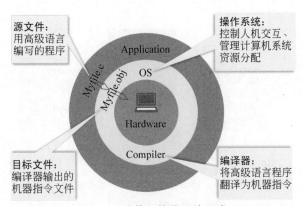

图 1-3　计算机软件系统组成

图 1-3 就是有名的"洋葱结构"。位于结构最中心的部分是计算机硬件(Hardware),它是整个计算机系统的物质基础。但是,如果没有配备软件,硬件系统(裸机)将是一堆废金属和废塑料。因此,必须在裸机上附加一层通用软件,即系统软件,为用户提供最常用的、最基本的通用功能。系统软件主要包括操作系统(Operating Systems,OS)、编译系统(Compiler)和数据库管理系统(Database Management System,DBMS)等,其中,操作系统用于控制用户和计算机硬件系统的交互、管理计算机系统中的所有资源(如内存、外部存储器(简称外存)、输入输出(I/O)设备等);编译系统进行高级语言与机器语言的"翻译",即将高级语言程序转换成机器语言程序;数据库管理系统则负责管理计算机系统中所有的数据(信息)等。在系统软件之外,还必须配备一个应用层(Application),以实现用户各种各样的"特殊需求"。

基于上面的方式,用户利用"应用软件"编写自己的"源代码",借助于系统软件将"源代码"转变为"目标代码",通过组装及链接相关资源形成"可执行程序"。最后,将"可执行程序"加载到硬件系统上方能顺利执行。

1.1.4　计算机系统的工作过程

计算机硬件系统的工作,离不开计算机程序的驱动。所谓**计算机程序**(Computer Program),简称**程序**(Program),是指描述计算任务的处理对象和处理规则的计算机语言代码。此处计算任务指任何以计算机为处理工具的任务,处理对象指数据或信息,处理规则一般指处理动作和步骤。因此,程序是一组计算机能识别和执行的指令,只要让计算机执行该程序,计算机就会"自动"、有条不紊地进行工作。从这个意义来看,程序实际上就是计算机系统的"指挥官"或"乐队指挥",计算机的一切操作都是由程序控制的,离开了计算机程序,计算机将寸步难行。

计算机系统中,指令与数据都被调入并存放在存储器里,指令根据其存储的顺序依次执行(见图 1-4)。

首先,用户编写程序代码,这些代码编写好以后可先保存到外存上,随后被调入内存中。运行程序时,可执行文件通过加载器加载到 CPU 上运行。如果需要从外部输入数据,可通过输入设备完成。运算结束后,运行结果被送到输出设备上。

从上述过程可以看出,内存是整个计算机系统中最重要的部件,用于存放指令、数据,是供中央处理器直接随机存取的存储器,所有数据必须装入内存后才能被处理器操作。在内

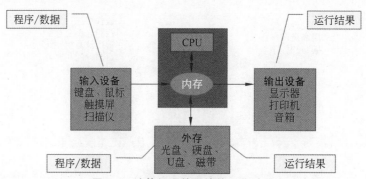

图 1-4　计算机硬件系统的工作过程

存中设有大量的存储元,它们被按照相同的位划分为若干组,每组内所有的存储元同时进行读出或写入操作,这样的一组存储元称为一个**存储单元**(Memory Cell)。存储单元有点类似超市门口储物柜中的一个个储物格,每个存储单元拥有自己的地址(储物格的号码)。所有存储单元从 0 开始顺序编号,它们被线性地组织到一起。

存储器的存储容量通常以字节为基本单位。**字节**(Byte,B)是由 8 个相邻的二进制位组成的一个序列,二进制位(bit,b)是计算机中最小的信息单位,每个位由 0 或 1 组成。在数据存取时,字节可作为一个整体来处理,一个存储单元中可以存储一字节。在存储单元中可以存放普通数据、计算机指令或者其他存储单元的地址,如图 1-5 所示。

计算机中所有的指令与数据都是以二进制形式存储在内存中,除了位和字节,通常还采用如下单位表征内存规模或数据量的大小:KB(KiloByte,千字节)=2^{10}B,MB(MegaByte,兆字节)=2^{10} KB=2^{20}B,GB(GigaByte,吉字节)=2^{10} MB=2^{30}B,TB(TeraByte,太字节)=2^{10} GB=2^{40}B,PB(PetaByte,拍字节)=2^{10} TB=2^{50}B,EB(ExaByte,艾字节)=2^{10} PB=2^{60}B,ZB(ZettaByte,泽字节)=2^{10} EB=2^{70}B,YB(YottaByte,尧字节)=2^{10} ZB=2^{80}B。

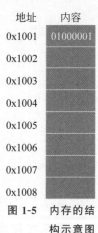

图 1-5　内存的结构示意图

内存中的存储内容如果是指令,则由指令系统负责解释;如果是数据则还需区分其类型,因为各种高级语言对数据类型有不同的定义,包括数据类型的位数、解释方法和运算规则等。

基于上述内容,很容易理解内存中信息的存储和取出过程及其特点。

(1) 开机:内存单元中每一位的状态是不可控制的、随机的。

(2) 信息的存储:重新将存储单元的每一位设置为 0 或者 1。

(3) 信息的取出:复制存储单元的内容到另一个存储位置(如复制到 CPU 的寄存器中或另一个存储单元中),而不是真正取出(清空)。

1.2 计算机
问题求解

◈ **1.2　计算机问题求解**

一般来讲,在计算机上进行问题求解需要经过如图 1-6 所示的五个环节,即理解问题、建立模型、设计算法、编写程序和调试运行。

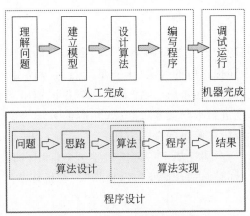

图 1-6 计算机问题求解过程

其中前四个环节只能由编程者人工完成,最后一个环节可以交给计算机完成。因此,计算机程序设计的范畴,就是从分析实际问题开始,到形成解题思路、凝练构造算法、编写程序代码、调试运行、分析运行结果和编写文档的过程。其中,"问题→思路→算法"的过程称为**算法设计**,而"算法→程序→结果"的过程则称为**算法实现**,算法设计与算法实现合起来称为**计算机程序设计**。

上述过程实际上是思维意识的逐步整理和起作用的过程,也是"程序思维"的条理化、精确化的过程,关于程序思维的相关内容,参见下面的扩展阅读。

【扩展阅读】 程序思维(Programming Thinking),又称"编程思维",它是"计算思维"在程序设计领域的具体应用。计算思维(Computational Thinking)由美国卡内基·梅隆大学计算机科学系主任周以真(Jeannette M. Wing)教授于 2006 年 3 月在计算机权威期刊 *Communications of the ACM* 上提出。2010 年,周以真教授进一步指出,计算思维是与形式化问题及其解决方案相关的思维过程,其解决问题的表示形式应该能有效地被信息处理代理执行,是运用计算机科学的基础概念进行问题求解、系统设计以及人类行为理解等涵盖计算机科学广度的一系列思维活动。

因此,程序思维实际上就是从"分析问题"到"解决问题"的一系列思维过程,其包含了四个步骤:分解、识别、抽象、算法(见图 1-7)。即将一个复杂问题拆分成若干相对容易处理的小问题,对每个小问题单独进行考察,找到合适的解决方案模板。然后,聚焦到几个重要的结点上,忽略细枝末节,形成问题的初步解决思路。最后,设计出具体的解题步骤。

图 1-7 程序思维的四个步骤

由此可见,程序思维是一种解决问题的思维方式,其核心在于如何分解问题,从中发现规律性,建立解决问题的模型,并映射到合适的数据结构和解题方法上,最终形成相应的算法。它是人们利用已掌握的知识及工具,将头脑中的解题思路转化成逻辑运算步骤的一种方法。它是使编程者站在计算机的角度思考问题,在头脑中运用计算机运行的基本机制,模仿其操作方式,来分析和解决问题的思考过程及方法。程序思维关注的不是问题有没有解,而是如何去求解。它跳出了具体的语言环境,探索对所有编程语言行之有效的过程及方法,是一种基础性思维。

1.2.1 分析问题

分析问题包括理解问题和建立模型两个环节。数学中求解应用题的一般步骤是，首先分析题目所给的已知条件和拟求解的对象(未知量)，然后寻找出具体的解题思路。与上述过程相类似，在计算机上进行问题求解，也需要先理解并识别出问题的类型，得到问题的明确定义，在此基础上对问题进行数学抽象，建立起相应的数学模型，找出输入(已知条件)和输出(求解对象)之间的"桥梁"(解决问题的方法)。

在分析问题过程中，不宜"眉毛胡子一把抓"，要学会运用"抽象"思维，即善于抓住主要矛盾或问题的实质，依次对问题进行"简化"或"概括"。分析环节的阶段性成果是**数学模型**。

1.2.2 设计算法

对于分析阶段所得到的数学模型，应将其转化为算法描述，使得应用问题的求解过程变成流程化的清晰步骤。所谓**"算法"**(Algorithm)，就是解决给定问题的计算机指令序列，用以系统地描述解决问题的步骤。算法提供了利用计算工具求解问题的技术，它是对事物本质的数学抽象，代表了一种求解问题的思维模式。

计算机科学的基础是算法，因此有学者提出了"计算机科学就是算法的科学""算法是计算机科学的核心和基石"的观点。真正学懂计算机的人都在数学方面有较好的造诣，他们既能用科学家的思维来求证，也能用工程师的务实手段来解决问题——这种思维和手段的最佳结合就是"算法"。编程语言和编程环境日新月异，但万变不离其宗的却是算法和理论。

下面看几个现实生活中使用算法的例子。

【例 1-1】 泡茶问题。描述冲泡茶水的过程(见图 1-8)。

第1步 第2步 第3步 第4步

图 1-8 泡茶

解：
中国人历来喜欢品茶，但泡茶要讲究方法和步骤，一般来讲包括下面几步。
第 1 步：取出茶杯用水冲洗干净；
第 2 步：将少许茶叶倒入茶杯内；
第 3 步：往茶杯内注入适量沸水；
第 4 步：放置，待温度合适后饮用。
上述泡茶的过程就是"算法"，生活中类似的例子很多，厨师烹饪过程的算法是菜谱，指挥乐队演奏的算法是乐谱……

【例 1-2】 求解实数方程 $ax+b=0$，其中参数 a 和 b 由键盘上输入。

解:

上述问题的解题思路比较简单,只要借助中学的数学知识即可快速解出,具体步骤如下。

第1步:输入 a 和 b 的值。

第2步:若 $a \neq 0$,则方程的解为 $x = -b/a$。转入第4步。

第3步:若 $a = 0$,这时不能简单弃之不理,还需要对 b 进行讨论并转入第4步。

(1)如果 $b = 0$,方程的解为全体实数;

(2)如果 $b \neq 0$,方程没有实数解。

第4步:输出方程的解。

第5步:结束。

由上面两个例子可以发现,算法具有明显的特点,即算法是由一组操作构成,而这些操作又是按照一定的控制结构所规定的顺序依次执行的。

1. 算法的特点

算法和程序设计技术的先驱者、*The Art of Computer Programming* 的作者、1974 年图灵奖和 1982 年计算机先驱奖获得者、排版软件 TeX 发明人唐纳德·欧文·克努特 (Donald Ervin Knuth)提出算法应包括如下特点。

(1) **有穷性**(Finiteness):也称有限性,即算法必须能在执行有限个步骤之后终止。

(2) **确切性**(Definiteness):算法的每一步都能明确下一步应该如何进行,换句话就是算法的每一步骤必须有确切的定义,而不是模棱两可的。

(3) **有效性**(Effectiveness):算法中的每个步骤都应当能有效地执行,并得到确定的结果,因此也称可行性。

(4) **输入项**(Input):算法开始前,需要从外界取得必要的信息(输入),一个算法应有零个或多个输入项。

(5) **输出项**(Output):算法执行完毕后,应该给出"解",解就是输出,一般一个算法应该有一个或多个输出项。

2. 算法包含的操作

算法包含如下操作。

(1) **算术运算**:加、减、乘、除、求余数等。

(2) **关系运算**:大于、小于、等于、不等于等。

(3) **逻辑运算**:逻辑与、逻辑或、逻辑非。

(4) **数据传输**:输入、输出、赋值等。

(5) **其他运算**。

3. 算法的控制结构

算法是一个过程,算法的功能不仅取决于该过程中所包含的操作和规则,而且还与各操作之间的执行顺序(控制结构)有关,后续各章将对此进行详细介绍。

4. 算法的分类

按照应用领域,计算机算法分为以下两大类。

(1) **数值算法**:这类算法主要用于求数值解等科学计算,如插值与逼近计算、方程求根、常微分/偏微分方程求解,解线性/非线性方程组、求函数的定积分或微分值、矩阵的特征值,以及数字信号处理等。

（2）非数值算法：这类算法主要用于数据管理、事务处理、实时控制、过程控制、定理证明等诸多领域，如对线性表、栈、队列、树、图进行处理，以及排序、查找、文件操作等。这类算法的数据结构往往比较复杂。

5. 算法的描述工具

1）自然语言

自然语言就是人们日常使用的语言，即用人类日常交流用的语言来描述解决问题的算法，如汉语、英语等。用自然语言描述算法的优点是简单且通俗易懂；缺点是文字冗长，并且容易出现"歧义性"。例如，单单从"南京市长江大桥"这七个字，你能判断出其含义是"南京市**长江大桥**"，还是"南京**市长**江大桥"？因为用自然语言表示的含义往往不太严格，需要根据上下文才能判断其正确含义，而且在描述包含分支和循环的算法时极不方便。

但自然语言对于初学者来讲是不可逾越的环节，因为它是一个思维过程的体现，只有用自然语言并结合案例把实际问题的算法描述清楚，才有可能进一步用流程图或者伪代码刻画算法，进而形成代码。

2）流程图

流程图（Flow Diagram）是美国国家标准协会（American National Standards Institute，ANSI）提出的一套专门用于描述问题执行过程的图形化工具。流程图使用了若干标准符号代表某些类型的动作，如用菱形框表示判断，用矩形框表示具体操作，用平行四边形框表示输入输出操作，用流向线描述操作的先后顺序，具体如图 1-9 所示。

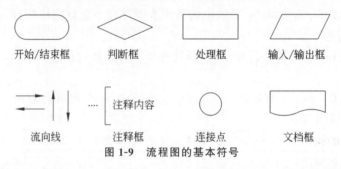

图 1-9　流程图的基本符号

流程图形象直观，操作一目了然，不会产生"歧义性"，便于理解，算法出错时容易发现，并可以直接转化为程序。

3）N-S 流程图

由于在流程图中允许使用流向线，过于灵活，不受约束，使用者可以使流程随意地转向，从而造成程序阅读和修改上的困难，不利于结构化程序的设计。解决办法是限制箭头的滥用，不允许无规律地随意转向，只能顺序地进行下去，这就是 N-S 流程图。N-S 流程图（Nassi-Shneiderman Diagram），也称 N-S 图或 N-S 结构化流程图，由美国学者 I. Nassi 和 B. Shneiderman 于 1972 年提出。在这种流程图中，完全去掉了带箭头的流程线，将全部算法写在一个矩形框内，在该框内还可以包含其他的从属框（故又称盒图）。N-S 流程图包括顺序、选择和循环三种基本结构，是结构化编程中的一种可视化建模工具，如图 1-10 所示。

N-S 流程图比文字描述直观、形象、易于理解，比传统流程图紧凑易画。由于废除了流向线，流程不可能出现无规律的跳转，流程图中的上下顺序就是执行时的顺序。整个算法由各个基本结构按顺序组成的，用 N-S 流程图表示的算法都是结构化的算法。

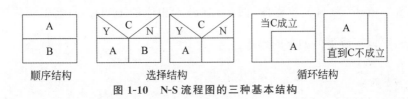

图 1-10　N-S 流程图的三种基本结构

4) PAD

PAD(Problem Analysis Diagram)即问题分析图,1973 年由日本日立公司创立,它用二维树状结构的图来描述算法。PAD 的基本图形符号如图 1-11 所示。其中,输入输出和处理框应在框内标出输入变量名/输出变量名和操作/处理名;重复框 1 先判断,再重复执行,在框内标出重复条件;重复框 2 先执行,后判断,再往复,在框内标出重复条件;选择框在框内标出选择条件,可单路选择、两路选择或多路选择;子算法定义框在框内标注子算法的名称;定义是指连接定义框;语句标号在框内标出语句的标号。

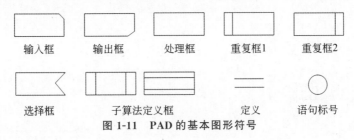

图 1-11　PAD 的基本图形符号

利用这些图形符号,可以构成三种基本结构,如图 1-12 所示。

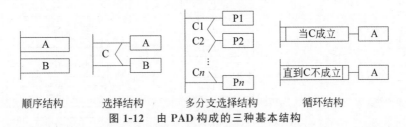

图 1-12　由 PAD 构成的三种基本结构

PAD 的优点是所表示的程序结构清晰,程序逻辑易读、易懂、易记,容易将 PAD 转换成高级语言源程序,且支持自顶向下、逐步求精方法的使用。

5) 伪代码

伪代码(Pseudo Code)是一种人为设计的、用介于自然语言和计算机语言之间的文字和符号(包括数学符号)来描述算法的工具。它提供了一种非正式的、类似于英语或汉语结构的、用于描述模块结构图的方法。伪代码提供了许多设计信息,使用伪代码的目的是使被描述的算法可以容易地以任何一种编程语言实现,适用于设计过程中需要反复修改时的流程描述。因此,伪代码必须结构清晰、代码简单、可读性好,并且类似自然语言。相比程序语言,伪代码不拘泥于具体形式,关键是把算法的步骤等表达出来。

【例 1-3】　用流程图、N-S 流程图、PAD 和伪代码描述求解 $\sum\limits_{i=1}^{100} i$ 的算法。

解:

对于本题,要求相对简单,只需要少数符号即可,结果如图 1-13 所示。其中,图 1-13(a)

为流程图,图 1-13(b)为 N-S 流程图,图 1-13(c)为相应的 PAD。如果用伪代码描述求解 $\sum\limits_{i=1}^{100}i$ 的算法,可以写成类似如下的形式:

```
BEGIN{算法开始}
    0→s
    1→i
    while i<=100
    {
        s+i →s
        i+1→i
    }
    output  s
END{算法结束}
```

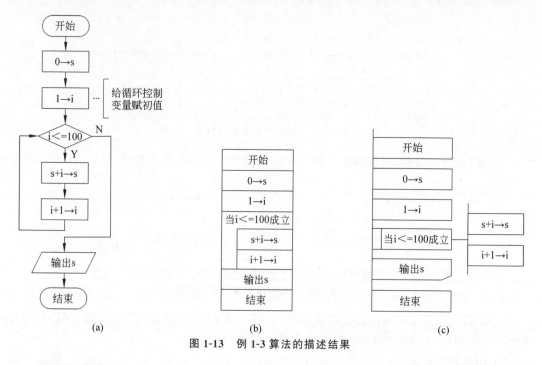

(a)　　　　　　　(b)　　　　　　　(c)

图 1-13　例 1-3 算法的描述结果

也可以写成:

```
开始
    置 s 的初值为 0
    置 i 的初值为 1
    当 i<=100,执行下面操作:
        使 s=s+i
        使 i=i+1
        {循环体到此结束}
    输出 s 的值
结束
```

总之,在对算法进行表达时,为了有效地求解问题,不仅需要保证算法正确,还要考虑算法的质量,选择合适的算法,尽量做到方法简单、运算步骤少。

6. 算法效率

除了算法的正确性、可读性和健壮性外,衡量一个算法的优劣,主要从算法所占用的"时间"和"空间"两个维度去考量,即从"时"与"空"的角度评价算法效率(Algorithm Efficiency)。

(1) **时间复杂性**(Time Complexity):反映执行当前算法所消耗的时间情况。通常用"大 O 符号表示法"表示,记作 $T(n)=O(f(n))$,表示随问题规模 n 的增大,算法执行时间的增长率和 $f(n)$ 的增长率相同,称作算法的渐近时间复杂度,简称时间复杂度。时间复杂度代表了算法执行时间的增长变化趋势,而不是算法真实的执行时间。算法的时间复杂度越大,其执行的效率就越低。

(2) **空间复杂性**(Space Complexity):反映执行当前算法需要占用的内存空间情况。空间复杂度是对一个算法在运行过程中临时占用存储空间大小的一个量度,同样反映的是一个趋势,一般用 $S(n)$ 来定义,记作 $S(n)=O(f(n))$。一个程序执行时除了需要存储空间和存储本身所使用的指令、常数、变量和输入数据外,还需要一些对数据进行操作的工作单元和存储中间计算结果所需的辅助空间。利用程序的空间复杂度,可以对程序运行所需要的内存大小有一个初步的估计。

因此,时间复杂度和空间复杂度表征了一个算法两个不同方面的特性。但有时,时间和空间却又是"鱼和熊掌"的关系,不可能兼得,此时就需要从中选取一个平衡点。

1.2.3　编写代码

将经过设计得到的算法转换为用编程语言描述的程序,这个转换通常是手工进行的,即需要编程者进行程序的编写。

如前所述,算法设计通常包括确定数学符号、获取已知数据、给出解题步骤和求得问题的解等四个步骤。编写程序(也称算法实现)则是算法设计上述四个步骤在高级语言编程环境中的映射,即变量定义、数据输入、执行语句、结果输出。

因此,编写程序的过程,就是用程序设计语言将设计好的算法描述出来的过程。该过程可以选择结构化程序设计方法,也可以采用面向对象的程序设计方法。

1.2.4　调试运行

调试运行包括调试程序、运行程序、分析结果及编写程序文档等环节,主要是避免程序中可能存在的语法错误、语义错误和运行结果错误。其中,调试程序主要完成编译程序、链接资源,生成可执行文件。然后,在处理器上运行该可执行文件,得到相应的运行结果。该结果有正确与否之分,需要编程人员对运行结果进行详细分析。

【例 1-4】　华氏温度到摄氏温度的转换。摄氏度和华氏度都是用来计量温度的单位,包括我国在内的世界上大多数国家使用摄氏度,但美国、巴哈马等部分英语国家则主要使用华氏度。试编写程序以实现从华氏温度到摄氏温度的转换。

解:

依据前面的计算机问题求解的相关步骤,逐次执行以下解题步骤。

（1）分析问题。

本题是解决不同温度值之间的换算问题，需要明确拟转换的华氏温度值，拟求解的未知对象是摄氏温度值，两者之间有明确的换算关系。

问题的输入：华氏温度 f；

问题的输出：摄氏温度 c；

解决问题的办法：摄氏温度＝5/9×（华氏温度－32）。

（2）设计算法。

第 1 步：获取华氏温度值；

第 2 步：将华氏温度值转换成摄氏温度值；

第 3 步：输出摄氏温度值。

（3）编写程序。

定义变量：本题中需要定义两个变量，分别用来表示华氏温度、摄氏温度，这两个变量的数据类型为实数类型。

处理数据：从键盘上输入或者给用来存放华氏温度值的变量赋值，然后根据两种温度之间的关系公式，进行不同单位间数值的转换，最后输出摄氏温度值。

基于上面所定义的变量和数据处理步骤，很容易得到下面的程序代码。

```c
/*华氏温度到摄氏温度的转换*/
#include <stdio.h>
int main ()
{
    float f, c;                          //定义 f 和 c 为单精度浮点型变量
    f=32;                                //确定 f 的值
    c=(5.0/9) * (f-32);                  //利用公式计算 c 的值
    printf("f=%f\nc=%f\n", f, c);        //分别按行输出 f 和 c 的值
    return 0;
}
```

（4）调试运行。

对编写好的程序代码进行编译、链接等操作，生成可执行程序，然后运行。因为拟转换的华氏温度值通过变量赋值可直接得到，故不需要用户从键盘上输入。这里运行两次。

第一次运行：

```
f=32.000000
c=0.000000
```

第二次运行：

```
f=68.000000
c=20.000000
```

对上述运行结果进行分析，可发现程序的运行结果与手工计算结果完全一致，说明模型和算法设计、程序代码是正确的。到此为止，温度转换问题得到圆满解决。

1.3 计算机程序需要设计

◇ 1.3 计算机程序需要设计

计算机程序设计是算法设计与算法实现的合称。因此,进行计算机问题求解,首要任务就是设计正确的算法,并将算法转换为计算机能够识别的程序代码。

算法是给人看的,是用来设计程序的蓝图。而计算机程序是按设计蓝图施工得到的成品,是写出来用以驱动计算机运行的。

优秀的程序,符合如下特征:逻辑清晰,代码冗余少,可读性好,健壮性好,可移植好,执行时间短,内存占用量小⋯⋯

怎样获得优秀的程序? 答案是唯一的,需要经过精巧的设计才能得到。

1.3.1 如何设计计算机程序

1976 年,瑞士计算机科学家、Pascal 之父尼古拉斯·沃斯(Niklaus Wirth,见图 1-14)提出了一个著名的公式:

算法＋数据结构＝程序

上述公式对计算机科学产生了非常深远的影响,沃斯本人据此获得了 1984 年度图灵奖。

1. 算法

如前所述,算法确定了对数据的操作方法和步骤,以及相应的控制结构。同一个问题可能有多种不同的求解算法,算法的质量优劣将直接影响到算法乃至程序的效

图 1-14 尼古拉斯·沃斯

率。因此,设计中需要进行问题分析以选择合适的算法,并对算法进行优化。要获得较高的算法效率,除了要保证算法的正确性和效果外,还应考虑算法在时间和空间上是否能够得到优化。

2. 数据结构

算法操作的对象一般为数据,这些数据包括数字、字符、图像、声音等。因此,在解决问题的过程中,选择合理的方式方法存放这些数据非常重要。**数据结构**(Data Structure,DS)就是利用数据元素之间存在的特定关系组织、存储,以方便管理和使用的数据组织方式,它包括数据的逻辑结构、数据的存储结构和数据的操作等三个方面的内容。数学模型中涉及很多数据,需要选用恰当的数据结构来进行处理和保存,即指定处理数据的类型和存储方式以提高信息的利用效果。不同的数据结构,其算法性能会有所差异。

1.3.2 程序设计语言的选择

算法独立于具体的程序设计语言,一个算法可以用各种不同的程序设计语言来实现。因此,除了选择恰当的数据结构与合理地进行控制结构设计外,还必须借助于一种程序设计语言坏境。写英语小说要用英语,写七言绝句要用汉语,同样编写计算机程序也需要选择合适的程序设计语言。程序设计语言(Programming Language)也称计算机语言或编程语言,它是用来表达计算机程序,人和计算机交流信息的、计算机和人都能识别的语言。

程序设计语言的发展,经历了机器语言、符号语言和高级语言等阶段。

机器语言(Machine Language)是指由特定的某一计算机或某类计算机的机器指令组成的,用二进制代码表示的计算机语言,计算机能理解和执行的程序称为机器代码或机器语言程序,这种程序的每条指令都由 0 或 1 组成,称为机器指令。

由于机器语言程序的可读性差,且不易用来编写程序及记忆,人们引入了一种机器语言的符号用来表示语言,即符号语言(Symbolic Language),它是一种采用符号来表示操作、地址、操作数和结果的程序设计语言。显然,使用符号语言指令编写程序比使用机器指令编写程序要方便得多。但是,由于计算机只能执行用 0 和 1 表示的机器指令,而不能直接识别和执行符号语言的指令,需要利用一种称为汇编程序的软件将用符号语言编写的符号语言程序转换为机器语言程序,才能被计算机真正执行。因此,符号语言又被称为符号汇编语言或汇编语言。汇编语言(Assembly Language)是对操作、存储部位和其他特征(如宏指令)提供符号命名的面向机器的语言,机器指令所对应的符号表示称为汇编指令(两者功能是一样的),用汇编语言编写的程序称为汇编语言源程序。汇编指令和机器指令均与特定的机器结构相关,因此,汇编语言和机器语言都被归为低级语言。

为了克服低级语言的缺点,人们又提出了高级语言。高级语言(又称高级程序设计语言,High-level Language)比较接近于人类日常交流用的自然语言或数学语言,是易于理解的、独立于某类计算机的程序设计语言,如 C/C++ 、Java、Python 等,其可读性好,描述能力强。同样,计算机无法直接理解和执行高级语言程序,需要将高级语言编写的程序转换为机器语言程序。这个转换过程是由计算机执行相应的翻译程序(Translating Program)或翻译器(Translator)而自动完成的,它是任何一种语言处理系统中都必须包含的软件,能把用一种编程语言编写的程序转换为等效的另一种编程语言编写的程序。被转换的语言和程序称为**源语言**(Source Language)和**源程序**(Source Program),转换后对应的语言和程序分别称为**目标语言**(Object Language)和**目标程序**(Object Program)。

翻译程序通常分为三类。

(1) 汇编程序:又称汇编器(Assembler),是把汇编语言源程序转换为等效的机器语言目标程序的计算机软件。

(2) 解释程序:又称解释器(Interpreter),是将源程序中的语句逐条转换成机器指令并进行执行的计算机软件。

(3) 编译程序:又称编译器(Compiler),是将高级语言源程序转换为与之等效的汇编语言或机器语言目标程序的计算机软件。

高级语言分为面向过程的语言(包括非结构化语言、结构化语言)和面向对象的程序设计语言。

一般情况下,程序设计语言必须具备两大功能,即数据表达和流程控制。

(1) 数据表达。

要解决复杂问题,离不开数据处理。程序设计语言必须具备描述不同类型数据的功能,它涉及数据类型的概念。**数据类型**(Data Type)是指程序中对数据的分类,包括一个值的集合以及定义在这个值集上的一组操作。它规定了对数据分配存储单元的安排:该类型的数据是什么,在这些数据上能做什么。

程序设计语言中常用的数据类型分为基础类型和组合类型。其中,基础类型包括整数类型、实数类型、字符类型和布尔类型等;组合类型则包括批量类型、混合类型和文件类型等。

（2）流程控制。

流程控制决定了程序执行的方向，基本的程序控制结构包括顺序结构、选择结构和循环结构等。流程控制通过程序中的一系列语句来实现，常用的语句包括控制语句、表达式语句、输入输出语句、子程序调用语句等。不同数量的语句构成程序模块（Module），每个模块完成特定的操作，多个模块搭接在一起可以实现相对复杂的任务，从而完成模块化程序设计。即将复杂的任务划分为若干子任务，对每个子任务独立编程，最后通过积木式的扩展形成完整的计算机程序。

综上，计算机程序设计的实质即可修改为

算法＋数据结构＋程序设计语言＝程序

1.3.3 程序设计方法学

程序设计方法学（Programming Methodology），是研究程序设计的原理和原则以及基于它们的设计方法和技术的学科。要设计出优秀的计算机程序，除了要仔细分析数据并精心设计算法外，采用恰当的程序设计方法也很重要。

选择程序设计方法的目标是设计可靠、易读而且代价合理的计算机程序。程序设计方法学的主要内容包括结构化程序设计、数据抽象与模块化程序设计、程序正确性证明、程序变换、程序的形式说明与推导、程序综合与分析技术、面向对象程序设计等。

本书中，将综合采用上面的程序设计方法，重点介绍结构化程序设计方法。

◆ 1.4 初识 C 语言

1.4 初识
C 语言

1.4.1 为什么选择 C 语言

C 语言是目前国际上广泛流行的计算机高级语言之一，是学习计算机程序设计最好的入门语言，永不过时。开发语言世界排行榜 TIOBE 每月更新一次，其结果反映了业内程序开发语言的热门程度。过去 30 年中，90％的时间里，C 语言都是独领风骚的，仅偶尔被 Java或 Python 超越。2024 年 5 月公布的 TIOBE 排行榜中，前三名分别为 Python、C 和 C++。

C 语言语法结构简洁，灵活方便，功能丰富，表达力强，易于描述问题和算法，程序可读性好，易于调试、修改和移植，代码质量高，非常适合初学者学习使用。C 语言凭借着强大的系统级编程能力，能够使用户深入系统底层，目前市面上流行的操作系统，很多都是用 C 语言写的，如 Windows、UNIX、Linux、Mac 等。设想一个开发者如果不懂 C 语言，怎么可能深入这些操作系统内部去呢？更不要说去阅读其内核代码了。对于希望从事操作系统以及嵌入式底层开发的读者，学好 C 语言是必须具备的功课。另外，如果想了解计算机硬件的体系结构，由于贴近硬件、可以直接操作内存等特性，使得 C 语言成为必须要熟练掌握的语言。作为通信行业、嵌入式开发、系统软件和图形处理等主流行业的必备开发语言，C 语言已经把硬件的运行效率压缩到了极致。C 语言作为一门工程实用性极强的语言，提供了对操作系统和内存的精准控制，高性能的运行时环境，源码级的跨平台编译，使得它比 C++、Java、Python 等语言更接近机器，是各大语言的基石，许多流行的计算机语言都是衍生自 C

语言,像 C++ 、Java、C♯、J♯等。掌握了 C 语言,经过简单的学习,就可以运用这些语言去从事开发工作了。开源代码很多都是基于 C 语言实现的,通过加入开源社区可以学习标准的代码规范,基于开源项目进行软件开发,提升自身的项目经验,了解最前沿的技术发展方向。

1.4.2　C 语言的发展历程

C 语言最早起源于美国贝尔实验室。20 世纪 50—60 年代,比较成熟且投入使用的高级程序设计语言是 Algol 60,其前身可以追溯到 1954 年诞生的 Fortran 语言。Algol 60 是由美国和欧洲学者联合设计的,剑桥大学也有部分学者参与其中。这是一种面向算法的高级程序设计语言,特点是语法严格且形式化,并完全脱离了具体的计算机硬件,但不适合用来编写计算机系统程序。

1963 年,剑桥大学数学实验室与伦敦大学合作设计了 CPL(Combined Programming Language)。该语言更加接近硬件,但它企图将各种语言的功能与优点集成为一体,导致语言规模过于庞大、繁杂,无法真正在计算机上实现。1967 年,剑桥大学的计算机科学家马丁·理查兹(Martin Richards)以 CPL 为基础,对其进行了大刀阔斧的改造和简化,发明了 CPL 的简化版本 BCPL(Basic Combined Programming Language)。BCPL 精练、接近硬件,具有良好的可移植性,适合系统程序设计,马丁·理查兹也因此获得了 2003 年计算机先驱奖。

但由于 BCPL 相对简单,无数据类型,美国贝尔实验室的肯尼斯·莱恩·汤普森(Kenneth Lane Thompson)于 1970 年进一步简化了 BCPL,设计了 B 语言,并用其设计和实现了 UNIX 操作系统。实际上,20 世纪 60 年代后期,汤普森在设计第一个版本的 UNIX 时,认为 UNIX 上需要一种新的系统编程语言,于是就创造了 B 语言,B 语言被称为是没有类型的 C 语言。由于 B 语言存在的一些问题,导致其只是被用来写一些命令工具。

1972 年,贝尔实验室的丹尼斯·里奇(Dennis Ritchie)巧妙地对 B 语言进行了改进,设计出能直接操作硬件、具有多种数据类型以及能高效处理复杂控制功能的新语言。该语言起初被命名为 NB,后来为指明其继承关系,里奇改用 BCPL 的第二个字母作为这种语言的名字,这就是 C 语言。C 语言的发展历史如图 1-15 所示。

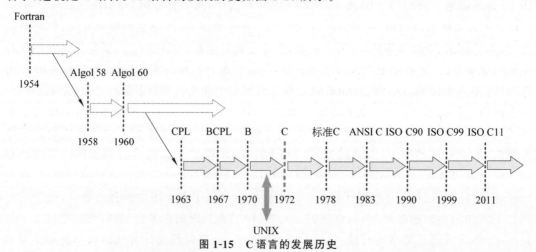

图 1-15　C 语言的发展历史

　　1973 年,C 语言从语言和编译器层面都已基本完备,汤普森和里奇用 C 语言重写了UNIX。随着 UNIX 在一些研究机构、大学、政府机关的流行和发展,C 语言自身也在不断地完善。C 语言本来是作为改写 UNIX 操作系统而开发的语言,但结果却是异军突起,伴随着 UNIX 的兴起而广泛流行,直到目前,各种版本的 UNIX 内核和工具仍然使用 C 语言作为最主要的开发语言。UNIX 与 C 语言的关系,可以说是互相成就、相得益彰。

　　1977 年,里奇发表了不依赖于具体机器系统的 C 语言编译文本《可移植的 C 语言编译程序》。1978 年,布莱恩·柯尼汉(Brian Kernighan)和里奇编写的 *The C Programming Language* 出版,被称为标准 **C**,进一步推动了 C 语言的普及。之后,随着微型计算机的发展,C 语言开始被移植到各类操作系统平台上,成为独立的计算机程序设计语言。

　　1983 年,ANSI 根据 C 语言各种版本对 C 语言的发展和扩充,成立了 C 标准委员会,建立了 C 语言的标准——ANSI C。1988 年,柯尼汉和里奇按照 ANSI C 修改了他们的 *The C Programming Language*。1989 年,ANSI 发布了第一个完整的 C 语言标准——ANSI X3.159—1989,简称 C89。C89 在 1990 年被国际标准化组织(International Organization for Standardization,ISO)采纳,作为国际标准 ISO/IEC 9899,通常被简称 ISO C90。1999 年,在做了一些必要的修正和完善后,ISO 发布了新的 C 语言标准,命名为 ISO/IEC 9899:1999,简称 ISO C99,并于 2001 年、2004 年先后进行了两次技术修正。2011 年 12 月 8 日,ISO 又正式发布了新的标准,称为 ISO/IEC9899:2011,简称 ISO C11。

1.4.3　程序开发环境

　　本书将主要使用两种开发环境:Code::Blocks 集成开发环境、Visual C++ 集成开发环境。

1. Code::Blocks 集成开发环境

　　Code::Blocks 是一款开源、免费、跨平台(支持 Windows、GNU/Linux、MacOS X 以及其他类 UNIX)、支持插件扩展的 C/C++ 集成开发环境,其源码使用 GPL 3.0 发布,是免费自由软件。Code::Blocks 的安装及运行方法可参考其官网介绍,这里不再赘述。图 1-16 是Code::Blocks 环境的运行界面。

2. VC++ 集成开发环境

　　Microsoft Visual C++(简称 Visual C++ 、VC++ 或 VC)是 Microsoft 公司推出的一种以 C++ 语言为基础的、面向对象的可视化集成编程环境和系统。VC++ 6.0 是微软于 1998年推出的一款 C++ 编译器,集成了 MFC 6.0,包含标准版、专业版与企业版。VC++ 6.0 环境的运行界面如图 1-17 所示。

1.4.4　程序的开发与运行

　　一个 C 程序的生命周期是从编辑源程序文件开始的,源程序文件不能直接运行,要在操作系统环境下运行,源文件中的每条 C 语句都必须被翻译为一系列机器语言指令。然后,这些指令按照可执行目标文件的格式打包,并以二进制文件的形式存放起来。最后,通过运行可执行文件得到结果。因此,C 语言程序的开发和运行涉及计算机硬件和软件两个层面。

　　下面以最简单的 HelloWorld.c 程序为例,简要介绍 C 程序的开发与执行过程。

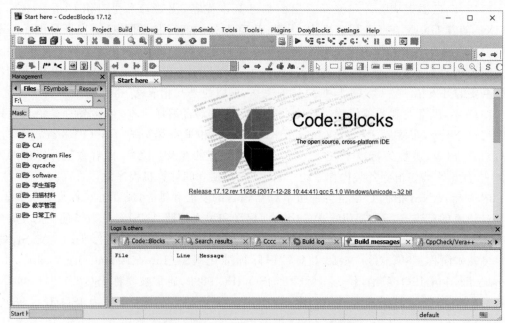

图 1-16 Code::Blocks 环境的运行界面

图 1-17 Visual C++ 6.0 环境的运行界面

1. 利用编辑软件编写得到下面的 HelloWorld.c 文件

```c
#include<stdio.h>
int main()
{
  printf("Hello, world!\n");
  return 0;
}
```

HelloWorld.c 在计算机中以 ASCII（American Standard Code for Information Interchange）

码方式存放,如图 1-18 所示。图中各行给出了每个字符所对应的 ASCII 码的十进制值,如"#"字符对应的 ASCII 码值为 35,i 对应的 ASCII 码值为 105。通常,将用 ASCII 码或汉字字符表示的文件称为**文本文件**(Text File),源程序文件均为文本文件,文件内容可显示,可直接阅读。

#	i	n	c	l	u	d	e	<	s	t	d	i	o	.	h	>	\n	i
35	105	110	99	108	117	100	101	60	115	116	100	105	111	46	104	62	10	105
n	t	(space)	m	a	i	n	(	)	\n	{	\n	(space)	(space)	p	r	i	n	t
110	116	32	109	97	105	110	40	41	10	123	10	32	32	112	114	105	110	116
f	(	"	H	e	l	l	o	,	(space)	w	o	r	l	d	!	\	n	"
102	40	34	72	101	108	108	111	44	32	119	111	114	108	100	33	92	110	34
)	;	\n	(space)	(space)	r	e	t	u	r	n	(space)	0	;	\n	}	\n		
41	59	10	32	32	114	101	116	117	114	110	32	48	59	10	125	10		

图 1-18　HelloWorld.c 源程序文件的存放方式

2. 对源程序文件 HelloWorld.c 进行预处理

由 C 编译系统的预处理程序(也称预编译器,Preprocessor)对源程序 HelloWorld.c 中以"#"开头的预处理命令(包括宏定义、文件包含和条件编译)进行处理。本例中,C 编译系统会将 #include 命令后面的.h 文件内容插入原来的源程序文件中,形成一个新的源程序文件 HelloWorld.i。

3. 对源程序文件 HelloWorld.i 进行编译

由编译程序(或编译器)对预处理后得到的源程序文件 HelloWorld.i 进行编译(包括进行词法分析、语法分析、语义分析、代码生成与优化、存储分配等),生成一个汇编语言源程序文件 HelloWorld.s。由于汇编语言与具体的机器结构相关,所以编译转换后的输出结果为同一种机器语言对应的汇编语言源程序。

4. 对源程序文件 HelloWorld.s 进行汇编

由汇编程序(或汇编器)对汇编语言源程序文件 HelloWorld.s 进行汇编,生成一个可重定位的目标文件 HelloWorld.o(重定位是指重新确定代码和数据的地址并更新指令中被引用符号地址)。这时,文件中的代码已被转换为机器指令,这是一种二进制文件(Binary File),无法直接阅读,打开后显示结果为乱码。

5. 对可重定位目标文件 HelloWorld.o 进行链接

由链接程序(或链接器,Linker)将多个可重定位目标文件和标准函数库中的可重定位目标文件(如本例中的 printf.o)及其他目标文件等进行组合,装配为一个可执行目标文件,简称可执行文件(Executable File),本例中为 HelloWorld.exe。

6. 执行可执行文件 HelloWorld.exe

在 C 环境下运行可执行文件 HelloWorld.exe,系统会用加载器(Loader)复制可执行文件到内存中,启动指令执行,从而得到运行结果。

上述过程可用如图 1-19 所示的流程图来刻画。

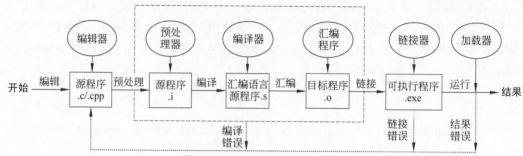

图 1-19　C 程序开发和运行过程

需要说明的是，上述过程不是一蹴而就的，需要不断反复多次。另外，许多 C 系统都提供了一个集成开发环境，在该环境下，编程者可以进行 C 程序的编辑、编译（含预处理、编译、汇编等阶段）、链接和运行。

【扩展阅读】　C 语言之父：丹尼斯·里奇。

丹尼斯·里奇（Dennis Ritchie，1941—2011，见图 1-20），出生于美国纽约州布朗克斯维尔，毕业于哈佛大学，计算机科学家。

他是 C 语言的创造者，UNIX 操作系统的关键开发者，被誉为 C 语言之父、UNIX 之父。他为编程语言、操作系统等的发展做出了巨大贡献，对计算机领域产生了深远影响。他与布莱恩·柯尼汉编写的 *The C Programming Language*，被称为"C 语言的圣经"。他与肯尼斯·汤普森一起获得 1983 年度图灵奖，他还单独获得了 1994 年度美国计算机先驱奖、1999 年度美国国家技术奖等一系列荣誉。

图 1-20　丹尼斯·里奇

丹尼斯·里奇先生的生平如图 1-21 所示。

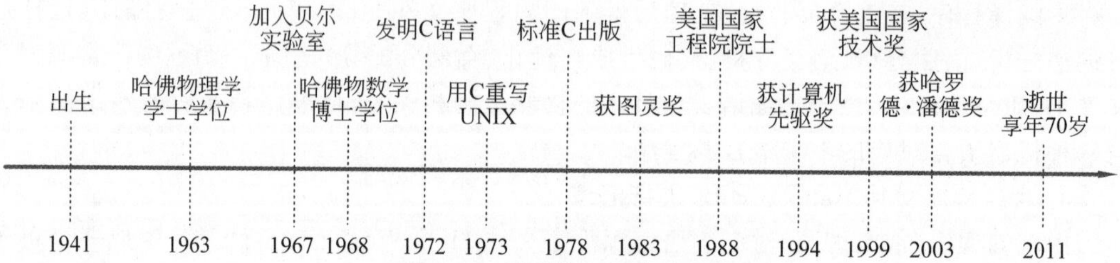

图 1-21　丹尼斯·里奇生平

著名的计算机科学家沃斯评价说，里奇先生的专业精神令人感动，近 40 年如一日，在他所从事的领域辛勤耕耘，他的多项发明，包括 C 语言、UNIX，也包括 Plan9，无论哪一项，在软件发展史上都有着举足轻重的地位，和他的伟大成就形成对照的，是他的行事作风低调，他的表达像他的软件一样，简洁生动而准确。

麻省理工学院计算机系的马丁教授评价说："如果说，乔布斯是可视化产品中的国王，那么里奇就是不可见王国中的君主。乔布斯的贡献在于，他如此了解用户的需求和渴求，以至于创造出了让当代人乐不思蜀的科技产品。然而，却是里奇先生为这些产品提供了最核心的部件，人们看不到这些部件，却每天都在使用着。"

柯尼汉评价道："牛顿说他是站在巨人的肩膀上，如今，我们都站在里奇的肩膀上。"

◆ 本 章 小 结

计算机系统由硬件和软件两大部分组成,其中硬件是系统的物质基础,内存在计算机系统中处于核心地位。计算机软件系统由系统软件和应用软件构成,软件驱动计算机硬件工作。计算机问题求解过程包含了分析问题、设计算法、编写程序和调试运行等步骤,其中从问题到算法的过程称为算法设计,从算法到运行的过程称为算法实现,算法设计和算法实现合称计算机程序设计。计算机程序是用程序设计语言描述的算法,算法可以用自然语言、流程图、N-S 图、PAD 和伪代码等工具予以描述,算法效率通常用时间复杂度和空间复杂度两个方面进行评价。计算机程序设计过程,就是在具体的程序设计语言环境下,采用恰当的程序设计方法,精心设计数据结构和算法的过程。

"路虽远行则将至,事虽难做则必成。" 学习计算机程序设计,没有捷径可走,需要不断地实践锻炼,渐进式培养自己的逻辑思维能力,掌握基本的程序设计原理、方法和技术,进而提升程序设计能力。

C 语言作为当前国际最流行的计算机高级语言,功能强,语法简洁,非常适合操作硬件。本书的后续内容将以 C 语言为平台和依托,介绍计算机程序设计的相关知识、方法和技术。

◆ 习　　题

1. 名词解释

(1)计算机系统;(2)内存;(3)计算机程序;(4)算法;(5)算法复杂性。

2. 填空题

(1) 从总体上看,计算机系统的组成包括_____和_____。

(2) 冯·诺依曼体系结构的五大组成部分为_____、_____、_____、_____和_____。

(3) 计算机问题求解过程包含的主要步骤有_____、_____、_____和_____。

(4) 计算机系统中,只有所有数据必须装入_____后才能被处理器操作。

(5) 按照应用领域,计算机算法分为_____算法和_____算法。

3. 选择题

(1) 下面特点中,(　　)不是唐纳德·欧文·克努特所提出的算法特点。

    A. 有穷性　　　　　　B. 可行性　　　　　　C. 移植性　　　　　　D. 确切性

(2) 下面不能用于刻画算法的工具有(　　)。

    A. 流程图　　　　　　B. 盒图　　　　　　C. PAD　　　　　　D. 甘特图

(3) 高级语言通常应该具备的功能包括(　　)。

    A. 数据类型与算法描述　　　　　　B. 数据表达与流程控制

    C. 程序编写与程序实现　　　　　　D. 数据输入与结果输出

(4) 下面(　　)不是 C 语言所具有的优点。

    A. 数据无类型　　　　B. 可移植性　　　　　C. 表达力强　　　　　D. 接近硬件

(5) 运行 C 程序的步骤不包括(　　)。

　　A. 编辑　　　　　　B. 编译　　　　　　C. 调试　　　　　　D. 链接

4. 主存储器在整个计算机系统中的地位与作用是什么？

5. 什么是计算机程序？如何理解计算机程序设计的含义？

6. 谈谈你对程序思维的理解。

7. 你如何认识沃斯的著名公式"算法＋数据结构＝程序"？

8. 分别用流程图、N-S 图、PAD 和伪代码描述解决下面问题的算法：

(1) 如果用输入的三个数 a、b、c 作为三条边，判断其是否构成三角形。

(2) 判断 $101\sim200$ 有多少个素数，并输出所有素数。

(3) 利用选择结构完成下面的题目：学习成绩大于或等于 90 分的同学用字符 A 表示，$60\sim89$ 分的用字符 B 表示，60 分以下的用字符 C 表示。

(4) 输入两个正整数 a 和 b，用辗转相除法求其最大公约数和最小公倍数。

　　提示：辗转相除法又称欧几里得算法，它是用于计算两个非负整数 a、b 的最大公约数的古老算法，算法基于的原理是，两个整数的最大公约数等于其中较小的数和两数相除余数的最大公约数，即 $\mathrm{GCD}(a,b)=\mathrm{GCD}(b,a \bmod b)$。它们的最小公倍数为 $\dfrac{a \times b}{\mathrm{GCD}(a,b)}$。

(5) 输入两个整数 x、y，将这两个数按照从大到小的顺序输出。

第 2 章

程序设计基础

【内容提要】 计算机程序是算法在计算机上特定的实现,程序设计的核心在于算法的设计,它是程序的灵魂。本章按照从大到小的粒度顺序,逐层分别介绍计算机程序的基本结构,包括计算机程序的结构、源程序文件的结构和函数的结构。在此基础上,详细介绍结构化程序的构成要素。从方法学的角度,对比了结构化程序设计和面向对象程序设计两种主要的计算机程序设计方法,并归纳引入常用的计算机程序基本设计技术。

【学习目的和要求】 学习本章的主要目的是使学生理解计算机程序的层次结构及构成要素,掌握计算机程序设计的两种基本方法,学会利用基本的程序设计技术进行程序设计,以解决复杂的科学及工程问题。

【重要知识点】 程序结构;构成要素;程序设计方法;程序设计技术。

◆ 2.1　计算机程序的基本结构

2.1.1　程序的结构形式

现代计算机编程语言大多是结构式语言,其显著特点是将代码及数据予以分隔,程序各部分除进行必要的信息交换外彼此独立,这种方式使得程序层次清晰,便于使用、维护以及调试。

图 2-1 显示了计算机程序的结构,共分为四层:一个程序可以由一个或多个源程序文件组成;源程序文件由函数(或子程序)、预处理及说明部分等构成;函数是源程序文件的主体部分,每个函数用来实现一个或几个独立的功能,这些功能在函数内通过不同的语句予以实施。当程序规模较大时,所包含的函数会很多。为

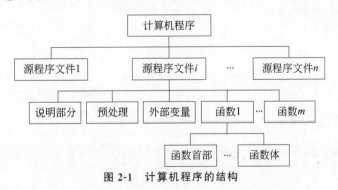

图 2-1　计算机程序的结构

便于调试和管理，可以将若干函数划分到同一个源程序文件中，使得一个计算机程序包含若干源程序文件，每个源程序文件又包含若干函数。在编译时，以源程序文件为对象分别进行编译得到相应的目标程序，再将这些目标程序通过链接器链接在一起，形成一个统一的二进制可执行文件。关于这方面的详细内容将在本书后续章节中介绍。

2.1.2　源程序文件的结构

在一个源程序文件中通常包括四个部分（见图 2-2）。

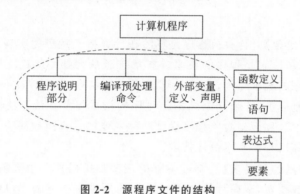

图 2-2　源程序文件的结构

1. 程序说明部分

在编写程序时，有必要在程序的开头部分放置一些说明信息，这些信息可以包括开发环境、程序的开发者、开发时间、许可信息、更新历史，程序的简要功能、逻辑结构，所调用的函数库的名称和版本，变量的命名方式等，使读者能大致了解程序的总体情况。

2. 编译预处理命令

编译系统在对源程序进行正常的编译之前，先通过一个预处理器（预处理程序或预编译器）对预处理命令（带"#"的命令）进行预处理，并将预处理的结果与程序其余部分一起构成一个完整的源程序，然后由编译器对该源程序进行正常的编译，得到相应的目标程序。

C 语言的编译预处理命令一般位于程序的开头，每行只能写一条预处理命令，分为以下几种情形。

（1）**宏定义**。宏定义也称符号常量。

不带参数的宏定义：

```
#define  宏名  宏体
```

例如：

```
#define  PI  3.1416
```

带参数的宏定义：

```
#define  宏名(参数表)  宏体
```

例如：

```
#define  MAX(x,y)  x>y?x:y
```

终止宏定义的作用域：

#undef(宏名)

例如：

```
#undef(PI)
```

（2）**文件包含**。编程时，通常把一些常数和宏定义编写成头文件(.h)，然后用#include 命令将一个源文件的全部内容插入任何需要的源文件中。

形式 1：

#include<文件名>

形式 2：

#include"文件名"

此外，在 C 语言中，通常将一组相关的函数和数据定义放在一个可独立编译的文件中，该文件作为库使用，包含所有函数等的具体实现。该文件的接口，包括数据、类型和函数声明，则放到一个头文件中。使用时，通过#include 预处理命令将该头文件包含到用户源程序中。利用这种方式，有效地实现了对数据对象与其相关操作的封装和信息隐藏。

（3）**条件编译**。用条件编译命令可以对源程序中某一部分内容只有在满足一定条件时才进行编译，条件编译的形式如下：

#if 常量表达式 　　程序段1 [#else 　　程序段2] #endif	#if 常量表达式1 　　程序段1 #elif 常量表达式2 　　程序段2 #else 　　程序段3 #endif	#ifdef 标识符 　　程序段1 [#else 　　程序段2] #endif	#ifndef 标识符 　　程序段1 [#else 　　程序段2] #endif
格式1	格式2	格式3	格式4

上面格式中，格式 1 表示当常量表达式的值为真时，编译程序段 1，否则编译程序段 2，其中#else 和程序段 2 为可选项；格式 2 表示当常量表达式 1 的值为真时，编译程序段 1，为假时对常量表达式 2 进行判断，当表达式 2 的值为真时，编译程序段 2，否则编译程序段 3；格式 3 表示当标识符已用#define 定义时，编译程序段 1，否则编译程序段 2，其中#else 和程序段 2 为可选项；格式 4 与格式 3 功能相反，即当标识符未被定义时，编译程序段 1，否则编译程序段 2，其中#else 和程序段 2 为可选项。例如：

```
#include<stdio.h>
#define FLAG 1
int main()
```

```
{
  int n;
  #if FLAG
    n=1;
    printf("FLAG has been defined, the value of n is %d.\n", n);
  #else
    n=0;
    printf("FLAG has not been defined, the value of n is %d.\n", n);
  #endif
  return 0;
}
```

例中，定义了符号常量 FLAG 代表 1，因此当进行编译预处理时，将会给变量 n 赋 1，并输出"FLAG has been defined，the value of n is 1."的信息。如果第 2 行将 FLAG 改为 0，则给 n 赋 0 并输出信息"FLAG has not been defined，the value of n is 0."。由此可见，条件编译将为一个程序提供多个版本，编译后使用不同的版本，从而实现不同的功能。

读者需要注意的是，条件编译与 if-else 选择结构不同，它仅在预编译阶段起作用，一旦程序运行，只有一个分支被生成到目标代码中，另一个分支会被舍弃。并且♯if 后面必须是符号常量（宏名），不能进行运算。

3. 外部变量定义、声明

在本程序中所有函数之外进行全局变量的定义或声明。如果是在程序开头、函数之前进行定义或声明，则该变量在定义或声明点之后到整个源程序文件的结束处均有效。提请读者注意，这里的"定义"和"声明"是有区别的，定义（Definition）是指从无到有确立该变量且按该变量的类型分配相应大小的存储空间，而声明（Declaration）则是指该变量已在别处定义过，如果希望在本程序内利用该变量时无须专门定义，只要在程序中通过"变量声明"通知编译系统即可。

4. 函数定义

C 语言提供了多种形式及功能的函数（包括库函数和用户自定义函数）供用户调用。如果是用户自定义函数，则在调用之前，必须首先定义该函数，即确立函数的功能。函数定义主要是确立函数的名字、信息的传递方式，在函数中用到的局部变量，以及通过顺序、选择和循环等控制结构实现的不同操作等。

2.1.3 函数的结构

C 语言是函数式语言，C 程序由一个或多个函数组成。函数是一个能完成特定功能的程序代码段，各个函数之间相互独立，相当于一个个"积木块"。设计程序时，提倡将大问题划分成若干子问题，每个子问题可以通过编制一个函数予以解决。多个函数搭接在一起构成整个程序，即"大程序是由一个个小函数构成的"。这样做的好处是使程序各部分功能单一，并且具有相对独立性，方便用来构成新的大程序。

函数提供了实现模块化编程的手段，容易阅读、编辑、调试及维护。

函数的一般结构如下：

```
函数首部
{
    定义及声明部分
    执行部分                                    //由基本语句或控制语句组成
}
```

这里,函数首部用于指定所定义函数的名称、返回值类型、接口参数个数及类型等信息。每个 C 程序中必须有一个或多个函数,而且必须有且只能有一个以 main 为名的函数(称为主函数),整个程序的执行从主函数开始,在主函数执行完结束。定义及声明部分则描述了在本函数内用到的局部变量或变量声明等。执行部分是整个函数的主体,由基本语句或控制语句组成。结构化程序设计中,执行部分通常会以顺序、选择和循环这三种基本结构呈现。

1. 顺序结构

顺序结构由一个或多个语句序列组成,程序执行时,按照从上而下的顺序,一条一条地逐个顺次往下执行,如图 2-3 所示。

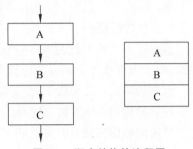

图 2-3　顺序结构的流程图和 N-S 流程图

2. 选择结构

在选择结构中,执行哪些部分的语句由条件决定,可以是从两种可能性中选择一条语句执行,也可以从多种可能性中选择一条语句执行,执行流程如图 2-4 所示。

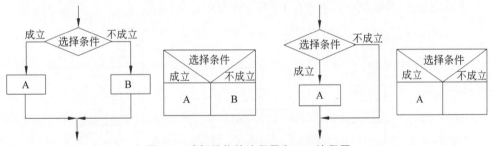

图 2-4　选择结构的流程图和 N-S 流程图

3. 循环结构

循环结构指使同一个(组)语句根据一定的条件执行若干次,执行流程如图 2-5 所示。在循环结构中,每次循环体中语句部分的执行都有可能会改变条件,当条件不满足时跳出循环。

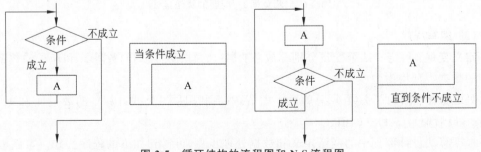

图 2-5　循环结构的流程图和 N-S 流程图

从图 2-3～图 2-5 可以看出,这三种基本结构只有一个入口、一个出口,结构内的每一部分都有机会被执行到,在结构内不存在无休止循环(死循环)的情况。实践表明,由三种基本结构组成的程序结构,可以解决任何复杂的问题。由三种基本结构所构成的程序属于"结构化"程序,这种类型的程序中不存在无规律的转向,只在本结构内才允许存在分支、向前或向后的跳转。关于结构化程序设计的相关内容,将在第 4 章中进行详细介绍。

【例 2-1】 "鸡兔同笼"问题。《孙子算经》记录了中国古代著名的数学问题——鸡兔同笼问题,问题描述为"今有鸡兔同笼,上有三十五头,下有九十四足,问鸡兔各几何?"

解：

(1) **分析问题**。

首先需要明确问题的输入,即已知信息。其次,明确要输出的对象,也就是问题的解(结果)。解决方案依赖于相应的附加要求或约束条件。

问题的输入：总头数 a,总脚数 b；

问题的输出：鸡的数量 x,兔子的数量 y；

解决问题的方法：由关系式 $x+y=a$ 和 $2x+4y=b$ 可推得：$y=(b-2a)/2$ 和 $x=a-y$。

(2) **设计算法**。

第 1 步：输入总的头数 a 和总的脚数 b；

第 2 步：利用上面推导得出的公式分两步分别计算鸡的数量和兔子的数量；

第 3 步：输出鸡的数量 x 和兔子的数量 y 的值。

算法的流程图、N-S 流程图和 PAD 见图 2-6 所示。

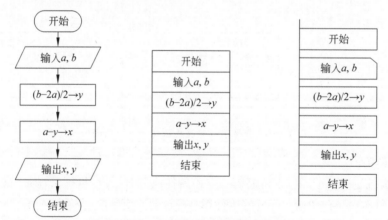

图 2-6 "鸡兔同笼"问题的算法描述

(3) **编写程序**。

定义变量：可定义四个变量分别存放总头数 a、总脚数 b、鸡的数量 x 和兔子的数量 y,它们的数据类型均为整型。

处理数据：输入总头数 a、总脚数 b 的值,然后利用推导公式计算鸡的数量 x 和兔子的数量 y,最后输出 x 和 y 的值。

根据算法设计部分中的变量定义和数据处理步骤,可得到如下的程序代码。本例中,整个程序由 C_R_Input.c、C_R_Main.c 和 C_R_Output.c 三个文件组成,分别用于**输入**

（**Input**，Ⅰ）、处理（**Processing**，P）和输出（**Output**，O）。

```
/* 文件名:C_R_Main.c    主要功能:根据总头数和总脚数计算鸡、兔子的数量 */
#include<stdio.h>                          //编译预处理(文件包含)
int a, b, x, y;                            //定义外部变量
int main()                                 //主函数
{
  Input_CR();                              //函数调用,输入已知的变量值
  y=(b-2 * a)/2;                           //计算兔子的数量
  x=a-y;                                   //计算鸡的数量
  Output_CR();                             //输出最终结果
  return 0;
}

/*   文件名:C_R_Input.c,主要功能:输入鸡和兔子的总头数 a 与总脚数 b   */
#include<stdio.h>                          //编译预处理(文件包含)
extern int a, b;                           //外部变量声明
void Input_CR()                            //自定义函数首部
{
  printf("Head (a) and foot numbers (b):"); //提示信息
  scanf("%d%d", &a, &b);                   //输入数据
}

/*   文件名:C_R_Output.c,主要功能:输出鸡和兔子的数量   */
#include<stdio.h>                          //编译预处理(文件包含)
extern int x, y;                           //外部变量声明
void Output_CR()                           //自定义函数首部
{
  printf("鸡:%3d 兔子:%3d\n", x, y);        //输出得到的最终结果
}
```

（4）调试运行。

对该程序,需要建立一个工程(这里命名为 Chicken_Rabbit),将这三个文件依次加入该工程中,然后对三个.c 文件分别进行编译,并链接在一起,形成统一的可执行文件 Chicken_Rabbit.exe,执行该文件,得到结果。如果结果不正确,则需要进行修改并重新编译、链接和运行,直至得到正确的结果。

这里运行三次。

第一次运行:

```
Head (a) and foot numbers (b):35 94
鸡: 23 兔子: 12
```

第二次运行:

```
Head (a) and foot numbers (b):8 30
鸡: 1 兔子:  7
```

第三次运行:

```
Head (a) and foot numbers (b):40 62
鸡: 49 兔子: -9
```

对上述运行结果进行分析,发现可执行文件各次的运行结果与手工计算结果完全一致,说明所建立的模型和设计的算法、程序代码均是正确的。但由于第三个输入的数据有误,导致计算得到的兔子的数量出现负数,说明还需要对上述程序代码进行修改,加入适当的判断,使得在输入数据有误时可重新输入。

【趣题秒解】 "鸡兔同笼"问题的不同解法。

方法一: 从例 2-1 可知,鸡、兔子共 35 个头(a),94 只脚(b)。现在假设让 35 只鸡和兔子各抬一只脚,则剩下 $b-a=94-35=59$ 只脚,再让它们各抬一只脚,只剩下 $b-a-a=59-35=24$ 只脚了。由于每只鸡有两只脚,抬过两次脚,则剩下的 24 只脚全部是兔子的脚。除去前面抬过的两只脚,每只兔子只有两只脚立在笼中,$(b-a-a)/2=24/2=12$,说明兔子共有 12 只(y),鸡只能是 23 只($x=a-y$)。问题得解。

方法二: 假设笼中 35 只都是兔子,则应有 $35×4=140$ 只脚。但实际上只有 94 只脚,说明多算了 $140-94=46$ 只脚(多算的只能是全部鸡的脚数,为什么?)。那是因为把一只鸡算成了一只兔子,自然会多出两只脚。现在多出了 46 只脚,一定是把 $46÷2=23$ 只鸡算成了 23 只兔子。那么,鸡就应该有 23 只,兔子就应该有 12 只。

◆ 2.2　程序的基本组成元素

2.2 程序的基本组成元素

2.2.1　标识符

标识符是程序中用来命名语言实体的标记,包括变量、常量、函数和参数等对象的名字。标识符(Identifier)应符合如下命名规则:

(1) 由字母($a\sim z$、$A\sim Z$)、数字($0\sim 9$)、下画线($\_$)三种符号组成,且必须由字母或下画线开头;

(2) 不能把 C 语言的关键字(如 if、for、while)作为标识符;

(3) C 语言对大小写敏感,例如,A 和 a 属于不同的标识符;

(4) 这一条不是必须的命名规则,即命名标识符时尽量做到"见名知意",以方便自己或他人阅读程序。

2.2.2　常量、变量

1. 常量

常量(Constant)是指在程序运行过程中值不能变更的数量或数据项。

常量分为如下类型。

(1) **整型常量。** 如 12345,023,0x12,-345,3L。请读者自己体会这些常量的含义。

(2) **实型常量。** 实型常量可以两种形式出现在程序中:十进制小数形式,如 0.34、-56.79、0.0、3.1415f 等;指数形式,如 12.34e3(代表值 $12.34×10^3$)。

(3) **字符常量和字符串常量。** 其中,字符常量用单引号(' '),如'?';字符串常量用双引号(" "),如"Shanghai"。

(4) **转义字符。** 即编码延伸字符,用以表示后随的一个或一组字符要以非标准的方式解释,例如,'\n'代表换行,'\r'代表回车,'\a'代表警告等。

（5）**符号常量**。即用符号代表一个确定的值，或称为该常量的别名。例如，如果有"♯define PI 3.14159265"，则程序中凡是出现 PI 的地方，均表示该值是 3.14159265。

（6）**常变量**。C 语言允许用户用 const 定义常变量，如"const int x＝123;"。这里，定义 x 为整型变量，分配相应的存储空间，值为 123，但该变量不是普通变量，其值在变量生存期是不能改变的。

2. 变量

用以存储数据且在程序运行期间值可以改变的数量或数据项，称为**变量**（**Variable**）。C 语言中，一个变量可以通过一个属性六元组来刻画（名字，数据类型，地址，值，作用域，生存期），如图 2-7 所示。对变量，一般关心变量的别名、绑定时间、声明、作用规则以及引用环境。这里重点讨论变量的名字、地址、数据类型和值等属性，作用域和生存期属性将在第 5 章中进行详细介绍。

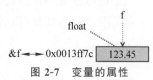

图 2-7　变量的属性

变量的名字符合标识符的命名规则。

变量的地址是指与之相关联的内存地址，有时也称变量的**左值**（L-value），这是因为当变量的名字出现在赋值语句的左边时，常常需要访问变量的地址。因此，变量名实际上是以名字代表的一个存储地址，从一个变量中取值，实际上是通过变量名找到其在内存中对应的地址，并从该存储单元中读取数据。多个变量可以具有同一个地址，当用多个变量名访问同一个内存地址时，这些变量就称为**别名**（Aliases）。

变量的数据类型决定了在该变量中可存储值的范围和为该类型值所定义的运算集合。

变量的值是指内存单元或与变量相关的内存单元中的内容，称为**右值**（R-value），因为它是当变量名称出现在赋值语句的右边时才需要用到的值。

变量必须先定义后使用，定义变量时必须指定该变量的名字（符合标识符的命名规则）和类型，以分号结尾。例如：

```
float f;                    //以华氏度表示的温度
float c;                    //以摄氏度表示的温度
float f, c;                 //同时定义两个变量,变量之间用逗号隔开
```

变量的定义通常放在函数起始处，在任何可执行语句之前。如果定义局部变量时未指定其初值，则系统会给其安排一个随机值。例如，在 VC++ 6.0 下，如下程序：

```
#include<stdio.h>
int main()
{
  int x;
  float y;
  char z;
  printf("x=%d, y=%f, z=%c\n", x, y, z);
  return 0;
}
```

运行结果为：

$$\boxed{x=-858993460, y=-107374176.000000, z=?}$$

从运行结果可以看到，由于在程序中未赋值，变量 x、y 和 z 的值均为不确定的随机值。因此，程序中一般应对变量进行初始化，即在定义变量的同时，指定该变量的值。例如，float f＝32；。

对于变量，可实施的操作有：

(1) 将数据存入变量。例如，f＝32。

(2) 取得变量中保存的值。例如，c＝5.0/9＊(f－32)。

(3) 求变量的地址（指针）。例如，&f 的含义是取得变量 f 在内存中的存储地址。

2.2.3 运算符

运算符（Operator）主要用于构成程序中的表达式，同一个符号在不同的表达式中，其作用并不完全一样。C 语言的运算符比较丰富，表 2-1 列出了 C 语言运算符的含义、使用形式、优先级和结合性等特性。为加深理解，建议读者仔细阅读和体会最后一列所举实例。

表 2-1 C 语言运算符及其运算特点

优先级	运算符	名称或含义	使用形式	结合方向	说　明	举　例
1	［］	下标运算符	数组名［常量表达式］	从左到右		int a[5]; b[3]=a[2];
	()	圆括号	(表达式) 函数名(参数表)			(a+4)/5; fun(a, b);
	.	成员运算符	结构体变量名.成员名			stu.num;
	->	间接成员运算符	指针变量名->成员名		取所指向的结构体变量成员	p->score;
2	－	负号运算符	－(表达式)	从右到左		－a
	(类型名)	类型转换运算符	(数据类型)表达式		强制将表达式的值转换为希望的数据类型	(int)c; (float)(2+3);
	＋＋	自增运算符	＋＋变量名/变量名＋＋		运算符放前放后含义不同	＋＋i; i++;
	－－	自减运算符	－－变量名/变量名－－			－－j; j－－;
	*	指针运算符	＊指针变量		取所指向的对象的值	n＝＊pt;
	&	取地址运算符	&变量名			int a, ＊p＝&a;
	!	逻辑非运算符	!表达式		真取假，假取真	!k, !(3＜5)
	～	按位取反运算符	～			～8(结果是 7，为什么?)
	sizeof	求字节数运算符	sizeof(表达式)			sizeof(int); sizeof(a);

优先级	运算符	名称或含义	使用形式	结合方向	说　　明	举　　例
3	＊	乘法运算符	表达式＊表达式	从左到右		a＊b
	/	除法运算符	表达式/表达式			x/y
	％	求余运算符	整型表达式％整型表达式			5％2
4	＋	加法运算符	表达式＋表达式	从左到右		a＋5
	－	减法运算符	表达式－表达式			c－3
5	＜＜	左移运算符	变量＜＜表达式	从左到右	放大。左移 k 位,右端补零	x＜＜k;
	＞＞	右移运算符	变量＞＞表达式		缩小。右移 k 位,左端补最高有效位的值	x＞＞k;
6	＞	大于运算符	表达式＞表达式	从左到右		a＋3＞b-2
	＞＝	大于或等于运算符	表达式＞＝表达式			a＞＝c＋4
	＜	小于运算符	表达式＜表达式			b＜c
	＜＝	小于或等于运算符	表达式＜＝表达式			a＊2＜＝c
7	＝＝	等于运算符	表达式＝＝表达式	从左到右	测试是否相等	a＝＝c
	!＝	不等于运算符	表达式!＝表达式		测试是否不等	a＋3!＝c＋5
8	&	按位与运算符	表达式 & 表达式	从左到右	与 0 得 0	8&15(结果是 8,为什么?)
9	^	按位异或运算符	表达式^表达式	从左到右	相同为 0,相异为 1	8^15(结果是 7,为什么?)
10	|	按位或运算符	表达式|表达式	从左到右	或 1 得 1	7|15(结果是 15,为什么?)
11	&&	逻辑与运算符	表达式 && 表达式	从左到右	一假全假,全真为真	x&&y (5＞3)&&(c＞b)
12	||	逻辑或运算符	表达式||表达式	从左到右	一真为真,全假为假	x||y, 1||0
13	?:	条件运算符	表达式 1? 表达式 2:表达式 3	从右到左	判断后分别进行处理	a＝x＜y? x＋2: y＋1;

续表

优先级	运算符	名称或含义	使用形式	结合方向	说　明	举　例
14	＝	赋值运算符	变量＝表达式	从右到左		a＝c－3;
	*＝	乘后赋值运算符	变量*＝表达式			a*＝(b＋2);
	/＝	除后赋值运算符	变量/＝表达式			a/＝2;
	%＝	求余后赋值运算符	变量%＝表达式			a%＝2＋4;
	＋＝	加后赋值运算符	变量＋＝表达式			a＋＝2;
	－＝	减后赋值运算符	变量－＝表达式			a－＝2;
	<<＝	左移后赋值	变量<<＝表达式			a<<＝2;
	>>＝	右移后赋值	变量>>＝表达式			a>>＝2;
	&＝	按位与后赋值	变量&＝表达式			a&＝2;
	^＝	按位异或后赋值	变量^＝表达式			a^＝2;
	|＝	按位或后赋值	变量|＝表达式			a|＝2;
15	,	逗号运算符	表达式,表达式,…	从左到右	从左向右顺序计算	

说明：

(1) 表 2-1 中优先级为 2 的运算符(!、~、＋＋、－－、－、(类型名)、*、& 和 sizeof)为一元运算符，即要求一个运算对象；优先级为 13 的条件运算符为三元运算符。优先级为 3～12、14 的运算符均为二元运算符，即要求有两个运算对象。

(2) 自加运算符(＋＋)和自减运算符(－－)可用于表达式，也可以用于构建独立的赋值语句，它们可以作为前缀运算符用在运算对象之前，也可以作为后缀运算符用在运算对象之后。例如，对于赋值语句"s＝＋＋a;"等价于"a＝a＋1; s＝a;"，而"s＝a＋＋;"等价于"s＝a; a＝a＋1;"。

(3) 对于"/"运算符，如果两个操作数都为整数，执行整数的除法。而只要除数和被除数中有一个是浮点数，则执行的就是浮点数的除法。如 5/2 的结果为 2,5.0/2 的结果为2.5。

(4) 运算符"%"的两个操作数必须为整数，结果为整除之后的余数。不允许出现浮点型，余数正负取决于被除数的正负。

(5) 位运算符的操作数必须是整数。

(6) 逻辑运算具有截断(也称短路求值)特性："&&"左边为假时，右边将不再计算；"||"左边为真时，右边也将不再计算。

(7) 当两个一元运算符作用于同一个运算对象时，结合性为从右到左。例如：－a＋＋等价于－(a＋＋)。

以上运算符被分为 13 大类。

(1) **算术运算符**。共有 7 种运算符：＋、－、*、/、%、＋＋、－－。

（2）**赋值运算符**。包括赋值运算符"＝"及其扩展赋值运算符,共计 11 种。如前所述,放在赋值运算符左边的称作左值,右边的称作右值,因此赋值操作实质就是"左值＝右值"。左值可以被赋值,可以取地址,通常是变量名或者指针变量名,左值也可以是常量,但常量一旦初始化后就不能再被修改。右值则可以是字面常量、表达式返回值、函数返回值等,通常指代一个具体的数值或对象的值,可以出现在赋值语句的右边,以及在函数调用、算术运算、比较运算等操作中。右值不能被赋值或取地址。

（3）**强制类型转换运算符**。用于将一种数据类型强制地转换为另外一种数据类型。

（4）**关系运算符**。包括 6 种：＞、＜、＝＝、＞＝、＜＝和！＝。

（5）**逻辑运算符**。共有 3 种：&&、‖和！。

（6）**位运算符**。分为 6 种：＜＜、＞＞、～、∣、^和 &。

（7）**条件运算符**。"?:"是一个三元运算符,语法格式：表达式 1? 表达式 2：表达式 3。运算的规则：表达式 1 若为真,则执行表达式 2,否则执行表达式 3。

（8）**逗号运算符**。用运算符","可以将多个表达式连接,从左向右依次进行计算,整个表达式的运算结果就是最后一个表达式的值。

（9）**指针运算符**。包括 * 和 &。

（10）**求字节数运算符**。sizeof,用以求取表达式所占据的存储空间的长度(字节数)。

（11）**成员运算符**。共 2 种："."和->,均用于求取变量的某个成员的值。

（12）**下标运算符**。"[ ]"用于取得变量的某个分量。

（13）**其他类**。如函数调用运算符"()"。

这些运算符可以是一元的(表示它只有一个运算对象)、二元的(表示它有两个运算对象)和三元的(表示它有三个运算对象)。大多数一元运算符都是前缀的(运算符出现在运算对象之前),二元运算符是中缀的(运算符出现在两个运算对象之间)。

运算符的求值顺序是由其优先级和结合性决定的。

优先级(Priority)。定义了表达式求值时不同优先级运算符的运算顺序,即运算中谁先运算谁后运算,优先级较高的运算符先于优先级较低的运算符。优先级在实质上体现了一种在运算正式开始之前的预处理,即在预处理阶段会把优先级较高的运算符以及其左右操作对象的两边加上圆括号。例如,表达式 x＋y＊z 在预处理阶段将被处理成 x＋(y＊z)。

C 语言中,运算符的优先级共分为 15 级,数字越小,优先级越高。

归纳表 2-1 中运算符的优先级顺序：

优先级为 1 的运算符→一元运算符→算术运算符(先乘除,后加减)→移位运算符→关系运算符→位运算符→逻辑运算符(除！)→条件运算符→赋值运算符→逗号运算符

需要注意的是,一元负号运算符可以出现在表达式的开头,也可以出现在表达式内部的任意位置,但必须用圆括号将它和相邻的运算符分开。例如：

```
x+(-y) * z
```

是合法的表达式,但

```
x+-y * z
```

則是非法的。

考虑下面的表达式：

```
-x/y
-x*y
x+y*z
```

在前两个表达式中，一元负号运算符和二元运算符的优先级顺序无关紧要，因为两个运算符的求值顺序不影响表达式的值。但对于第三个表达式，运算符的优先级顺序会直接影响表达式的值。假设变量 x、y、z 的值分别是 3、4、5，如果运算符"＋"的优先级高于"＊"，则先加法后乘法，结果将是 35。但实际上，运算符"＊"的优先级高，因此，正确的计算顺序将是先乘法后加法，最终计算结果应是 23。

结合性（Associativity）。当表达式中运算对象两侧的运算符优先级相同时，则按运算符的结合性所规定的结合方向运算。C 语言的结合性分为"从左到右"和"从右到左"两种，即左结合性和右结合性。读者在运用时应注意区别，以免理解错误。

C 标准规定：表达式的结合性取决于表达式中各运算符的优先级，其中优先级高的运算符先结合，优先级低的运算符后结合。

例如，对于表达式 a＋b－c，由于算术运算符的结合性是左结合性，所以先将 a 与 b 相加，然后从和中减去 c。再如表达式 x＝y＝z，由于赋值运算符是右结合性，则 x＝y＝z 等价于 x＝(y＝z)。

请读者考虑表达式：

```
x+++y
```

上面表达式有两种理解，即(x++)+y 或 x+(++y)。实际上，系统按前一种理解来处理该表达式，请读者考虑其原因。因此，建议不要编写容易造成歧义的语句。

对于运算符，还涉及不同类型数据间的混合运算，采用了运算对象隐式类型转换的规则：

（1）运算符＋、－、＊、/ 的运算对象中，只要有一个数为 float 或 double 型，结果一定是 double 型。这时系统会自动将 float 型数据转换为 double 型，然后进行运算；

（2）如果 int 型与 float 型或 double 型数据进行运算，系统会先将 int 型和 float 型数据转换为 double 型，然后进行运算，结果是 double 型；

（3）字符型数据与整型数据进行运算，系统会将字符的 ASCII 码与整型数据进行运算，运算结果是整型。

2.2.4 表达式

用运算符和圆括号将运算对象（也称操作数）连接的、符合语法规则的式子，称为表达式（Expression）。表达式是 C 程序的语句的主体，它是一种有值的语法结构，由运算符将变量、常量、函数等结合而成。

根据所包含的运算符的个数，可以把表达式分为简单表达式和复杂表达式两种，简单表达式只含有一个运算符，而复杂表达式包含了两个或两个以上运算符。

与其他语言中表达式不能单独存在不同,C 语言中,任何表达式都可以以相应表达式语句的形式存在于程序中。最常用的表达式语句有赋值语句和函数调用语句。

(1) 赋值语句,由赋值表达式加分号构成。通过赋值语句可给变量设置一个值,后续访问相应的存储单元时可取得该值,从而完成表达式中的计算。

(2) 函数调用语句,由函数调用表达式加分号构成。执行函数调用语句时,调用函数体并把实参赋予函数中的形参,然后执行被调用函数的函数体,求得函数值。

表达式的值是有类型的,其隐含的数据类型取决于组成表达式的变量和常量的类型。需要说明的是,每个表达式的返回值都具有逻辑特性。如果返回值为非 0 值,则该表达式的值为真,否则值为假。基于这个特点,可以将该表达式作为控制程序流程中的条件表达式。

2.2.5　语句

语句(Statement)是函数的基本组成单位,程序的主体部分是由语句组成的,程序的功能也是由执行语句实现的,语句的标志是分号。

(1) **控制语句**。用于控制程序的流程走向,主要用于能够在多个控制流路径之间进行选择,或者能够重复执行某条语句或语句序列。高级语言中提供上述功能的语句被称为控制语句(Control Statement)。C 语言中的控制语句包括分支语句(if…else、switch)、循环语句(for、while、do…while)、跳转语句(continue、break、return、goto)等。

(2) **函数调用语句**。由函数调用表达式加上分号(;)组成。

(3) **表达式语句**。由表达式加上分号(;)组成。

(4) **复合语句**。用花括号将一个或多个语句括起来组成一个整体称为复合语句或语句块。

(5) **空语句**。仅用一个分号表示的语句,表示不执行任何操作。空语句的作用:用在循环结构中,表示循环体为空;用于编译器中设置断点;可使程序可读性更好,或者为后面插入新的语句优先占据一个位置。

2.2.6　注释

注释(Comment)是指添加到源程序中的描述、附注或解释等说明信息,它在目标语言中会被忽略掉,因此不影响程序的执行。注释是程序设计中一项非常重要的内容,可以使代码清晰,易于阅读。

程序中常用的注释内容如下。

(1) 程序的名称。

(2) 程序的功能。

(3) 程序的设计思路与特点。

(4) 编程者及其合作者。

(5) 程序的编写时间、版本。

(6) 其他需要说明的信息。

C 语言主要采用了两种方法进行注释。

(1) **块注释**。以"/ *"开头、以" * /"结尾的形式进行注释,将拟注释的内容写在其中。块注释可以写成一行,也可以分成多行书写。

例如，

```
/*      这是
        一个 C 程序
        的注释    */
```

(2) **行注释**。以"//"开头的注释，注释的内容写在右边，但不能跨行书写。例如：

```
int f, c;                                    //这里定义两个变量分别代表华氏温度和摄氏温度
```

块注释不能嵌套，但块注释中可以嵌套行注释。例如：

```
/*
                                             //此处嵌入了行注释
*/
```

【扩展阅读】 bug 的传说。

关于 bug 大家都应该听说过吧，就是故障。再好的程序员，编程过程中都会有 bug。有人戏称"众里寻他千百度，如影随形是 bug"。

格蕾丝·赫柏(Grace Hopper，1906—1992，见图 2-8)，杰出的计算机科学家，软件工程专家，她发明了世界上第一个编译器，被誉为"COBOL 之母""计算机软件第一夫人"，她是"IT 界十大最有远见的人才"中唯一一位女性，世界上第一只 bug 也是她顺手找出并命名的。

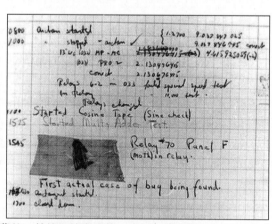

图 2-8　格蕾丝·赫柏和她发现第一个 bug 的手稿

1906 年，赫柏出生于美国纽约一个中产家庭，小时候喜欢爬树、游泳、划船、捉迷藏，爱好思考，她的母亲在赫柏的数学启蒙上发挥了非常重要的作用。上学以后，赫柏在数学、物理方面成绩突出。她 16 岁时参加高考，因为偏科太严重，不得不复读了一年，后来如愿考上了韦莎学院。毕业时，她获得了数学、物理学位，同时荣获优等生的荣誉，留校任教并被聘为副教授。后来，赫柏进入耶鲁大学深造，先后获得了数学硕士、博士学位，成为耶鲁大学 233 年校史上第一位女数学博士。

毕业后，赫柏回到韦莎学院。"二战"爆发后，满怀爱国热情的赫柏坚决要求加入海军，

尽管身高体重都不合格,但在死磨硬缠下,她如愿以偿进入海军军校学习,并以第一名的成绩毕业。毕业后,她被分配到美国船舶局战时科研中心,担任军方正在开展的世界第一台大型数字计算机研究项目组(Mark Ⅰ)专家、著名计算机科学家霍德艾肯博士的助手,成为该项目组第三名程序员。她的主要任务是编写程序,为 Mark Ⅰ 以及后续的 Mark Ⅱ、Mark Ⅲ 编写了大量软件,从此走上了软件大师的成功之路。

一天,计算机突然发生了故障,经过排查,赫柏在一台继电器触点里,发现了一只被夹扁的小飞蛾,正是这只小虫子卡住了机器的运行。赫柏顺手将这只飞蛾用胶带贴住夹在笔记本里,并记下 This is the first actual bug found(这是发现的第一只虫子),诙谐地把这一程序故障称为 bug(臭虫)。这就是 bug 的由来。

从此,人们将计算机错误戏称为 bug,把排除程序故障叫作 debug(除虫)。

1980 年,格蕾丝·赫柏获得了首届计算机先驱奖,1991 年时任总统布什授予她"全美技术奖",赫柏于 1992 年 1 月 1 日与世长辞,2016 年被追授总统自由勋章。赫柏一生为计算机高级语言的标准化和普及工作做出了突出的贡献,她常常对人说:"与其说我的最大贡献是发展了程序设计技术,不如说我培养了大批程序设计人才。"

◇ 2.3 计算机程序设计的基本方法与技术

2.3.1 计算机程序设计方法

2.3.1 计算机程序设计方法

常用的程序设计方法包括结构化程序设计、逻辑程序设计(如 Prolog)、函数式程序设计(如 LISP、Scheme)、面向对象程序设计、并行程序设计(如高性能 Fortran)以及基于组件的程序设计等,本书将主要介绍结构化程序设计和面向对象程序设计两种方法。

1. 结构化程序设计方法

面向过程方法是以第一人称指挥数据,需要首先在头脑中仿真计算机对数据的处理过程,即梳理出解决问题过程所需要的步骤,然后自己依次逐步予以解决。它适用于步骤明确的问题,如用牛顿法求解定积分问题等。

面向过程的程序设计是一种以过程为中心的程序设计思想,它将解题的过程视为数据被加工处理的过程。其设计要点是不要求一步就编写好可执行的程序,而是分为若干步骤,逐步精细化。第一步的抽象度最高,然后抽象度逐次降低。用这种方法设计的程序易读、易懂,易于调试和维护,正确性能得到保证。

本教程的依托语言——C 语言,即为面向过程的语言(Procedure-Oriented Language,POL),是一种以特定语句或指令序列给出问题求解过程的程序设计语言。基于 C 语言的面向过程的程序设计,设计思路是首先分析问题的步骤,然后用函数逐步实现这些步骤。程序执行时,将依次调用这些函数,问题即可得到解决。

但是,面向过程的程序设计方法存在着程序的可修改性和移植性差等缺点,如果解题过程发生变化,则一连串的步骤都得改动,工作量较大。为此,可采用面向过程程序设计方法的改进方法——**结构化程序设计方法**。

结构化程序设计(Structured Programming,SP)是指程序的设计、编写及测试等都采用规定的组织形式进行,是一种以模块功能和过程设计为主的用于详细设计的基本原则。程序设计采用了自顶向下、逐步求精的设计思路，将模块分解与功能抽象相结合。按功能将程序结构划分为若干基本模块，形成树状结构，各模块功能相对独立，模块间关系相对简单。每个模块内部均由顺序、选择和循环三种基本控制结构组成。

结构化程序设计思想最早由著名的计算机科学家、荷兰人埃德加·W.迪杰斯特拉（Edsgar W. Dijikstra）于 1965 年提出，主要强调程序的结构性、易读性等。它在结构上将待开发的程序划分为若干功能模块，各程序模块可以分别进行设计，再链接在一起，组合成相应的软件系统。在结构化程序设计中，只允许使用三种基本的程序结构形式，分别为顺序结构、选择结构（又称分支结构，包括多分支结构）和循环结构，这三种基本结构的共同特点是只允许有一个入口和一个出口。结构化程序设计适用于程序规模较大的情况，对于规模较小的程序也可以采用非结构化程序设计方法。

1971 年，瑞士著名的计算机科学家尼古拉斯·沃斯（Niklaus Wirth，1934—2024）基于自己在开发程序设计语言和编程方面的实践经验，在国际知名期刊 *Communications of ACM* 上发表了著名论文——《通过逐步求精方式开发程序》（*Program Development by Stepwise Refinement*），对结构化程序设计方法的发展做出了重要的贡献。

结构化程序设计方法，改变了人们对程序设计的思维方式，成为程序开发的一个标准方法，在软件工程等领域获得了广泛应用。但结构化程序设计方法也存在着数据与过程分离、代码复用性差、不能很好地适应需求变化和后期维护困难等缺点。

关于结构化程序设计方法的更多内容，请参见第 4 章"结构化程序设计"的相关内容。

2. 面向对象程序设计方法

面向对象程序设计（Object-oriented Programming，OOP）是基于面向对象技术的程序设计范型，它将对象作为程序的基本单元，将程序和数据封装其中，以提高软件的可复用性、灵活性和扩展性。

OOP 方法把面向对象的思想应用于软件开发过程中，指导开发活动。该方法是建立在"对象"概念基础上，以对象为中心，以类和继承为构造机制的方法学。它将数据及对数据的操作方法放在一起，作为一个相互依存、不可分离的整体——对象。对同类对象抽象出其共性，形成"类"，类通过一个简单的接口与外界发生关系，对象之间通过发送消息进行通信。

如前所述，当采用面向过程的程序设计方法时，若解题过程发生变化，则一连串的步骤都得改动，工作量较大。如果采用面向对象的方法，只要改动对象即可。

面向对象程序设计赋予数据以属性和行为，以第三人称指挥数据，适用于对实体建模的问题。面向对象的思想是把构成问题的事务分解成各个对象，以描述事物在整个解决问题的步骤中的行为。这时，对象是核心，不用自己亲力亲为，而是用具备解决问题能力的对象替自己做事情。关于面向对象程序设计方面的内容，不属于本课程的范畴，感兴趣的读者可参阅面向对象程序设计相关的书籍。

2.3.2 程序设计基本技术

2.3.2 程序设计基本技术

编写程序就像做菜一样，需要掌握熟练的技术。程序设计中，一些基本的、普适性的程序设计技术，将帮助读者有效地改进代码的质量，提高效率。**程序设计技术**（Programming Technique）是设计、编写和测试程序的方法技巧，主要关注程序的组织与实现形式。本书作者在长期实践的基础上，归纳总结了结构化程序设计中常用的程序设计技术，如表 2-2

所示。

表 2-2　基本的程序设计技术

基 本 技 术	设 计 机 理
穷举技术	划定范围、逐个验证
嵌套技术	内外有别、逐层推进
缩减技术	结构递归、规模递减
二分技术	有分有合、规模减半
递归技术	以退为进、以简御繁

1. 穷举技术

穷举技术(Enumeration Technique)又称枚举技术、蛮力技术或暴力技术等,它利用计算机运算速度快、精确度高的特点,在数据类型值的有限集合内,对拟解决问题的所有可能解,逐一进行检验,从中找出符合要求的解。因此,穷举技术通过牺牲时间来换取问题解的全面性。

穷举技术的设计机理:

(1) 划定范围。明确问题解的范围,将所有可能的解全部列举出来。

(2) 逐个验证。根据约束条件逐一筛选出满足条件的解。

该技术的使用条件有两个:

(1) 能够预先确定解的范围,并能以合适的方法列举。

(2) 能够对问题的约束条件进行精确描述。

穷举技术比较直观,易于理解,正确性容易证明。但由于需要——列举各种可能性,效率较低。

【例 2-2】 采用穷举技术设计求解例 2-1 中的中国古代数学"鸡兔同笼"问题。

解:

题中,首先,因为鸡、兔子合起来总的头数为 35,即无论鸡还是兔子,极端的情形是笼中全为鸡或全为兔子,即最多数量是 35(上界),最少数量为 0(下界)。其次,还需满足鸡、兔子的数量只能是整数,总头数为 35 且同时总脚数为 94(用逻辑与实现)。基于以上理由,利用穷举技术设计"鸡兔同笼"问题的程序变得相对容易。具体代码如下:

```
#include<stdio.h>
int  main()
{
  int i, j;                        //变量 i 存放鸡的数量,j 存放兔子的数量
  for(i=0; i<=35; i++)             //鸡的最小数量为 0,最大数量为 35
    for(j=0; j<=35; j++)           //兔子的最小数量为 0,最大数量为 35
      if(i+j==35&&2*i+4*j==94)
        printf("\n Chicken=%d  Rabbit =%d\n\n", i, j);
  return 0;
}
```

程序运行结果:

```
Chicken=23  Rabbit =12
```

穷举技术主要适用于"循环＋判断结构"的情形，例如求取一个数值各位上的数字、求素数、因式分解等问题。应用时可通过区间穷举或递增穷举的方式实施，灵活性较大，需要根据具体问题酌情采用。

思考："百钱买百鸡"问题。买一只公鸡需要 **5** 元，买一只母鸡需要 **3** 元，买三只小鸡需要 **1** 元，要求用 **100** 元钱买 **100** 只鸡，试问应该买公鸡、母鸡、小鸡各多少只？

2. 嵌套技术

嵌套技术（Nested Technique）的设计机理如下。

（1）**内外有别**。外层结构包含了对内层的调用或完整的内层结构，不会出现结构之间相互包含的情形。

（2）**逐层推进**。处理时由内向外进行，先处理内层，然后再处理外层。

嵌套技术是自顶向下、逐步细化策略的实际应用，它在程序设计中应用非常普遍，如函数的嵌套调用、结构体类型的嵌套定义、三种基本结构之间的相互嵌套等。

C 程序中的函数定义是互相平行、独立的，函数不能嵌套定义，但可以进行嵌套调用，即在调用一个函数的过程中，又可调用另外一个函数，如图 2-9 所示。

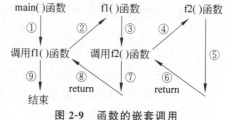

图 2-9 函数的嵌套调用

C 语言中还允许结构体类型的嵌套定义。当创建一个结构体类型时，其中的成员又是一个结构体类型，或成员指向该种类型的指针。

情形一：

```
struct Date
{
  int month;
  int day;
  int year;
};

struct Stu
{
  int num;
  char name[20];
  char sex;
  int age;
  struct Date birthday;     //成员 birthday 的类型为上面新创建的类型 struct Date
  char addr[30];
};
```

情形二：

```
struct  student
{
```

```
    int num;                              //学号
    int score;                            //成绩
    struct student * next;                //下一结点的地址
};
```

三种基本结构之间也可以相互嵌套,即在一个基本结构的内部包含了另外一个完整的结构,形成多层的程序结构。

3. 缩减技术

缩减技术(Reduction Technique)的设计机理如下。

(1) 结构递归。将拟解决的问题加工成规模压缩了的同类问题,具有清晰的递推或迭代结构。

(2) 规模递减。每一步加工后的问题规模相比之前小 1。

该技术采用递归式结构,从已知推出未知,每次处理后问题的规模会比处理之前减少,主要适用于递推、迭代等过程。其中,递推是指依据某种渐进关系逐次推出所要计算的中间结果和最终结果,它包括顺推(如累加、累乘、多项式求值、数列求和等问题)和逆推(如猴子吃桃、上台阶等问题);迭代过程,也称"辗转过程",顾名思义,迭就是反复、屡次,代就是替换,迭代的实质就是反复替换。例如,可应用迭代法求解方程的根。

例如,对于 $\sum\limits_{i=1}^{100} i$ 问题,随着循环的推进,累加和越来越接近最终的结果,问题规模不断被压缩(虽然每次压缩的比例很小),由此可得到如下程序代码:

```
...
for(i=1, sum=0; i<=100; i++)
    sum=sum+i;
...
```

实际上,这类的例子还有很多。再如,应用缩减技术很容易设计出求解 10! 的程序代码:

```
...
for(i=1, prod=1; i<=10; i++)
    prod=prod * i;
...
```

同样道理,计算问题 $\dfrac{\pi}{4} \approx 1 - \dfrac{1}{3} + \dfrac{1}{5} - \dfrac{1}{7} + \cdots$ 的程序代码为

```
#include<stdio.h>
#include<math.h>
int main()
{
    int sign=1;
    double pi=0, n=1, term=1;
    while(fabs(term)>=1e-6)
    {
```

```
      pi=pi+term;
      n=n+2;
      sign=-sign;
      term=sign/n;
    }
    printf("pi=%10.8f\n", pi * 4);
    return 0;
}
```

程序运行结果：

pi=3.14159065

【例 2-3】 计算多项式 $f(x)=a_0x^n+a_1x^{n-1}+a_2x^{n-2}+\cdots+a_{n-1}x+a_n$ 的值。

解：

本题可以应用著名的秦九韶算法进行处理,秦九韶算法本身就是一种规模缩减技术应用的实例。这里给出了部分代码段：

```
...
float f=0;
for(i=0; i<=n; i++)   f=f * x+a[i];
...
```

【例 2-4】 "猴子吃桃"问题。问题描述：一只猴子摘了若干桃子,每天吃现有桃子的一半多一个,到第 10 天只有一个桃子,问桃子原来共有多少个？

解：

本题可采用逆向思维方法,从后往前推断。第 10 天时桃子数 peach＝1,第 9 天的数量是第 10 天数量加 1 后乘 2。因此,递归公式可归纳为 peach＝(peach＋1) * 2。随着循环的不断推进,天数规模越来越小,问题不断被压缩。

基于如上分析,其相应的程序代码设计如下：

```
#include<stdio.h>
int main()
{
  int day, peach=1;
  for(day=9; day>=1; day--)
    peach=(peach+1) * 2;
  printf("Peachs=%d\n", peach);
  return 0;
}
```

程序运行结果：

Peachs=1534

4. 二分技术

二分技术(Bisection Technique)是规模缩减技术的延伸,但压缩的效果比后者要高出许多,是一种高效的程序设计技术。

二分技术的设计机理:**有分有合、规模减半。**

这里的"分"指一分为二,将问题规模压缩到原来的一半。"合"则是指将两部分的解合二为一,形成问题的整体解。这类问题典型的例子有二分法排序等。

【例 2-5】　编程求解 x^n(n 为正整数)。

解:

在解题之前,首先对题目进行分析发现,如果 n 是 2 的幂,通过自乘马上可以计算出 x^n。例如,欲计算 x^8,由于 x^8 等于 $(x^4)^2$,x^4 等于 $(x^2)^2$,x^2 等于 $(x)^2$。因此,计算 x^8 只需要进行 3 次乘法计算即可。此处,为了达到快速计算的目的,应用了二分技术。首先,利用"分"的步骤,通过几次二分,问题的规模已足够小。然后,施加"合"的步骤,连续数次相乘(可通过循环实现),最终得到问题的解。

本题中,对于任意给定的正整数 n,如果 n 为偶数,则有 $x^n = (x^{n/2})^2$;如果 n 是奇数,则有 $x^n = x \cdot x^{n-1}$。

基于上面的分析,可得到相应的程序代码:

```c
#include<stdio.h>
int main()
{
  int n, n_tmp;
  float x, y, z;
  printf("Input x, n: ");
  scanf("%f%d", &x, &n);
  y=1;
  z=x;
  n_tmp =n;
  while(n>0)
  if(n%2==0)
  {
    z=z * z;
    n=n/2;
  }
  else
  {
    y=y * z;
    n=n-1;
  }
  printf("%g^%d=%f\n", x, n_tmp, y);
}
```

程序运行结果(运行三次):

```
Input x, n: 2 10    Input x, n: 2.5 8    Input x, n: 3 7
2^10=1024           2.5^8=1525.88        3^7=2187
```

5. 递归技术

在数学和计算机科学中,递归(Recursive)是指由一种(或多种)简单的基本情况定义的一类对象或方法,并规定其他所有情况都能被还原为其基本情况。

递归的例子,在现实生活中比比皆是。例如,德罗斯特效应是递归的一种视觉形式,一位女士手持的物体中有一幅她本人手持同一物体的小图片,进而小图片中还有更小的一幅她手持同一物体的图片,以此类推。又例如,我们从小就听过的故事:从前有座山,山上有个庙,庙里有个老和尚给小和尚讲故事,讲的是"从前有座山,山上有个庙,庙里有个老和尚给小和尚讲故事,讲的是'从前有座山,山上有个庙,庙里有个老和尚给小和尚讲故事,讲的是…'",这就是递归。

程序设计中的递归是嵌套的动态形式,递归过程是直接或间接地调用自身的过程。其中,函数的递归调用,是指在调用函数的过程中又直接或间接地调用该函数自身,如图 2-10 所示。

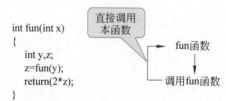

图 2-10　函数的直接递归调用

递归技术的设计机理如下。

(1) **以退为进。** 直接求解问题有困难,故先逐次向下传递,一直传到最简单的操作,这是从未知项传"递"到已知值。然后利用已知条件逐个返回替代未知,即从已知值回"归"出未知项。一递一归,以屈求伸,有去有回。

(2) **以简驭繁。** 以简单的递归表达式替代原先复杂而抽象的计算过程,将问题转换为规模缩小(减半)的同类问题,复杂性逐次降低。

递归技术是分治策略的最好应用,以有限定义无限,是一种比迭代循环更简单、更好用的结构,适用于需要"后进先出"的操作,如树的遍历、图的深度优先搜索等。

【例 2-6】 利用递归技术求解 5!。

解:

求解阶乘问题最朴素的方法是从 1 开始连乘直至最大数,即 $5! = 1 \times 2 \times 3 \times 4 \times 5$。下面换一种思路,采用递归技术来处理阶乘问题。

如图 2-11 所示,由于 5! 无法直接求出,但根据阶乘的定义可知,$5! = 5 \times 4!$。经过如此传递,使得问题的规模及难度变小。同样道理,4! 仍不好求,继续向下传递,使得 $4! = 4 \times 3!$,以此类推,一直传递到 1!。由于 $1! = 1$,不用继续向下传递。上述步骤称为"递"过程。

"归"过程是指从 $1! = 1$ 回推出 2!,从 2! 回推出 3!,以此类推,一直到回推出 5!。

通过上述分析,得到基于递归技术的 5! 的程序代码。

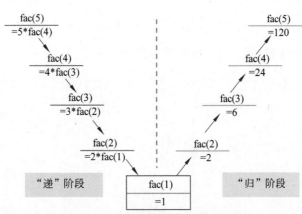

图 2-11 阶乘问题的递归处理过程

```
#include<stdio.h>
int fac(int n)
{
  int f;
  if(n<0) printf("n<0, error!");
  else if(n==0||n==1) f=1;
      else f=n*fac(n-1);
  return(f);
}

int  main()
{
  int y, n=5;
  y=fac(n);
  printf("%d!=%d\n", n, y);
  return 0;
}
```

程序运行结果：

5!=120

因此，利用递归技术进行程序设计需要有具体的递归形式和递归结束条件。在本题中，相应的递归形式及递归结束条件为

$$n! = \begin{cases} n!=1 & (n=0,1) \quad //递归结束条件 \\ n\times(n-1)! & (n>1) \quad //递归形式 \end{cases}$$

从例 2-6 可以看出，采用递归技术设计得到的程序代码简洁清晰，可读性好。特别是对于某些问题，应用递归技术使得相对容易实现，如八皇后问题、汉诺塔问题等，如果仅用循环方式则实现难度较大甚至不一定能实现。递归技术的缺点是时间复杂性和空间复杂性比循环结构要高，因为递归技术通常与基于堆栈的内存分配相关。其中，"递"环节需要开辟运行资源(栈)以保护现场，"归"环节需要回收资源，使得占用大量的时间和空间，递归的深度受到限制。另外，递归是一个有限的过程，必须有明确的递归结束条件。

下面采用递归技术改写前面的 $\sum\limits_{i=1}^{100} i$ 问题。这里，递归的形式是 $i+\sum(i-1)(i>1)$，递归结束的条件为当 $i=1$ 时，$\sum i=1$。相应的程序代码如下：

```c
#include<stdio.h>
int fac(int i)
{
  int f;
  if(i<=0) printf("i<0, error!");
  else if(i==1) f=1;
      else f=i+fac(i-1);
  return(f);
}

int  main()
{
  int sum, n=100;
  sum=fac(n);
  printf("1+2+…+%d!=%d\n", n, sum);
  return 0;
}
```

运行结果为

```
1+2+…+100!=5050
```

如果应用递归技术改写例 2-4 中的猴子吃桃问题，可以得到如下的程序段：

```c
…
int fun_peach(int day)
{
  if(day==10) return 1;
  else return (fun_peach(day+1)+1) * 2;
}
…
```

对于例 2-5，可将递归技术、二分技术结合起来予以应用，得到如下的程序代码：

```c
#include<stdio.h>
float mypow(float x, int n)
{
  float y;
  if(n==0) y=1;
  else {
    y=mypow(x, n/2);
    y=y * y;
    if(n%2==1) y=y * x;
  }
  return y;
```

```
}

int main()
{
  int n;
  float x, y;
  printf("Input x, n:");
  scanf("%f%d", &x, &n);
  y=mypow(x, n);
  printf("%f^%d=%f\n", x, n, y);
  return 0;
}
```

◈ 2.4　程序设计的原则与风格

计算机程序强调程序结构的规范化和良好的程序风格,提倡按照现代软件工程的设计原则和规范进行程序设计。程序设计原则是指在进行程序设计时所要遵循的一些经验准则,应用这些准则的目的通常是为了避免某些经常出现的设计缺陷或 bug。而程序设计风格则是指设计程序时所表现出来的特点和逻辑思路等,即不仅要求程序能在机器上执行,给出正确的结果,而且要有合理、清晰的结构,要易读易懂,便于程序的调试、复用和维护等。

1. 程序文档化原则

众所周知,**软件＝程序＋数据＋文档**。文档在软件开发中起着非常重要的作用,程序也是如此,设计程序的过程中应建立完善的文档。程序文档化原则通过采用恰当的标识符、适当的注释和视觉形式等实现。

(1) 标识符做到见名知义。为了提高程序的可读性,尽量取一些有意义的名字,但不宜使用中文。变量、文件、文件目录命名使用小写字母加"_"的方式,宏定义采用大写字母。

(2) 程序应适当加以注释。注释分为序言性注释和功能性注释:序言性注释置于模块开头,注释内容包括模块的用途及功能、模块的接口(调用形式、参数列表等)、数据的概要性描述、程序的开发历史等;而功能性注释一般放置于源程序内部,用以说明程序段或语句的功能及数据的状态。通常,建议使用中英文结合的方式进行注释。

(3) 视觉形式上简洁清晰。每行写一条语句,每个常量定义占一行;同一层次代码对齐,用缩进方式体现代码的层次性;在函数、功能模块之前适当加空行,在代码行中添加一定的空格,杜绝使用 Tab 键输入空格;每行末尾不留多余的空格,空行中不要有空格,不要留多行空行(最多不超过 2 行);每行的字符数量控制在 80 个以内,过长的代码行可适当拆分成几行;程序修改与注释修改同步进行等。

2. 程序构造原则

提倡采用 IPO 结构进行程序的构造。IPO 结构是结构化程序设计中最基本、最重要的结构,最早由美国 IBM 公司提出,倡导每个程序都有一个统一的构架模式,即由数据的输入、处理和输出三部分组成。

(1) **数据输入(I)**。程序开始位置,需要获得相应的数据才能进行逻辑处理,输入可以通过键盘、鼠标、触摸板、画笔、控制台、文件、网络、随机或内部参数等方式输入。

（2）**数据处理**（**P**）。处理是程序对输入数据进行计算产生输出结果的过程，数据加工的方法及步骤称为算法，这是程序的主体部分。

（3）**数据输出**（**O**）。输出是程序展示运算结果的方式，将处理得到的结果通过控制台、文件、网络、内部变量、打印机、绘图仪等设备或媒介以文本、图形或声音等形式输出。

在一个程序中，I，P 和 O 不是必须同时存在，但 O 是程序的必备成分。例如，程序中无须进行显式输入即可处理和输出，也可以只有输入输出。用于测试 CPU 性能、系统性能的耐压力测试程序，往往不需要输入输出，流程会陷于死循环，但这也是有意义的。

3. 语句构造原则

（1）语句构造应该尽可能简单直观，不要一味为追求效率而使代码复杂化。

（2）提高模块及语句的内聚性，减小语句的规模及耦合性。

（3）为了便于阅读和理解，尽量每行放置一个语句。保持语句形式上的一致性，不同层次的语句采用锯齿状的缩进形式，使程序的逻辑结构和功能特征清晰化。表达式中适当使用括号以提高运算次序的清晰度。

（4）避免使用多分支语句、复杂的判定条件以及多重循环的嵌套。

4. 数据说明原则

（1）数据说明顺序应规范，应易于理解、便于查阅。例如，可按宏定义、类型定义、全局变量定义或声明、局部变量定义或声明的顺序对程序中的数据进行说明，注意数据类型的转换。

（2）尽量不使用或少使用全局数据信息（变量），如果必须使用全局变量，应将其限定在尽可能小的作用范围内，适当加注关键字 static，禁止跨文件引用全局变量，不留未用变量等。

（3）在同一个语句中定义或声明多个变量时，一般按字典序排列。

（4）对于复杂的数据结构，应添加注释，说明其功能、属性及结构特点。

5. 输入输出原则

（1）输入操作步骤和输入格式尽量简单，输出清晰易懂，可采用数据表格化、图形化等多种输出方式。

（2）输入数据时应进行安全性检查（在屏幕上提供可选项或边界值），确保输入数据的合法性及有效性，必要时回显输入数据内容，及时报告程序的状态信息及错误信息内容，并提倡使用数据或文件结束标志作为输入结束标志。

（3）熟悉编程语言规范，按照标准规范进行程序设计，不编写含有未定义或未确定行为的程序。例如，在 C 语言标准手册中指出，当格式说明符和参数类型不匹配时，输出结果是未定义的。其次，C 标准中，对于 char 类型是按有符号整型还是无符号整型处理，在不同系统中执行结果可能不一样，这种情况属于未确定行为。对于未定义行为或未确定行为，在不同平台下执行，其结果不完全相同。

6. 追求效率原则

（1）应优先保证程序的正确性和健壮性，再考虑提高程序效率。

（2）效率能满足需求即可，不应以牺牲程序的清晰性和可读性来换取不必要的高效率。

（3）追求效率（运行时间短、存储空间小）的目标达成，应通过选择优秀的设计方法、合理的数据结构及算法来实现。

【扩展阅读】　程序调试工具。

调试器是 IDE 中不可或缺的工具,在跟踪代码执行过程、进行 bug 定位时有着非常便利的作用,尤其对于逻辑比较复杂的程序,使用调试工具可以极大地提高程序设计的效率。

1. Code∷Blocks 调试器的使用方法

1) 创建项目

Code∷Blocks 调试器需要新建一个项目才可以启动,单独的文件无法使用调试器。创建项目时,在打开的界面中,单击 File→New→Project 命令(见图 2-12),然后选择控制台应用程序 Console application(见图 2-13),在图 2-14 所示的 Console application 对话框中输入项目的存储路径和名称。注意,项目的存储路径必须是英文,不能有中文和空格。

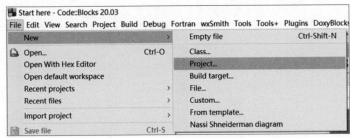

图 2-12　单击 File→New→Project 命令

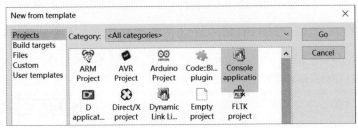

图 2-13　控制台应用程序 Console application

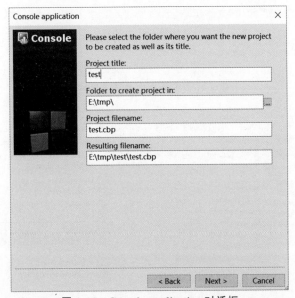

图 2-14　Console application 对话框

　　在选择编译器时，取默认选项（见图 2-15）。项目创建完成后，可以在自动创建的 main.cpp 中编写程序，或创建新的文件。

图 2-15　默认选项

　　2）启动调试器

　　调试器按钮可从工具栏中找到（图 2-16 中右上角的框中），或者从 View 菜单项中调出（见图 2-17）。

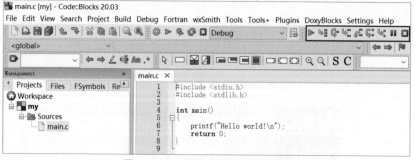

图 2-16　工具栏中的调试器按钮

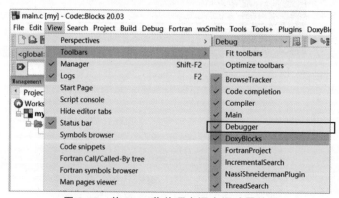

图 2-17　从 View 菜单项中调出调试器按钮

在启动调试器前设置程序断点(单击编辑器的左边即可,见图 2-18),使程序能在适当的位置中断。

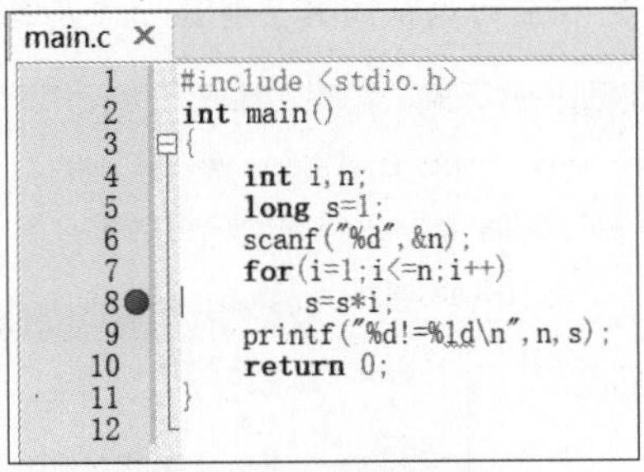

图 2-18　设置程序断点

调试器应以 Debug 模式启动,单击图标 ▶(Debug)启动(见图 2-19)。启动后,程序执行到断点处将中断(见图 2-20)。如果在执行过程中遇到输入语句,则需要输入完成后方可继续执行。调试过程中,用户可以单击 ▦ 图标打开 Watches 窗口(见图 2-21)查看当前变量的值,也可以展开一个数组,或者手动添加需要查看的变量(见图 2-22)。

图 2-19　单击图标 ▶(Debug)启动

调试器工具条中的其他图标: ▤(Run to cursor)用于执行到光标所在的行,例如,将光标放到第 8 行,单击其后执行效果如图 2-23 所示;单击 ▤(Next line)执行下一条语句; ▤(Step into)表示跳入函数内部去执行或者执行内部语句; ▤(Step out)表示跳出函数或从内部跳出来; ▮▮(Break debugger)用于中断调试器; ☒(Stop debugger)则用于结束调试。

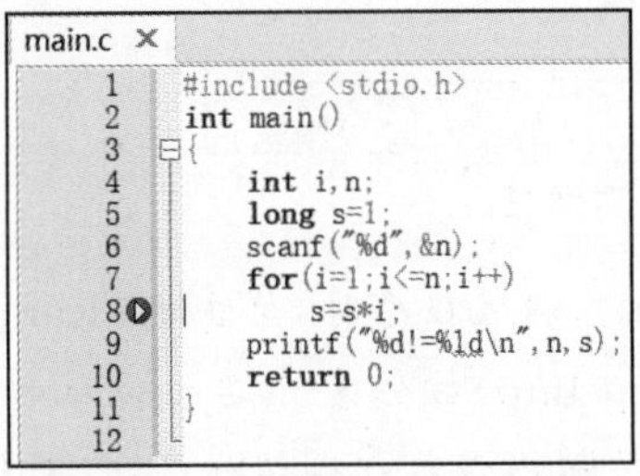

图 2-20　执行到断点处将中断

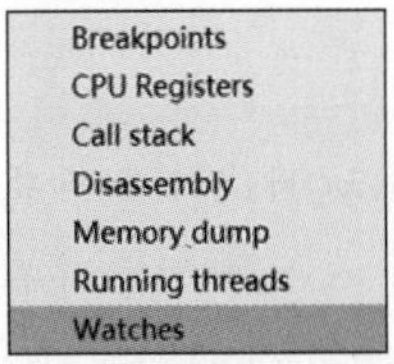

图 2-21　打开 Watches 窗口

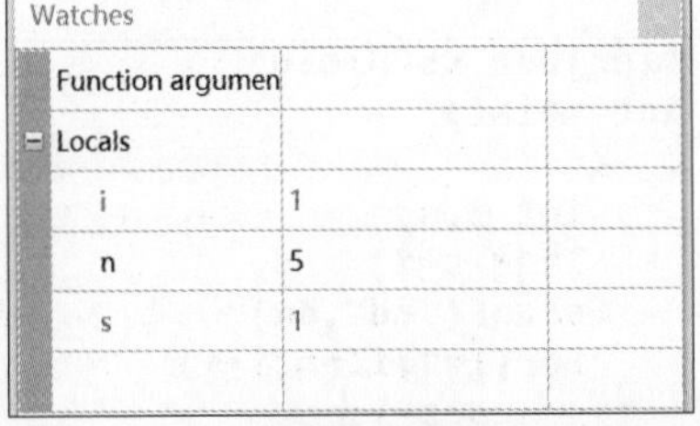

图 2-22　手动添加需要查看的变量

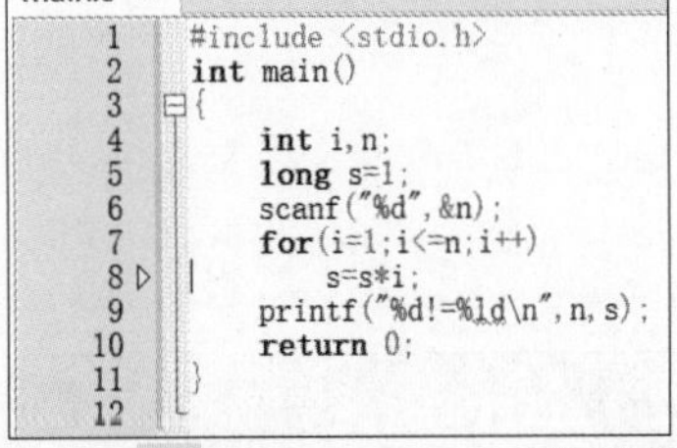

图 2-23　▤(Run to cursor)的执行效果

2. VC++ 6.0 调试工具的使用方法

VC++ 6.0 调试器不用专门创建一个项目,只要像正常编写或打开一个程序一样操作,然后调出调试工具条即可使用。

　　如图 2-24 所示，单击 Tools→Customize（定制）命令，在弹出的 Customize 对话框（见图 2-25）中，选中 Toolbars，勾选 Debug，则相应的调试工具条将显示在屏幕中，如图 2-26 所示。

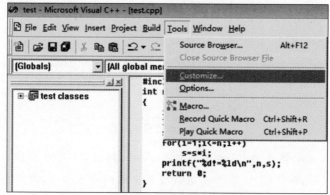

图 2-24　单击 Tools→Customize（定制）命令

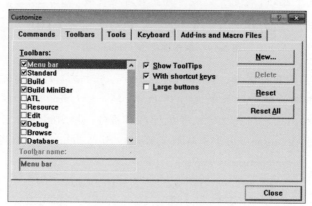

图 2-25　Customize 对话框

　　用户可以拖动调试工具条将其放置到工具栏上。调试程序时，单击 ⁎} (Run to Cursor) 按钮表示让程序运行到光标所在的语句行；₱} (Step Into) 按钮表示单步调试程序，遇到函数调用时，跳入函数内部逐步执行；₵} (Step Over) 按钮仍为单步调试程序，但遇到函数调用时，并不进入函数内部执行；₱} (Step Out) 按钮表示从正在执行的某个嵌套结构的内部跳到结构外；箭头指示当前正在执行的行位置（见图 2-27）。

图 2-26　调试工具条

```c
#include <stdio.h>
int main()
{
    int i,n;
    long s=1;
    scanf("%d",&n);
    for(i=1;i<=n;i++)
        s=s*i;
    printf("%d!=%ld\n",n,s);
    return 0;
}
```

图 2-27　当前正在执行的行位置

调试过程中,可以通过变量窗口和观察窗口(见图 2-28)随时了解变量值的变化情况,或者单击工具条中的 $\overset{66^\circ}{}$ 按钮调入图 2-29 所示的 QuickWatch 对话框,观察单个变量的当前值。

图 2-28 变量窗口和观察窗口

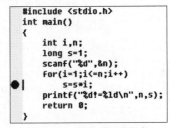

图 2-29 QuickWatch 对话框

如果要结束调试,可以单击 (Stop Debugging)按钮。按钮 (Insert/Remove Breakpoint)的作用是设置/取消断点(见图 2-30),按钮 (Go)的作用是执行到断点处。断点的作用就是使程序执行到断点处暂停,用户这时可以观察当前变量或表达式的值。

综上,调试程序的目的是跟踪变量值,观察程序是否按预期情况变化。一般情况下,当变量值与预期值不符,则问题通常出在前一条语句中。对于可能有问题的代码段,往往在这段代码段之后设置断点。

```c
#include <stdio.h>
int main()
{
    int i,n;
    long s=1;
    scanf("%d",&n);
    for(i=1;i<=n;i++)
        s=s*i;
    printf("%d!=%ld\n",n,s);
    return 0;
}
```

图 2-30 设置/取消断点

◆ 本章小结

"雄关漫道真如铁,而今迈步从头越。"一个计算机程序由若干源文件组成,每个源文件作为一个独立实体可单独编译。每个源文件中包含了说明、编译预处理及变量定义、一个或多个函数等。函数作为承担独立功能的单位,提供了实现模块化编程的途径。函数的执行部分是整个函数的主体,由基本语句或控制语句组成。计算机程序由标识符、常量、变量、运算符、表达式、语句等基本元素按照一定语法规则构成。要设计优秀的程序,需要采用科学的方法和恰当的技术,并遵循一定的编程原则和风格。

本章中,首先剖析了计算机程序的四个层次结构,对组成程序的基本元素进行了较完整的介绍。本章还对比了结构化程序设计方法和面向对象的程序设计方法,引进了穷举技术、缩减技术、嵌套技术、二分技术和递归技术五种基本的程序设计普适技术,为后续章节奠定了良好的程序设计基础。

◇ 习 题

1. 名词解释

(1) 编译预处理；(2)表达式；(3)语句；(4)结构化程序；(5)编程风格。

2. 填空题

(1) 结构化程序的三种基本结构是_____、_____和_____。

(2) C 语言的标识符由 _____、_____、_____三种符号组成，且必须由_____开头。

(3) 在程序运行过程中值不能变更的数量或数据项称为常量，常量的类型有整型常量、_____、_____和_____。

(4) C 语言的变量具有六种属性，分别为 _____、_____、_____、_____、_____和_____。

(5) C 语言的运算符有不同的_____和_____，它们分别用于决定运行的先后次序和运算方向。

3. 选择题

(1) 在下列运算符中，优先级最高的是( )。

　　A. 关系运算符　　　B. 算术运算符　　　C. 逻辑运算符　　　D. 条件运算符

(2) 一个可执行 C 程序的开始执行点是( )。

　　A. 名为 main 的函数　　　　　　　B. 包含文件的第一个函数

　　C. 程序中的第一个语句　　　　　　D. 程序中的第一个函数

(3) 表达式 $a=(11>12?15:6<7?8:9)$ 的值是( )。

　　A. 15　　　　　　B. 1　　　　　　C. 8　　　　　　D. 9

(4) 语句"int a=4； int b=5； a+=--b；"执行完毕后，a 与 b 的值分别为( )。

　　A. 8，4　　　　　B. 8，5　　　　　C. 9，4　　　　　D. 9，5

(5) 有语句"int b=9；float a=3.5，c=5.7，"则表达式 a+(int)(b/4*(int)(a+c)/2)%7 的结果是( )。

　　A. 4.5　　　　　B. 5.5　　　　　C. 6.5　　　　　D. 11.5

4. 简要介绍计算机程序的结构层次。

5. 什么是函数？分析函数在计算机程序中所承担的角色。

6. 试对比结构化程序设计方法和面向对象程序设计方法。

7. 比较计算机程序设计中常用的程序设计基本技术。

8. 进行计算机程序设计需要遵循哪些基本原则？简要介绍。

9. 程序设计题

(1) 从键盘输入 3 个整数，输出其中的最大值。

(2) 设计计算三角形面积的程序。三角形的边长分别为 a、b、c，边长值从键盘输入，判断所输入的边长是否合适，输入正确时输出其面积值(保留两位小数)。

　　注：面积计算公式 $area=\sqrt{s \cdot (s-a) \cdot (s-b) \cdot (s-c)}$，其中 $s=(a+b+c)/2$。

(3) 兑换零钱。设计程序，使得能将一元整钱兑换成伍角、贰角和壹角零钱，试问共有多少种兑换方案？

（4）设计程序实现利用莱布尼茨公式 $\frac{\pi}{4} = 1 - \frac{1}{3} + \frac{1}{5} - \frac{1}{7} + \frac{1}{9} - \cdots$ 求解圆周率 π，要求计算到公式中某一项的绝对值小于 10^{-6} 为止。

（5）秦九韶算法。编写程序，该程序的主要功能是利用秦九韶算法计算多项式 $f(x) = a_0 x^n + a_1 x^{n-1} + a_2 x^{n-2} + \cdots + a_{n-1} x + a_n$ 的值，其中多项式中各项的系数、x 和 n 的值从键盘输入。

（6）请编程实现《九章算法》中的如下题目：

八臂一头号夜叉，三头六臂是哪吒。

两处争强来斗圣，不相胜负正交加。

三十六头齐出动，一百八手乱相抓。

旁边看者殷勤问，几个哪吒与夜叉。

第3章

程序设计的数据基础

【内容提要】 数据是程序处理的对象以及程序的必要组成部分。计算机程序是在数据的某些特定的表示方式和结构的基础上,用程序设计语言对求解问题算法的具体描述,是数据结构和算法的统一。用计算机进行问题求解,实际上就是对描述问题的数据进行加工和处理。本章首先介绍数据类型的概念,揭示引入数据类型的意义与实质。在此基础上,将分别介绍一般数据的组织与处理,以及批量数据、混合数据、动态数据及磁盘数据的组织与处理的基本思想,并针对每种类型的数据给出相应的 C 语言环境下的组织与处理方法,并通过具体的应用实例予以验证。

【学习目的和要求】 本章教学的主要目的是使学生具备一定的用于程序设计的数据基础知识,掌握不同类型数据的存储、组织与操作方法。要求能利用不同的数据类型进行思考、描述和解决问题。

【重要知识点】 数据类型;数据组织与存储;运算。

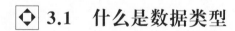

◇ 3.1 什么是数据类型

3.1 什么是
数据类型

3.1.1 数据类型的概念

有学者提出:数据是新的能源。设计程序的目的是描述数据,以及对数据进行处理。通过对数据的操作,使输入数据发生变化,并产生相应的输出数据。因此,数据是程序的基础,是程序输入、加工处理和输出的对象,数据的变化过程体现了程序的执行过程。程序中的数据形式多样,不但有简单数据,而且还有复杂数据,并且这些数据之间存在一种或多种特定关系。为了更好地表示不同的数据,人们进行了一定的抽象,将这些数据抽象为不同的数据类型,并用变量存储这些数据,供程序使用。由此引出了数据类型的概念。

数据类型(Data Type)是指程序中对数据的分类,包括一系列值的集合以及定义在这个值集上的一组操作。换句话讲,数据类型就是一组性质相同的数据的集合以及定义于这个数据集合上的一组操作的总称。

数据在处理之前通常要存放到计算机内存中,由于不同数据在机器内部的存储结构和执行方式不一样,这就要求编程人员首先定义数据的特性,然后再进行操作,这里的特性就是数据类型。数据类型是编程语言中为了对数据进行描述而定义的,它提供了对不同类型数据的定义、实现和使用方法,以及对数据分配存储单元的安排,包括数据的存储形式以及编译系统为其分配的存储空间的大小(字节数)。

3.1.2　数据类型与程序的可移植性

数据类型与计算机系统结构密不可分,不同体系结构下各种数据类型所占据的内存空间大小是不确定的。例如,对于整型类型,在 16 位系统中,int、short 型变量都被分配了 2 字节的存储空间;而在 32 位和 64 位环境下,short 型变量仍为 2 字节,但 int 型变量则需要 4 字节空间。因此,在某台计算机上编写的程序拿到另一台计算机运行时,可能会引发一些问题。例如,假设 a 是 int 类型的变量,对于赋值表达式 a＝60000,在 64 位的机器上是没问题的,但是当运行在 16 位或 32 位的机器上时就会出错,即程序不具备可移植性。

程序的**可移植性**(Portability),是指程序从某一种环境转移到另一种环境下运行的难易程度。为了使程序具有跨平台的可移植性,程序设计人员应该仔细斟酌,选择、利用合适的数据类型,尤其在定义变量时需要指定恰当的数据类型。为了达到该目的,建议尽量使用标准库函数,尽可能使程序适用于所有的编译器,必要时可使用编译预处理命令 ♯ifdef 将不可移植的代码分离出来。

3.1.3　数据类型的实质

1. 数据类型决定了变量的存储空间

程序中,需要多次用到的数据往往通过定义变量的方法予以存储。定义一个变量,意味着指定了变量的名称、数据类型和存储类别等。编译器会根据数据类型,为该变量分配一段固定大小的内存空间以存放数据。有经验的编程人员通常会在程序开头部分增加一段程序代码,在该段代码中用 sizeof 运算符确认特定的数据类型所占空间的大小。

2. 数据类型决定了变量的取值范围

变量所分配的内存空间大小决定了可存放的数据的取值范围。如果选择了不恰当的数据类型,运算过程中可能会出现数据溢出等问题,从而得到错误的运行结果,但编程者自己却并不一定会知晓。例如:

```
#include<stdio.h>
int main()
{
  short int a=32767, b;
  b=a+1;
  printf("a=%d  b=%d\n", a, b);
  return 0;
}
```

以上程序的运行结果是:

```
a=32767  b=-32768
```

从数学的角度,32767 加 1 应该是 32768,但这里 b 的值却是－32768,问题出在哪里?

程序中,变量 a 和 b 的数据类型为短整型(short int)。对于短整型,系统为其分配 2 字节的内存空间,其中最高位用于存放数据的正负号(符号位),其余 15 位才是数值位,这时可存放的最大数据(后 15 位全部为 1)是 32767,如图 3-1(a)所示。

当计算 a＋1 时,按照二进制的运算及进位规则,相应的内存位置变为图 3-1(b)所示情形。最高位为 1,即"负",表明这是一个负数,该数即为－32768。

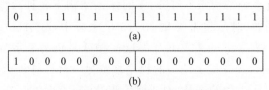

图 3-1　变量 a、a＋1 在内存中的存储方式

原因分析如下:

有符号的数值在计算机中有原码、反码和补码三种表示方法,三种表示方法均包含了符号位和数值位两部分。符号位用 0 表示"正",用 1 表示"负"。而对于数值位,原码、反码和补码则各不相同。在计算机系统中,为了使符号位和数值位统一处理、加法和减法统一处理,数值一律用补码来表示和存储。其中,正整数的补码与原码相同,是其二进制表示,而负整数的补码是将其原码除符号位外的所有位取反后加 1(加 1 时符号位也参与运算,如果最高位有溢出则舍去)。在计算机中－32768 不能用原码表示出来。所以只能通过－32767－1 来求。－32767 的补码为 1000000000000001,－1 的补码为 1111111111111111,两者相加为(1)10000000 00000000,这里的(1)被舍去了。又因为 100000000000000 没有用来表示其他任何数,所以规定补码 1000000000000000 就被用来表示－32768。因此,补码系统中,短整型变量的取值是－32768～32767。

因此,为避免上面这种情况,最好重新指定数据类型,例如,可将 a 和 b 定义为长整型(long int)等类型。

3. 数据类型决定了数据的存储方式及运算种类

如前所述,虽然计算机中对数据统一采用二进制的方式,但是不同类型数据的存储方式不同,数据类型对应了具体的存储方式。数据类型的概念对数据存储、保证程序语义的一致性具有重要的作用,使得编译器能够对内存中存储的二进制数正确地进行解析。

对不同类型的数据,能够实施的运算种类不同,运算效率也存在差异。例如,C 语言中,int 类型变量占用的空间较少,int 型数据可以进行求余运算,其他类型数据则不能。再如算术运算,int 类型数据比 long int 类型数据的运算速度要快。

不同类型数据的有效数字不同,为减少舍入误差,保证数据的准确性,在定义变量时需要仔细考虑变量的数据类型。C 语言中,单精度浮点型数据(float)有 6～7 位有效数字,双精度浮点型数据(double)有 15～16 位有效数字,长双精度浮点型数据(long double)则有 18～19 位有效数字。

◆ 3.2　C 语言的数据类型

构建数学模型的一大关键,是选择数据的逻辑结构。逻辑结构是指数据元素之间存在的固有的逻辑关系。依据数据元素之间的逻辑关系,可以将数据类型分为基础数据类型和组合数据类型两大类。如果构成类型的数据是不可分解的,则称为**基础数据类型**(Primitive

Data Type，又称基本数据类型）；如果构成类型的数据是由其他类型数据按照一定的逻辑关系组合而成，则称为**组合数据类型**（Composite Data Type，又称构造数据类型）。

　　C 语言中的基础数据类型有整型、浮点型、字符型和布尔型，组合数据类型有数组、结构体、共用体、枚举、文件等，如图 3-2 所示。

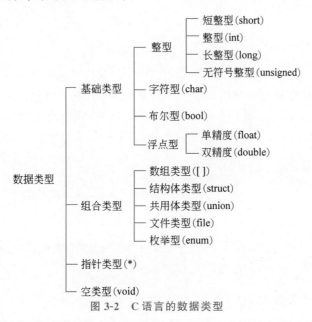

图 3-2　C 语言的数据类型

　　本章中，将主要介绍基础类型数据的组织与处理，同时简要介绍组合类型数据的组织与处理。在后续各章中，将对组合数据类型数据的组织与处理方法进行详细的介绍。其中，第 6 章介绍批量数据类型，第 7 章介绍对数据的间接访问方法，第 8 章介绍混合数据类型，第 9 章介绍动态数据类型，第 10 章介绍磁盘数据类型。

　　除了上面的数据类型之外，编程者还可以利用 C 语言中的 typedef 命令给已有的数据类型命名一个新的别名。

　　typedef 命令的语法格式：

typedef　已有类型名　别名；

　　需要注意的是，上面命令实际上就是给已有的数据类型名重新取了一个方便使用的别名，但并没有创建或产生新的数据类型。例如：

```
typedef  float  Real;
Real  x, y;
typedef  int* P_int;
P_int  pi1, pi2, pi3;
```

　　上面程序段前两行表示给单精度浮点类型另外取了一个别名 Real，并且利用这个别名定义了两个单精度浮点型变量 x 和 y。后两行表示给整型指针类型取的别名为 P_int，然后用该别名定义了三个指针变量 pi1、pi2 和 pi3，其作用相当于：int * pi1，* pi2，* pi3；。

　　从这些例子可以看出，typedef 的使用类似于宏定义 ♯define，但 typedef 的解释由编译器执行而不是预处理器,而且比♯define更加灵活。另外,对于某些数据类型,即使不同系统间处理有差异,但通过使程序参数化,提高了程序的可移植性,即当移植到不同的系统中时,只要修改typedef的定义,就可以在不同的系统中进行方便的移植。

除了给简单数据类型取别名以外,使用typedef命令还可以给一些复杂的组合类型取别名。例如：

```
typedef double Real[10];
Real sum={1, 2, 3, 4, 5, 6, 7, 8, 9, 10};
```

上面代码为双精度浮点类型指定了一个新名字Real,该类型包含了10个元素,上述代码的作用相当于：double sum[10] = {1, 2, 3, 4, 5, 6, 7, 8, 9, 10};。

再例如：

```
typedef struct Student
{
  int i;
  char ch;
  float f;
}Stu;                        //这里Stu为结构体类型struct Student的新名字
Stu stu1, stu2;
```

上面代码的作用等价于

```
struct Student
{
  int  i;
  char  ch;
  float  f;
};
struct Student stu1, stu2;
```

基于上述示例的做法,对复杂变量创建一个类型别名其实很简单,只要在传统的变量定义表达式里用新的类型名替代变量名,然后在该语句的开头加上关键字typedef即可。

在程序中,允许使用typedef一次指定多个别名,例如：

```
typedef float real1, real2, real3;
```

使用时,还应注意其作用域。typedef定义的作用域取决于typedef语句所在的位置,如果是在一个函数内部,它的作用域就是该函数内部(局部的);如果在函数外面使用,则其将具有全局作用域。

◆ 3.3 C语言中数据的组织与处理基础

3.3.1 基础类型数据的组织与处理

3.3.1 基础类型数据的组织与处理

表3-1为C语言中基础数据类型的含义及其取值范围。

表 3-1　C 语言中的基础数据类型及其取值范围（Code∷Blocks 20.03）

序号	类 型 名	含 义	字节数	取 值 范 围
1	〔signed〕int	有符号基本整型	4	$-2^{31} \sim (2^{31}-1)$，即 $-2147483648 \sim 2147483647$
2	〔signed〕short〔int〕	有符号短整型	2	$-2^{15} \sim (2^{15}-1)$，即 $-32768 \sim 32767$
3	〔signed〕long〔int〕	有符号长整型	4	$-2^{31} \sim (2^{31}-1)$，即 $-2147483648 \sim 2147483647$
4	〔signed〕long long〔int〕	有符号双长整型	8	$-2^{63} \sim (2^{63}-1)$，即 $-9223372036854775808 \sim 9223372036854775807$
5	unsigned int	无符号基本整型	4	$0 \sim (2^{32}-1)$，即 $0 \sim 4294967295$
6	unsigned short〔int〕	无符号短整型	2	$0 \sim (2^{16}-1)$，即 $0 \sim 65535$
7	unsigned long〔int〕	无符号长整型	4	$0 \sim (2^{32}-1)$，即 $0 \sim 4294967295$
8	unsigned long long〔int〕	无符号双长整型	8	$0 \sim (2^{64}-1)$，即 $0 \sim 18446744073709551615$
9	〔signed〕char	有符号字符型	1	$-2^{7} \sim (2^{7}-1)$，即 $-128 \sim 127$
10	unsigned char	无符号字符型	1	$0 \sim (2^{8}-1)$，即 $0 \sim 255$
11	float	单精度浮点型	4	$-3.402823 \times 10^{38} \sim -1.175494 \times 10^{-38}, 0,$ $1.175494 \times 10^{-38} \sim 3.402823 \times 10^{38}$
12	double	双精度浮点型	8	$-1.797693 \times 10^{308} \sim -2.225074 \times 10^{-308}, 0,$ $2.225074 \times 10^{-308} \sim 1.797693 \times 10^{308}$
13	long double	长双精度浮点型	8、12 或 16	$-1.1 \times 10^{4932} \sim -3.4 \times 10^{-4932}, 0, 3.4 \times 10^{-4932} \sim 1.1 \times 10^{4932}$

注：（1）表 3-1 中"〔 〕"表示可选项；

（2）int 类型的处理方式取决于编译器，通常为 2 或 4 字节；

（3）long long 类型是 C99 引入的，长度为 8 字节，输入输出格式为％lld；

（4）long double 类型是 C99 引入的，对其处理方式取决于编译器，输入格式为％llf，输出格式为％Lf 或％llf。该类型在 Linux 环境下可直接使用，Windows 下须在 ♯include 前添加 ♯define _USE_MINGW_ANSI_STDIO 1，或在编译选项中添加-D__USE_MINGW_ANSI_STDIO=1。

1. 基础类型数据的表示及存储

1）整型数据

整型数据的表示形式分为十进制、八进制和十六进制。

（1）十进制整数。由 0～9 共 10 位数码组成，首位不能为 0，满十进一，如 10、123、-456 等。

（2）八进制整数。由数码 0～7 组成，首位必须为 0，满八进一，如 010，-0123 等。

（3）十六进制整数。由数码 0～9、a～f 或 A～F 组成，前缀为 0x 或 0X，满十六进一，如 0x10、0X123、-0xB3 等。

例如，对于程序段"int a＝-0x12；printf("十进制：％d 八进制：％o 十六进制：％x\n"，a，a，a);"，运行结果为：

十进制：-18 八进制：37777777756 十六进制：ffffffee

2）字符型数据

字符集为每个字符分配了唯一的编号（整数），称为编码值或码值。字符型数据是按其代码值形式存储的，故 C99 把字符型数据作为整数类型的一种。C 语言中，字符型数据采用了 ASCII 码字符集（部分见表 3-2）。

表 3-2　ASCII 码字符集（部分）

ASCII 码值	字　　　符	含　　义	ASCII 码值	字　　　符	含　　义
0	NUL（Null）	空字符	28	FS（File Separator）	文件分隔符
1	SOH（Start of Headline）	标题开始	29	GS（Group Separator）	组分隔符
2	STX（Start of Text）	正文开始	30	RS（Record Separator）	记录分离符
3	ETX（End of Text）	正文结束	31	US（Unit Separator）	单元分隔符
4	EOT（End of Transmission）	传输结束	32	（space）	空格
5	ENQ（Enquiry）	询问	33	!	感叹号
6	ACK（Acknowledge）	收到通知	34	"	双引号
7	BEL（Bell）	响铃	35	♯	井字号
8	BS（Backspace）	退格	36	$	美元符
9	HT（Horizontal Tab）	水平制表符	37	%	百分号
10	LF（NL Line Feed，New Line）	换行键	38	&	与
11	VT（Vertical tab）	垂直制表符	39	'	单引号
12	FF（NP form Feed，New Page）	换页键	40	(	左括号
13	CR（Carriage Return）	回车键	41	)	右括号
14	SO（Shift Out）	移出	42	*	星号
15	SI（Shift In）	移入	43	♯NAME?	加号
16	DLE（Data Link Escape）	数据链路转义	44	,	逗号
17	DC1（Device Control 1）	设备控制 1	45	-	连字号或减号
18	DC2（Device Control 2）	设备控制 2	46	.	句点或小数点
19	DC3（Device Control 3）	设备控制 3	47	/	斜杠
20	DC4（Device Control 4）	设备控制 4	48	0	数字 0
21	NAK（Negative Acknowledge）	拒绝接收	49	1	数字 1
22	SYN（Synchronous Idle）	同步空闲	50	2	数字 2
23	ETB（End of Transmission Block）	传输块结束	51	3	数字 3
24	CAN（Cancel）	取消	52	4	数字 4
25	EM（End of Medium）	介质中断	53	5	数字 5
26	SUB（Substitute）	替换	54	6	数字 6
27	ESC（Escape）	换码符	55	7	数字 7

续表

ASCII 码值	字　符	含　义	ASCII 码值	字　符	含　义
56	8	数字 8	87	W	大写字母 W
57	9	数字 9	88	X	大写字母 X
58	:	冒号	89	Y	大写字母 Y
59	;	分号	90	Z	大写字母 Z
60	<	小于	91	[	左方括号
61	#NAME?	等号	92	\	反斜杠
62	>	大于	93	]	右方括号
63	?	问号	94	^	音调符号
64	@	电子邮件符号	95	_	下画线
65	A	大写字母 A	96	`	重音符
66	B	大写字母 B	97	a	小写字母 a
67	C	大写字母 C	98	b	小写字母 b
68	D	大写字母 D	99	c	小写字母 c
69	E	大写字母 E	100	d	小写字母 d
70	F	大写字母 F	101	e	小写字母 e
71	G	大写字母 G	102	f	小写字母 f
72	H	大写字母 H	103	g	小写字母 g
73	I	大写字母 I	104	h	小写字母 h
74	J	大写字母 J	105	i	小写字母 i
75	K	大写字母 K	106	j	小写字母 j
76	L	大写字母 L	107	k	小写字母 k
77	M	大写字母 M	108	l	小写字母 l
78	N	大写字母 N	109	m	小写字母 m
79	O	大写字母 O	110	n	小写字母 n
80	P	大写字母 P	111	o	小写字母 o
81	Q	大写字母 Q	112	p	小写字母 p
82	R	大写字母 R	113	q	小写字母 q
83	S	大写字母 S	114	r	小写字母 r
84	T	大写字母 T	115	s	小写字母 s
85	U	大写字母 U	116	t	小写字母 t
86	V	大写字母 V	117	u	小写字母 u

ASCII 码值	字　　　符	含　　义	ASCII 码值	字　　　符	含　　义
118	v	小写字母 v	123	{	左花括号
119	w	小写字母 w	124	|	垂直线
120	x	小写字母 x	125	}	右花括号
121	y	小写字母 y	126	～	波浪号
122	z	小写字母 z	127	DEL	删除

注：标准 ASCII 码用 7 位二进制数来编码，共有 $128(2^7)$ 个码，其中：0～31 为控制字符，32～127 为打印字符(48～57 为数字类，65～90 为大写字母，97～122 为小写字母)；扩展 ASCII 码用 8 位二进制数来编码，共有 $256(2^8)$ 个码，允许将每个字符的第 8 位用于确定附加的 128 个特殊符号字符、外来语字母和图形符号，即 128～255 为扩展字符。有兴趣的读者可查阅相关材料。

字符型数据包括 52 个英文字母，数字 0～9，29 个专门符号(!、#、& 等)，空格、水平制表符、换行等符号，以及不能显示的字符和转义字符等。

C 程序中，字符型常量还可以用一些特殊的转义字符表示。转义字符(Escape Character，或 ESC Character)是一个编码延伸字符，用以表示后随的一个或一组字符要以非标准的方式解释。表 3-3 列出了常用的转义字符及其示例。

表 3-3　转义字符表

转义字符	含　　义	ASCII 码值	示　　例
\0	空字符	0	printf("\0\n");
\a	响铃	7	printf("\a");
\b	退格，将当前位置移到前一列	8	printf("Hello\bWorld!");
\t	水平制表	9	printf("\t x＝%d", x);
\v	垂直制表	11	printf("Hello\vWorld! \n");
\n	换行，将当前位置移到下一行开头	10	printf("x＝%d\n", x);
\f	换页，将当前位置移到下页开头	12	printf("Hello\fWorld! \n");
\r	回车，将当前位置移到本行开头	13	printf("Hello\rWorld! \n");
\"	双引号	34	printf("老师说:\"早上好! \"\n");
\'	单引号	39	printf("这是字符\'A\'\n");
\\	反斜杠	92	printf("D:\\C 程序\\myfile\n");

转义字符以"\"或者"\x"开头，既可以用于单个字符，也可以用于字符串。以"\"开头表示后跟八进制形式的编码值，以"\x"开头表示后跟十六进制形式的编码值，字符串中可以同时使用八进制形式和十六进制形式。例如，\61(代表字符'1')、\x61(代表字符'a')、\141 \142\143\62\x41(代表字符串"abc2A")。

对于字符型数据,需要注意数字字符和整数的区别。例如,字符'3'只是代表一个形状为'3'的符号,在需要时按原样输出,在内存中是以 ASCII 码(从表 3-2 中查得,该值是正整数51)形式存储,占 1 字节(字符型数据分配 1 字节的空间),如图 3-3(a)所示。而整数 3 是以整数存储方式(二进制补码方式)存储的,通常占 2 或 4 字节的空间,如图 3-3(b)所示。

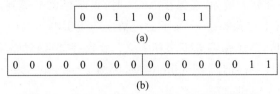

(a)

(b)

图 3-3　字符'3'和整数 3 在内存中的存储方式

存储字符型数据,需要用类型符 char 定义字符变量,如"char ch ='?';"中,系统把字符'?'的 ASCII 码值 63 赋给变量 ch。执行语句"printf("%d　%c\n", ch, ch);"后的输出结果是

$$\boxed{63\quad ?}$$

3)布尔型数据

C99 之前的 C 语言标准中没有定义布尔类型,所以判断真假时以 0 为"假",非 0 为"真"。C99 提供了_Bool 型,_Bool 仍按整数类型处理,但与一般整型不同的是,_Bool 变量只能赋值为 0 或 1,非 0 的值都会被存储为 1。

注:在 C++ 中,通过 bool 来定义布尔变量,通过 true 和 false 对布尔变量进行赋值。C99 为了让程序设计人员能够写出与 C++ 兼容的代码,添加了一个头文件<stdbool.h>,其中定义了 bool 代表_Bool,true 代表 1,false 代表 0。

因此,程序段

```
bool x=true, y=false;
printf("x=%d  y=%d", x, y);
```

运行结果为

$$\boxed{x=1\quad y=0}$$

4)浮点型数据

浮点型数据分为 float、double 和 long double 三类。

对于 float 而言,编译系统为其分配 4 字节的空间,其中符号位 1 位,指数位 8 位(能够表示的指数为 $-128\sim127$),尾数 23 位。编译系统为 double 类型分配 8 字节的空间,其中符号位 1 位,指数位 11 位(能够表示的指数为 $-1024\sim1023$),尾数 52 位。float 和 double 类型数据的存储结构如表 3-4 所示。

表 3-4　float 和 double 类型数据的存储结构

类型/组成	符号部分 数符(十 一)	指数部分 指数部分(决定取值范围)	尾数部分 小数部分(决定精度)
float	1	8	23
double	1	11	52

请读者注意数据精度与取值范围的区别。浮点型数据 float 和 double 在内存中是按科学记数法来存储的，分为三个部分，即符号部分、指数部分和尾数部分。

数据的精度是由尾数的位数来决定的。根据国际标准 IEEE 754—1985《IEEE 二进制浮点数算术标准》的规定，在计算机内部保存尾数时，默认这个数的第一位总是 1，因此可以被舍去，只保存后面的部分。例如，在保存 1.023 时，只保存 023，等到读取时，再把第一位的 1 加上去。这样既节省 1 位有效数字，又不会对精度产生影响。其中，对于 float 类型，由于 $2^{23}=8388608$，一共 7 位，这意味着最多能有 7 位有效数字，但绝对能保证的为 6 位，即 float 的精度为 6～7 位有效数字；而对于 double 类型，因为 $2^{52}=4503599627370496$，一共 16 位，同理，double 的精度为 15～16 位。

指数部分决定了数据的取值范围。其中，负指数决定了浮点数所能表达的绝对值最小的非 0 数，正指数决定了浮点数所能表达的绝对值最大的数。因此，float 的最小绝对值为 2^{-127}，最大绝对值为 2^{128}，即 float 的取值为 -3.402823×10^{38} ～ -1.175494×10^{-38}，0，1.175494×10^{-38} ～ 3.402823×10^{38}；double 的最小绝对值为 2^{-1023}，最大绝对值为 2^{1024}，其取值为 -1.797693×10^{308} ～ -2.225074×10^{-308}，0，2.225074×10^{-308} ～ 1.797693×10^{308}。

基于上面的理由，对语句"float x＝1234567.89;"，变量 x 虽在取值范围内，但无法精确表达，而对于"float y＝1.2e55;"，y 的精度虽然要求不高，但超出 float 类型的取值范围，导致输出时系统显示出错。因此，不是所有浮点数都能在机器中精确表示。

关于不同类型数据的表示及存储方式，不属于本书讨论的范畴，有兴趣的读者可参阅本书作者编写出版的教材《计算机导论》。

浮点型数据的表示形式分为：

（1）浮点表示法，如 0.123、－123.4、12.、.12 等。

（2）科学记数法，如 1.23E－4（表示 1.23×10^{-4}）、1.2e＋3（表示 1.2×10^{3}）、1E－2 等。

为保证计算精度，计算机中的浮点数都被处理为 double 型，C 编译系统把浮点型常量按双精度处理。

2. 基础类型数据的输入输出

所谓输入输出是以计算机主机为主体而言的。将从计算机主机向输出设备（如显示器、打印机、绘图仪等）传输（送出）数据称为输出，而将从输入设备（如键盘、磁盘、光盘、扫描仪等）向计算机主机传输（送入）数据称为输入。

C 语言中，输入输出操作都是由库函数来实现的。常用的库函数有 printf() 和 scanf()，以及 getchar()、putchar()、gets()、puts() 等 6 种。在使用这些函数时，需在程序文件的开头用文件包含命令 ＃include＜stdio.h＞、＃include"stdio.h" 或 ＃include＜string.h＞，将相关的头文件包含进来。

下面分别介绍 C 语言中的输出和输入函数。

1）printf() 函数

语法格式：

```
printf("格式控制字符串",输出列表);
```

例如：

```
printf("%d", x);
printf("i=%4d, ch=%c, f=%.2f, m=%lf\n", i, ch, f, m);
```

这里,"输出列表"由一系列拟输出的对象组成,各输出对象之间以逗号分隔。"格式控制字符串"用于控制数据的输出格式,由类型控制符和标志符号、宽度、精度、类型长度或普通文本等混合组成。

格式控制字符串的组成:

%[标志][宽度][.精度][类型长度]类型控制符

(1) 类型控制符。用于规定输出数据的类型,表 3-5 给出了部分常用的类型控制符。

表 3-5　常用的类型控制符

类型控制符	含　义	示　例
d/i	输出有符号的十进制整数(含 char 类型)	printf("%5d%5i",123,−456); //＿＿＿123 ＿−456
u	输出无符号的十进制整数(含 char 类型)	printf("%d,%u", −1, −1); //−1,4294967295
o	输出无符号的八进制整数	printf("%d,%o", −1, −1); // −1,37777777777
x/X	输出无符号的十六进制整数(输出 X 时数据中的字母以大写形式显示)	printf("%x\n", 47); //2f printf("%X\n", 47); //2F
c	输出单个字符	char ch='A'; printf("%c%5c",'a', ch); //a＿＿＿＿A

s	输出一个字符串,直至字符串中的空字符(字符串以\0结尾)	char ch[]="Shanghai";
		printf("%s-%s\n", ch, "ECUST");
		//Shanghai-ECUST

f	输出小数形式的十进制浮点数	float a=10.0; printf("%f\n", a/3); //3.333333
e/E	输出指数形式的十进制浮点数(基数为10,这里 e 的大小写代表在输出时 e 字母本身是否大小写)	printf("%e",12.345); //1.234500e+001 printf("%10.2E",12.345); //1.23E+001

g/G	输出指数形式和小数形式两者中较短的十进制浮点数,且不输出无意义的 0	double z; z=123456789;
		printf("%f %e %g", z, z, z);
		//123456789.000000 1.234568e+008 1.23457e+008

为了使读者更清晰地观察输出结果,表 3-5 中将输出数据项之间的空格或不足部分用"＿"代替,后续章节中"＿"的含义也是如此。

(2) 标志符。用于规定输出的样式,取值和含义如表 3-6 所示。

表 3-6　标志符

字符	字符名称	含　义	示　例
−	减号	左对齐,右边填充空格(默认右对齐)	printf("%−5d", 1234); //1234＿ //左对齐,右补空格

续表

字符	字符名称	含　　义	示　　例
＋	加号	在数字前增加符号＋或－	printf("%＋d,%＋d",1234,－1234); //＋1234,－1234 //输出正负号
0	数字零	将输出的前面补上 0,直到占满指定列宽为止(不能搭配'—'使用)	printf("%05d",1234);　//01234 //数据前面补 0
空格		输出值为正时加上空格,为负时加上负号	printf("%d,% d",1234,－1234); //␣1234,－1234 //正号用空格代替,负号输出

＃	井号	类型控制符是 o、x、X 时,增加前缀 0、0x、0X;
		类型控制符是 e、E、f、g、G 时,一定使用小数点;
		类型控制符是 g、G 时,尾部的 0 保留
			printf("%x,%＃x",1234,1234);
			//4d2,0x4d2
			//输出 0x
			printf("%.0f,%＃.0f",12.0,12.34);
			//12,12.
			//当小数点后无数字时输出小数点
			printf("%g,%＃g",12.0,12.34);
			//12,12.3400
			//保留小数点后的 0

（3）宽度。十进制数值,用于控制显示数值的宽度。宽度不够时补以空格,如果实际宽度比指定的宽度大,将全部输出数字,且不会发生截断。但是,小的精度可能会导致在右边发生截断。例如,"printf("%5d%5d\n",12,－345);"的输出结果为␣␣␣12␣－345,"printf("%5.f\n",10.0/7);"的输出结果为␣␣␣␣1,"printf("%5f\n",10.0/7);"的输出结果为 1.428571。

（4）精度。用于控制小数点后面的位数,由一个'.'后跟十进制数字组成,如果未指定精度,按零处理。例如,"printf("%15.13f\n",10.0/7);"的输出结果是 1.4285714285714,"printf("%.0f\n",1000/7.0);"的输出结果是 143,"printf("%－10.3f\n",1000/8.0);"的输出结果是 125.000␣␣␣。

（5）类型长度。因为相同类型可以有不同的长度,如整型有 short int、int 和 long int 等,浮点型有 float、double 等,因此,"类型长度"用于指定待输出数据的长度。

类型长度字符包括 h、l 和 L。其中,h 被解释为短整型或无符号短整型(仅适用于类型控制符 i、d、o、u、x 和 X);l 被解释为长整型或无符号长整型(适用于类型控制符 i、d、o、u、x 和 X 及说明符 c(表示一个宽字符)和 s(表示宽字符串));L 被解释为长双精度型(适用于类型控制符 e、E、f、g 和 G)。

输出时,如果遇到普通字符则原样输出。如果希望输出字符'%',则应在"格式控制字符串"中应用两个%,例如,"printf("%f%%",1.0/3);"的输出结果为 0.333333%。

2）scanf()函数

语法格式：

```
scanf("格式控制字符串", 地址列表);
```

与 printf()函数一样,scanf()函数的声明放在头文件 stdio.h 中。这里的格式控制字符串与 printf()函数中相同,地址列表则是由若干地址组成。scanf()函数执行成功时,返回所读入的数据项数。如果没有数据被成功读入,返回值为 0。如果读入数据时遇到错误或遇到了"文件结束"则返回 EOF。

例如,对于语句"scanf("%c%d%f", &x, &y, &z);",&x、&y、&z 中的 & 是取地址运算符,&x 表示对象 x 在内存中的地址。这里,变量 x、y、z 的地址是在编译阶段分配的,存储顺序由编译器决定。

格式控制字符串包含的格式指令由以下部分组成:类型控制符、宽度、类型长度等。

scanf()函数的使用注意事项:

(1) 格式控制字符串的处理顺序为从左到右,类型控制符逐一与地址列表中的地址项相匹配。为了读取长整数,可以在类型控制符前添加类型长度符 l/L,为了读取短整数,则需添加 h。这些类型长度符可以与 d、i、o、u 和 x 等类型控制符一起使用。

(2) 在输入流中,所输入的数据项必须由空格、制表符等进行分隔。但格式控制字符串中的空白符使 scanf()函数在输入流中跳过一个或多个空白行。空白符可以是空格、制表符等,它使 scanf()函数在输入流中读,但不保存结果,直到发现非空白字符为止。

(3) scanf()函数中用于保存读入值的必须是指针,即变量的地址或数组名(代表数组在内存中的首地址),而不能是变量或数组本身。例如,对于变量 a、b 和 c,函数调用 scanf("%d%d%d", a, b, c)在语法上是非法的,应改为 scanf("%d%d%d", &a, &b, &c)。

(4) 对于格式控制字符串中的普通字符,则要求在使用 scanf()函数输入数据时键入相同的字符。例如,"scanf("x=%c,y=%d,z=%f", &x, &y, &z);"语句要求的输入方式为 x=a,y=1,z=2↙,其他输入方式将导致运行出错。

(5) 格式命令可以说明最大宽度。如果输入流的内容多于指定的宽度,则下次 scanf()函数会从本次停止的地方开始读入。如果在达到最大宽度前遇到空白符,则相应的读立即停止,流程会跳到下一项。

(6) scanf()函数中没有类似 printf()的精度控制。例如,"scanf("%4.2f", &x);"是非法的,不能企图用该语句输入小数位数为 2 的浮点数。

(7) 输入的数据与输出的类型不一致时,虽然编译能够通过,但结果将是不正确的。

对于 scanf()函数调用时的返回值 EOF,这里请读者予以关注。EOF 是文件结尾标志,其全称为 End of File,值通常为-1,在操作系统中表示资料源无更多的资料可读取。通常在文本的最后存在该字符时表示资料结束。在文本文件中,数据均以字符的 ASCII 码的形式存放。而 ASCII 码值为 0~255,不可能出现-1,因此该符号常被用来作为文件结束的标志。另外,由于很多文件处理函数出错后的返回值也是 EOF,故此其有时被用作判断函数调用是否成功。

例如,许多读者喜欢用如下的无限循环输入方式实现多组输入:

```
#include<stdio.h>
int main()
{
  int x, y;
  while(scanf("%d%d", &x, &y)!=EOF)
    printf("%d+%d=%d\n", x, y, x+y);
```

```
    return 0;
}
```

程序运行结果：

```
1 2
1+2=3
3 8
3+8=11
24 68
24+68=92
123 456
123+456=579
^Z
```

程序中，while 循环中如果缺少了"！＝EOF"，那么就是一个死循环。这里，如果当前输入缓存中还有东西时就一直读取，直到输入缓存中的内容为空时停止。因此，当用户在键盘上输入数据时，系统并不知道什么时候会到达"文件末尾"，此时需要用 Ctrl＋Z 组合键然后按 Enter 键的方式告诉系统已经到了 EOF，这样系统才会结束 while 循环。否则就像一个"无底洞"，只要有输入，程序就会一直有响应。

3）字符型数据的输入输出

C 语言提供了四个用于输入输出字符型数据的函数，其中：getchar()函数和 putchar()函数分别用于输入输出一个字符，其函数声明在头文件 stdio.h 中；gets()函数和 puts()函数分别用于输入输出一个字符串，相应的头文件为 string.h。

（1）getchar()函数。

函数原型：

```
int  getchar(void);
```

该函数的功能是以无符号 char 强制转换为 int 的形式返回读取的字符，如果到达文件末尾或发生读错误，则返回 EOF。例如：

```
char ch;
ch=getchar();
```

（2）putchar()函数。

函数原型：

```
int  putchar(int char);
```

该函数的功能是将指定表达式的值所对应的字符输出到标准输出终端上。表达式可以是字符型或整型，每次只能输出一个字符。例如：

```
putchar('A');
```

（3）gets()函数。

函数原型：

```
char  * gets(char * str);
```

该函数从输入流中读取字符串,直至遇到换行符或 EOF 时停止,并将读取的内容存放到 str 指针所指向的字符数组中。换行符不作为读取串的内容,读取的换行符被转换为'\0'(空字符),并由此来结束字符串。函数调用成功时返回与参数 str 相同的指针,如果读入过程中遇到 EOF 或发生错误,返回 NULL 指针。例如:

```
char str[8];
gets(str);
```

(4) puts()函数。
函数原型:

```
int  puts(char * str);
```

puts()函数将字符串输出到终端,并将'\0'转换为回车换行。该函数一次只能输出一个字符串,字符串中可以包括转义字符。例如:

```
char str[10]="Hello";
puts(str);
```

或

```
puts("Hello");
```

注意几个输入输出函数的区别。输入函数 scanf()、getchar()和 gets()中,scanf()函数可输入各种不同类型的数据,getchar()函数只能输入单个字符,而 gets()函数可输入字符或字符串。gets(str)函数与 scanf("％s", str)相似,但不完全相同,当使用 scanf("％s", str)函数输入字符串时,如果输入了空格,系统会认为字符串结束,空格后的字符将作为下一个输入项处理,但 gets()函数将接收输入的整个字符串(包括空格),直到遇到换行或到达文件末尾时为止。

输出函数 printf()、putchar()和 puts()中,printf()函数可输出各种不同类型的数据,putchar()函数只能输出字符数据,而 puts()函数可输出字符串数据。puts(s)的作用与语句 printf("％s", s)的作用基本相同,puts()函数只能用于输出字符串,不能输出数值或者进行格式变换,且 puts()函数在输出字符串后会自动输出一个回车符。

3.3.2　组合类型数据的组织与处理

1. 批量数据的组织与处理

如前所述,为了存放一个数据需要定义 1 个变量,如果要存放 100 个相同类型的数据则应定义 100 个变量。很显然,对于大批量的数据,通过定义基础数据类型变量的方法已行不通了,需要利用组合数据类型之一——数组。

数组(Array)是其元素可以通过下标直接选取的线性表。它是变量(数组元素)的一个

3.3.2-1 批量数据的组织与处理

有序集合，所有变量具有同一类型。数组可以存放向量、矩阵、一行文字等。数组元素的类型称为数组的基础类型，它可以是任意类型，包括基础类型、结构体/共用体类型、指针类型、数组类型等。

数组类型又称批量类型，其构造方法是将确定数目的数据顺序排成一个表格，每个数据是数组元素类型的一个值。所有元素值排在一起，构成了该数组类型的一个值。数组中每个元素都有一个用以区分其他元素的唯一编号，称为"下标"，编译系统用数组名和下标来区分不同的数组元素。如果数组元素又是一个数组，则该数组称为多维数组，多维数组用数组名和多个下标来区分其中的元素。

数组具有如下特点：

（1）**相同性**。组成数组的所有元素属于同一种数据类型。

（2）**顺序性**。数组元素按照下标值从小到大的顺序排列。

（3）**连续性**。下标相连的两个元素在内存中的位置相邻。

（4）**静态性**。编译系统为数组分配固定大小的空间，程序一旦运行，将无法更改数组所占空间的大小和元素个数。

对数组可以施加的操作：访问数组元素，遍历整个数组，删除数组中某个元素，向数组中增加一个元素。

例如，在 C 语言中，有"int a[5]；"，则该数组在内存中的存储示意图如图 3-4 所示。

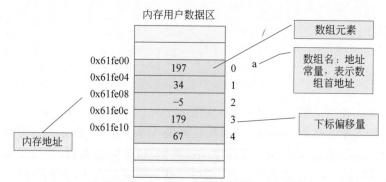

图 3-4　数组 a 在内存中的存储结构示意图

【**例 3-1**】　设计能将任意一个十进制数转换成三进制数并输出的程序。

解：

数制转换，最简单的方法是整除求余法。本题中，要求转换为三进制，具体的步骤为：

（1）用十进制数整除 3 得到的余数就是对应的三进制数的最低位，得到的商所对应的三进制数，恰好等于原三进制数去掉最低位后的剩余部分；

（2）再利用上述方法可得到三进制数的次低位；

（3）反复上述过程即可确定三进制数的所有位。

这里，三进制的各位数字可以用数组来存放。相应的计算机程序为：

```
#include<stdio.h>
int main()
{
    int i=0, x, d[20];
```

```
printf("拟转换的十进制数是:");
scanf("%d", &x);
while(x>0)
{
    d[i++]=x%3;
    x=x/3;
}
printf("转换完成的三进制数是:");
for(i--; i>=0; i--)
    printf("%d", d[i]);
printf("\n");
return 0;
}
```

程序运行结果:

> 拟转换的十进制数是: 147
> 转换完成的三进制数是: 12110

通过验证得知,所得的结果是正确的。

关于数组的组织与处理方法将在第 6 章中详细介绍。

2. 混合数据的组织与处理

对于大型数据集,通常采用数组来组织和处理,但数组要求在数据类型相同的情况下才能使用。更多时候,需要处理的数据是具有多种数据类型的一组信息。即一个数据项由多个子数据组成,每个子数据的数据类型可能不一样。对于此种情况,如果仍然采用数组形式来组织这些数据,则需要定义多个数组,且根据数组的存储形式,每一种属性是连续存储的,从而造成分配内存不集中、寻址效率不高的情况。显然,数组类型已不再适用来处理像上面这种混(组)合类型的数据。那么问题来了,编程者可否抽象或创建一种新的数据类型来处理这样的信息?

3.3.2-2 混合数据的组织与处理

C 语言中,用户可自己创建由不同类型数据组成的组合型的数据结构,称为结构体,用以存放上述的混合数据。例如,一个学生的信息包括学号、姓名、性别、年龄、高考成绩、家庭地址等项,这些数据是属于同一个学生的,数据之间具有一定的关联性,如果将它们分散存放和处理,则无法反映这种内在联系。因此,可考虑创建一种新的数据类型来存放混合数据。

例如,对于刚才提到的学生信息,可以创建一种新的类型如下:

```
struct Stu
{
    int num;
    char name[20];
    char sex;
    int age;
    float score;
    char addr[30];
};
```

本例中，由编程者自己创建了一种新的结构体类型 struct Stu,这种类型的数据由 num、name、sex、age、score 和 addr 等不同类型的成员构成。注意，这里只是创建了一种结构体类型 struct Stu,但并没有用这种类型来定义变量，编译系统将不会对该类型分配存储空间。为了能在程序中使用具有结构体类型 struct Stu 的数据，需要利用刚刚创建的结构体类型 struct Stu 去定义变量，编译系统将为所定义的变量分配相应大小的内存空间并在其中存放具体的数据。

例如，利用所创建的数据类型 struct Stu 定义两个结构体变量的语法格式为

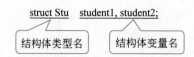

定义变量后，系统将为这两个变量分别分配 68 字节的存储空间，其空间大小为各成员的长度之和。关于混合数据的组织与处理方法将在第 7 章中详细介绍。

【例 3-2】 编写程序输出一个学生的相关信息，包括学号、姓名、性别、年龄、高考成绩、家庭住址。

解：

本题的解题思路为，编程人员需要自行创建一种结构体类型，其中包含存放学生信息的各成员，然后用这种类型定义一个结构体变量。在定义变量的同时，赋以初值。最后，输出结构体变量的各成员即可。这里直接写出相应的计算机程序如下：

```c
# include <stdio.h>
struct Stu
{
  long int num;
  char name[20];
  char sex;
  int age;
  float score;
  char addr[20];
}student={10001, "张三", 'M', 19, 586, "北京市朝阳区"};

int main()
{
  printf("NO.:%ld\nName:%s\nSex:%c\nAge:%d\nScore:%.2f\nAddress:%s\n",
          student.num, student.name, student.sex, student.age, student.score,
  student.addr);
  return 0;
}
```

程序运行结果：

```
NO.:10001
Name:张三
Sex:M
Age:19
Score:586.00
Address:北京市朝阳区
```

C 语言中,除结构体外,还包括另外一种混合数据类型——共用体类型。区别于结构体类型变量的各成员分别被分配各自的存储空间,共用体类型变量各成员共享同一段内存空间,且在任一时刻,只有最近存入的成员起作用。

枚举类型则是另外一种组合数据类型(有的教材将其划归到基础数据类型范围),它为定义一组可以赋给变量的命名整数常量提供了一种有效的方法。如果一个变量只有有限种可能的取值,则可以定义为枚举类型。所谓的"枚举"是指将变量的值一一列举出来,变量的值只能在列举出来的值的范围内。因此,其组织形式与处理方法与结构体类型和共用体类型又有许多不同的地方。

关于共用体类型和枚举类型数据的组织与处理,将在第 7 章中一并介绍。

3. 动态数据的组织与处理

3.3.2-3 动态数据的组织与处理

前面介绍的变量和数组属于静态数据结构,即变量的存储空间大小是在编译阶段就确定好的,在程序执行过程中所占据的空间大小是固定不变的。定义数组时,数组长度必须是常量,系统会为数组分配一段连续的内存空间。因此,数组长度的确定就非常关键了,既要能放得下数据,又要不浪费存储空间。基于上述理由,程序设计中有时需要利用动态数据结构。例如,存储计算机类 2024 级学生中高考成绩高于平均成绩的学生的相关信息,或筛选出籍贯为江苏的学生的学籍信息,等等。

在介绍动态数据结构前,先了解一下计算机内存的分配与管理方式。

(1)编译时分配。编译时分配是指在编译、链接阶段由操作系统负责内存空间的分配及撤销,编程者不能进行干预,这种分配方式称为静态分配。

(2)运行时分配。运行时分配是指在程序运行阶段,由编程者根据需要进行内存空间的分配,并可以根据程序的运行情况撤销这些空间的全部或部分。由于这种内存管理方式是在程序运行过程中根据需要随时申请、随时分配、随时撤销,故称为动态分配。

进行内存空间的动态分配,需要建立动态数据结构——程序执行过程中根据需要进行扩展和收缩的数据结构。动态数据结构在程序中没有"显式"定义,它没有名字,在编译时程序不知道该数据结构的存在,不给其分配存储空间。动态分配方式提高了空间利用率,内存随时按需分配和释放。申请是在程序运行过程中进行的,对已申请的空间,可随时改变其大小。

C 语言中对动态数据组织与处理可利用系统提供的四个动态内存处理函数:malloc()(分配一定字节的连续内存空间)、calloc()(分配若干具有固定字节的连续内存空间)、realloc()(修改已分配的内存区的大小)和 free()(释放已分配的内存区),关于这些函数的使用,将在第 9 章中详细介绍。

其他用于动态数据管理的方法如下。

(1)链表(Linked List)。

链表是一种采用链式存储方式的、在物理存储单元上非连续、非顺序的线性表或存储结构,它由一系列结点组成,这些结点可以在运行时动态生成,数据元素通过链表中的指针链接次序进行访问。

(2)栈(Stack)。

栈是一种运算受限的线性表,仅允许在表的一端(栈顶)进行插入或删除操作,另一端为栈底。插入新元素到栈顶元素的上面,称作进栈、入栈或压栈;从一个栈删除元素称作出栈或退栈。

（3）队列（Queue）。

队列也是一种操作受限制的特殊线性表，只允许在表的一端（front，队头）进行删除操作，而在表的另一端（rear，队尾）进行插入操作。

栈和队列的最大区别就是处理数据的规则不同：队列采取了先进先出（First In First Out，FIFO）的方式，而栈采取了先进后出（First In Last Out，FILO）的方式。

4. 磁盘数据的组织与处理

实际问题的解决方案中往往包含大量数据，这些数据可能是由程序生成的输出数据，也可能是程序所需的输入数据。无论输入数据或输出数据，当数据规模较小时，尚可满足需求。但当数据量较大时，如果直接输入，一是时间上不允许，且一旦输错，则需要全部重新输入；二是如果直接输出则可能无法在显示器上全部显示出来。

另外，当一个计算机程序运行时，所有数据信息（常量、变量、数组、结构体变量）都临时存储在内存中，一旦程序运行结束，分配给程序的内存将被操作系统收回，上述数据信息将会消失。如果下次想要利用这些数据怎么办？

对于诸如上述问题，如果将这些数据信息以文件的形式存储到外部介质（磁盘、U 盘、光盘等）上，长期保存起来，问题将迎刃而解。

文件（File）是保存在存储介质上的一组带标识的、有逻辑意义的信息项序列的集合。以文件方式进行数据的组织与处理，文件内容可以被传输，也可以在随后被程序自身或其他程序读取（输入）。输出时，对于大批量数据以文件形式存放到外部介质上，方便随时查看和进行数据的进一步处理。文件是程序设计过程中组织和处理大规模数据的有效方法。

对于数据类文件可按如下方式进行分类：

（1）按照数据结构来组织、存储和管理数据的仓库，称为**数据库**。由数据库管理系统按记录或字段存取数据集。

（2）不带有数据结构的数据文件，文件中的数据是一串字节，没有结构，称为**流式文件**，简称文件。

程序设计语言中一般会提供对流式文件操作的方法，运行效率较高。C 语言中，对流式文件，可按 ASCII 码和二进制码存储，称为"文本文件"和"二进制文件"。

文件使用前需要先打开，用完后需要关闭。对于数据文件，打开后可以采用随机方式或顺序方式进行读写。C 程序中使用的每个数据文件都有一个与之关联的文件指针，通过文件指针对文件内容进行具体的操作。

关于文件数据的组织与处理方法，将在第 10 章中进行详细介绍。

【例 3-3】　设计能实现如下功能的程序：输入一串文字信息保存到磁盘上，直到输入字符'@'为止。然后打开所创建的文件，读出文件的内容并显示到显示器上。

解：

本题的思路比较简单，可以自己先创建一个文件，从键盘逐个输入字符，然后用 fputc() 函数写到刚刚创建的文件中，并关闭该文件。接下来，重新打开该磁盘文件，使用 fgetc() 函数从文件中读出相关信息并显示到显示器上即可。

下面是所设计的源程序代码：

```
#include <stdio.h>
#include<stdlib.h>
void main()
{
    FILE * fp;
    char ch;
    if((fp=fopen("f:/CAI/C/tmp/myfile.dat", "w"))==NULL)
    {
        printf("打开文件失败\n");
        exit(1);
    }
    while((ch=getchar())!='@')  fputc(ch, fp);
    fclose(fp);
    if((fp=fopen("f:/CAI/C/tmp/myfile.dat", "r"))==NULL)
    {
        printf("打开文件失败\n");
        exit(1);
    }
    while((ch=fgetc(fp))!=EOF)  putchar(ch);
    printf("\n");
    fclose(fp);
}
```

程序运行结果：

```
This is my Computing Programming!
Shanghai ECUST_CS@
This is my Computing Programming!
Shanghai ECUST_CS
```

运行结果中，前两行为运行中输入的文字内容，后两行为打开已有文件并读取其中的内容后，将其显示到显示器上。这里打开所创建的文件，如图 3-5 所示。

图 3-5　文件 myfile.dat 的内容

【扩展阅读】　ASCII 码之父鲍勃·贝默。

鲍勃·贝默（Bob Bemer）1920 年 2 月 8 日出生于美国密歇根州，世界著名的计算机科学家。他 1940 年在阿尔比恩学院获得数学学士学位，1941 年在道格拉斯飞机公司担任空气动力学家，1951 年开始在兰德公司工作，1957 年进入 IBM 工作，1970 年为通用电气公司服务，1974 年直到退休一直在霍尼韦尔工作。

在职业生涯中，贝默致力于程序设计语言的开发工作。他开发了 Fortran 编译器 Fortransit，参与了 COBOL 语言的规范制定和 CODASYL 语言的开发，负责了 Simula 语言开发基金的授权工作。他最著名的工作当属在 1967 年提出的 ASCII 码编码标准，这一标准随后被广泛采用，成为计算机领域中不可或缺的基础技术之一，供不同计算机在相互通信时用作共同遵守的西文字符编码标准,适用于所有拉丁文字字母,后来它被 ISO 确定为国际标准。

贝默的另一个突出贡献是提出了转义字符的概念。转义字符是一个编码延伸字符,用以表示后随的一个或一组字符要以非标准的方式解释。所有的 ASCII 码都可以用"\"加八进制数字来表示,转义字符将通知系统转义字符后面的字符不再使用它的标准含义。贝默于 1960 年在 IBM 一手打造了 Esc 键(全称 Escape),当时他是为了解决"巴别塔难题":不同计算机制造商的代码标准各异,使得跨平台交流复杂。他设计的 Esc 键,是从一种代码切换到另一种的便捷工具,现在 Esc 键的功能也演变为通用的中断功能键。据说早在"千年虫"问题还未成为全球关注点时,贝默就预见到了系统稳定性的挑战。因此,这个键的存在,就像一把逃离复杂操作的"钥匙",使人们得以轻松"逃离"(中止)。人机互动专家 Jack Dennerlein 认为 Esc 键推动了 20 世纪 70—80 年代计算机行业的变革,他指出:Esc 键的意义在于它告诉计算机,"嘿,停下,现在我要拿回控制权了!"

贝默还曾以顾问身份开发了文本执行编程语言,TeX。因为在计算机领域的卓越贡献,贝默获得了 2003 年度的计算机先驱奖。2004 年 6 月 22 日,贝默在位于得克萨斯州的家中因病去世,享年 84 岁。

◆ 本 章 小 结

"合抱之木,生于毫末;九层之台,起于累土;千里之行,始于足下。"设计程序的目的是描述数据,以及对数据进行操作。一旦指定了数据类型,空间中存储的数据只能是定义时所指定的数据类型,可以使用的数据类型依赖于具体的编程语言。数据类型是一组性质相同的数据的集合以及定义于这个数据集合上的一组操作的总称,它决定了变量的存储方式及存储空间的大小、变量的取值范围和数据可运算的种类。对于不同的数据类型,可采取不同的组织与处理方法。

C 语言中的数据类型包括基础数据类型和组合数据类型。简单的数据可以用基础数据类型来表示,基础数据类型包括整型、字符型、布尔型和浮点型四种。复杂的数据就必须使用组合数据类型来表示,即将简单数据以某种方式进行组合,以满足自身的特殊需求。C 语言提供了数组、结构体、共用体、枚举、文件等组合数据类型。为了在计算机中处理不同类型的数据,需要将数据的逻辑结构映射为数据的存储结构。

◆ 习 题

1. 名词解释

(1) 数据类型;(2)基础数据类型;(3)组合数据类型;(4)转义字符;(5)运行时分配。

2. 填空题

(1) C 语言中,每个变量和函数都有两个属性,即数据的_____和数据的_____。

(2) 在 C 语言中,类型转换有_____或_____和_____之分。

(3) 从存储类别的角度看,变量的存储有_____存储方式和_____存储方式。

(4) x、y、z 被定义为 int 型变量,若从键盘给 x、y、z 输入数据,正确的输入语句应为_____。

（5）语句"printf("%4d,%.4f", 'a', 3.14159);"的输出结果是_____。（提示：长度不足时以"□"补足）

3. 选择题

（1）判断 char 类型的变量 str 是否为数字字符的正确表达式为（　　　）。

　　A.（str＞='0'）||（str＜='9'）　　　　　　B.（str＞='0'）&&（str＜='9'）

　　C.（str＞=0）&&（str＜=9）　　　　　　　D.'0'＜=str＜='9'

（2）设有语句"int m, n；m=2021；n=2；"，则表达式(float)m/n 的值为（　　　）。

　　A. 1010.000000　　　B. 1010　　　　　C. 1010.500000　　　D. 1010.000000

（3）已知 x=10，y=0，则表达式"x＞=y && !y"的值是（　　　）。

　　A. "假"　　　　　　　B. "真"　　　　　　C. 0　　　　　　　　D. 1

（4）若有变量定义"：int a[5]；"，则对 a 数组元素的正确引用是（　　　）。

　　A. a[5]　　　　　　　B. a[5.5]　　　　　C. a[4]　　　　　　　D. a[0-5]

（5）已知"int c=97；"，则执行语句"printf("%d, %c\n", c, c+2);"后的输出结果是（　　　）。

　　A. a, c　　　　　　　B. c, c　　　　　　C. 97, 99　　　　　　D. 97, c

4. 谈谈引入数据类型概念的理由。

5. 简述组合数据类型中对批量、混合和磁盘数据的组织与处理方法要点。

6. 程序阅读题

（1）运行下面程序时，输入内容为12345，运行结果为_____。

```c
#include"stdio.h"
int main()
{
int num, a;
scanf("%d", &num);
do{
  a=num%10;
  printf("%d", a);
  num=num/10;
}while(num!=0);
printf("\n");
return 0;
}
```

（2）下面程序的功能是_____。

```c
#include<stdio.h>
void main()
{
  int i, a[10], n1=0, n2=0, Total=0;
  for(i=0; i<10; i++)  scanf("%d", &a[i]);
  for(i=0; i<10; i++)
  {
    if(a[i]>0)  n1++;
```

```
    else if(a[i]<0)   n2++;
    Total+=a[i];
  }
  printf("%d-%d-%f\n", n1, n2, Total/10.0);
}
```

7. 程序设计题

（1）"老鼠打洞"问题。该问题出自《九章算术》，问题如下："今有垣厚十尺，两鼠对穿。大鼠日一尺，小鼠亦一尺。大鼠日自倍，小鼠日自半。问：何日相逢？各穿几何？"该问题的意思是：有一堵 10 尺厚的墙，两只老鼠分别对着打洞，大老鼠第一天能挖一尺，小老鼠亦然。而之后每天，大老鼠的速度都是前一天的二倍，小老鼠则是前一天的一半。问这堵墙几天能打通，且大老鼠和小老鼠分别挖了多少长度？

（2）要求输入一个正数 e，计算并输出下式的值，精确到最后一项的绝对值小于 e（保留 6 位小数）：$s = 1 - \dfrac{1}{4} + \dfrac{1}{7} - \dfrac{1}{10} + \dfrac{1}{13} - \dfrac{1}{16} + \cdots$。

（3）某班 m 位同学选修了 n 门课程，试编写程序，求出每门课的平均成绩并输出。输入输出格式如下：

```
Input m, n:4 3
89 96 100 67 0 80 50 92 78 69 88 54
The average score of course 1 is 88.00
The average score of course 2 is 55.50
The average score of course 3 is 72.25
```

第二篇　计算机程序设计方法

结构化程序设计

【内容提要】 结构化程序设计是以功能为中心、强调过程的程序设计方法，它采用了分而治之的程序复杂度控制策略，以及自顶向下、逐步求精的程序详细设计原则。本章首先介绍结构化程序和结构化程序设计的含义、基本思想，详述利用结构化程序设计方法进行顺序结构、选择结构和循环结构程序设计的过程要点及步骤。

【学习目的和要求】 学习本章的主要目的是使学生理解结构化程序设计的基本思想、基本过程和基本方法。要求掌握结构化程序的含义、结构化程序的三种基本结构的设计步骤，学会利用结构化程序设计方法进行计算机问题求解。

【重要知识点】 结构化程序；结构化程序设计；顺序结构；选择结构；循环结构。

结构化
序设计
方法

◇ 4.1 结构化程序设计方法

结构(Structure)是指系统内各个组成要素之间的相互联系、相互作用的框架。结构化方法(Structured Method,SM)是一类预先定义需求，遵照严格的开发程序，并产生完善的文档记录，实现软件系统的传统软件开发方法，由结构化分析(Structured Analysis,SA)、结构化设计(Structured Design,SD)和结构化程序设计(Structured Programming,SP)三部分有机组合而成的。结构化方法的基本思想是把一个复杂问题的求解过程分阶段进行，每个阶段处理的问题都控制在人们容易理解和把控的范围内。关于结构化分析方法和结构化设计方法将在高年级课程"软件工程"中讲述，本书主要介绍结构化程序设计方法。

结构化程序设计是一种编程范式，目的是使所设计的程序可读性、可维护性、可扩展性更好。该范式倡导程序的设计、编写和测试等采用规定的组织形式进行，程序中的任意基本结构都具有唯一入口和唯一出口，并且程序不会出现死循环。结构化程序设计思想最早是由荷兰著名的计算机科学家、图灵奖得主埃德加·W.迪杰斯特拉于1965年提出来的。1966年科拉多·伯姆(Corrado Böhm)和朱塞佩·贾叮皮尼(Giuseppe Jacopini)证明了只用顺序、选择和循坏三种基本的控制结构就能实现任何单入口、单出口的程序。1968年，迪杰斯特拉发表了题为《goto语句有害论》(*goto Statement Considered Harmful*)的著名论文。在文中，他认为结构化程序应由顺序、选择、循环和递归四种控制结构构成，同时他还提出了子过程和块的概念。瑞士计算机科学家尼古拉斯·沃斯(Niklaus Wirth)于1971年基于自己在开发程序设计语言和编程方面的实践经验，提出了"通过逐步求精方式开发程序"的观点，进一步对结构化程序设计方法进行了完善。1972年，迪杰斯特拉与英国科学家、1980年图灵奖获得者查尔斯·A.霍尔(Charles A. Hoare)合著了《结构化程序设计》(*structured Programming*)，系统阐述了结构化程序设计的思想。

　　结构化程序设计方法强调程序的结构性、易读性，在结构上将待开发的程序划分为若干程序模块，各程序模块分别进行设计，再链接在一起，组合构成完整的程序。结构化程序只允许采用三种基本的程序结构形式，即顺序结构、选择结构和循环结构。结构化程序设计方法适用于程序规模较大的情况，对于规模较小的程序也可采用非结构化程序设计方法。

4.1.1　结构化程序设计的基本思想

　　结构化程序设计的主要观点：
　　(1) 基于分而治之的策略；
　　(2) 自顶向下、逐步求精；
　　(3) 以模块化设计为中心；
　　(4) 采用结构化方式编码。

1. 分而治之(Divide and Conquer)

设计机理：大事化小、各个击破。

处理策略：

　　(1) 把一个复杂的大问题分解为两个或多个规模较小的子问题；
　　(2) 分别解决每个子问题；
　　(3) 将各子问题的解合并为大问题的解。

　　在解决一些复杂问题时，通常需要把该问题分解为多个子问题，然后逐个解决这些子问题，这样的例子在现实生活中很多。

　　【扩展阅读】《推恩令》的威力。

　　西汉初年，各地诸侯王纷纷割据一方，势力越来越大，朝廷难以掌控。汉景帝采纳内史晁错的削藩建议，结果引发了"七国之乱"，晁错本人被景帝下令腰斩于市，削藩半途而废。到了武帝朝，主父偃却不费一兵一卒，帮助汉武帝顺利完成了削藩。主父偃是这样做的：他上书《推恩令》，建议朝廷下令，让各诸侯王推行恩德，将过去只有嫡长子才能继承王位和封地的权利，扩大到全部诸侯子弟，并和嫡长子一样享受土地分封，如图4-1所示。这样，各诸侯国给子弟施行了恩德，子弟们得到了封地，也体现了皇上的仁义政德，皆大欢喜。而诸侯国的土地经过分封后，"大国不过十余城，小国不过数十里"，势力越来越小，像散落的珍珠，再想闹也闹不起来了。

　　三国时期，诸葛亮为了蜀国鞠躬尽瘁，但他的做法常常遭人诟病。因为在刘禅登基后，诸葛亮依然大权在握，说伐魏就伐魏，说联吴就联吴，刘禅根本没有什么发言权。诸葛亮死后，刘禅以费祎为大将军，主管军事，兼管政务，以蒋琬为大司马，主管政务，兼管军事。这样一来，防止事无巨细皆决于某一个人。

　　分而治之策略说到底是一种分化瓦解之术。当应用到程序设计过程时，实际上就是针对复杂的程序，对程序的功能进行分解，将其分解为多个子功能，从而达到化繁为简的目的。

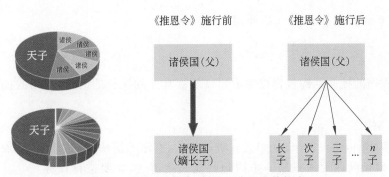

图 4-1　通过《推恩令》削弱了诸侯国的权力

2. 自顶向下（Top-down）

设计机理：整体把握、逐步分解。

处理策略：与自底向上方法对应，设计程序时，从层次的最高级部件开始，逐步推进到较低级部件的方法，包括自顶向下设计、自顶向下编程和自顶向下测试等。它是一类信息系统设计的常用方法，从宏观到微观，从总体到局部，从抽象到具体，先考虑总体，找出问题的关键和重点所在，后考虑细节。不要一开始就过多追求大而全的细节问题，先从最上层的总目标开始设计，后面再使问题逐步具体化。

3. 逐步求精（Step-wise Refinement）

设计机理：由浅入深、逐层细化。

处理策略：把大任务分割成小的更容易控制的块，再继续细分为更小的任务，直到所有的小任务都能很容易实现，再用精确的思维定性、定量去考察。设计时，先从最上层总目标开始设计，逐步使要解决的问题详细化，即先考虑程序的整体结构而忽视细节，然后步步深入、逐层扩展，直到所有步骤可以详细到能够转换为程序语句。就拿盖房子来说，首先要搭好房子的整体框架，然后再逐层进行各层的布局规划，最后进行每个房间的细节设计，这就是逐步求精的设计思路。一般利用流程图或伪代码完成逐步求精的细化过程。

4. 模块化设计（Modular Programming）

设计机理：功能独立、易于集成。

处理策略：将复杂功能分解成多个模块，然后对各个模块分别进行处理，从而实现完整的功能。简单讲，就是先用主程序、子程序、子过程等框架把软件的主要结构和流程描述出来，并定义好各框架之间的链接关系，得到一系列的功能块。然后，以功能块为单位进行程序设计和实现。从而降低了程序的复杂度，使得程序的设计、调试和维护过程等简单化。例如，周末几个老朋友聚餐，为了提高效率，大家需要进行分工，有人负责采购，有人备菜切菜，有人掌勺烹饪，大家各司其职，每人负责一块，各块相对独立，但又彼此配合，做一顿丰盛餐食这个复杂任务很容易就完成了。

在 C 语言中，程序是由一个个函数构成，该机制使得其更容易实现模块化设计，这时需要注意模块的独立性，确保模块的高内聚、低耦合。关于模块化设计，将在第 5 章中介绍。

5. 结构化编码（Structured Coding）

设计机理：结构固定、限制转向。

处理策略：借助于具体的程序设计语言，编写程序代码，以实现预定的功能。任何程序可由顺序、选择和循环三种基本结构来构造，复杂问题可以通过三种基本结构的组合及嵌套实现，杜绝或严格控制 goto 语句的使用。

4.1.2 结构化程序的基本控制结构

结构化程序的控制结构包含控制语句以及被其控制执行的语句，常用的控制结构有如下三种。

1. 顺序结构

顺序结构（Sequence Structure）是一种线性的、有序的结构，也是最简单、最常用的程序结构。通常，复杂问题无法只用一条语句就能表达清楚，需要进行任务分解，各个小任务分别用不同的语句来表达，从而构成顺序结构。该结构的执行方式为从上到下依次执行各条语句（见图 4-2），直至结束。

2. 选择结构

选择结构（Select Structure）用于判断给定的条件是否成立，根据判断的结果来控制程序的流程，如图 4-3 所示。可以是二选一，例如：开灯与否？开车还是坐校车上班？也可以是或多选一，例如：电风扇的不同挡位、购物时不同购买量下的折扣率等。

图 4-2　顺序结构的流程图

3. 循环结构

循环结构（Loop Structure）控制一个任务重复执行多次，直到满足一定的条件为止。例如，累加、累乘、针对全体学生重复相同的处理等。循环结构分为当型循环和直到型循环，如图 4-4 所示。

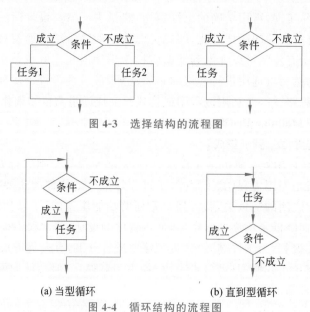

图 4-3　选择结构的流程图

(a) 当型循环　　　　　(b) 直到型循环

图 4-4　循环结构的流程图

4.1.3 结构化程序的控制语句

1. break 语句

该语句只能用在循环结构或选择结构中的开关语句——switch 语句中，用于立即结束整个循环或从 switch 语句中退出来。

该语句的语法格式为

```
break;
```

如果是嵌套循环的情形,break 处于哪一层,使用后便从该层退出,其外层不受影响。

【例 4-1】　试分析如下程序段的运行结果。

```
#include<stdio.h>
int main()
{
  int i=10;
  while(i>0)
  {
    for(int j=0; j<10; j++)
    {
      printf("i=%d,j=%d", i, j);
      if(j==i) break;
    }
    printf("While loop is executing!\n");
    i--;
  }
  return 0;
}
```

解:

从下面的程序运行结果可知,如果没有 break 语句,for 循环均将执行完整的 10 次。本例中,一旦内循环中的条件"j==i"成立,便立即结束整个 for 循环的执行,但 while 循环仍在继续运行中,并未终止。当 i=1 时,i 自减变为 0,这时 for 循环只执行了一次便结束了。

```
i=10, j=0 i=10, j=1 i=10, j=2 i=10, j=3 i=10, j=4 i=10, j=5 i=10, j=6 i=10, j=7 i=10, j=8 i=10, j=9 While loop is executing!
i=9, j=0 i=9, j=1 i=9, j=2 i=9, j=3 i=9, j=4 i=9, j=5 i=9, j=6 i=9, j=7 i=9, j=8 While loop is executing!
i=8, j=0 i=8, j=1 i=8, j=2 i=8, j=3 i=8, j=4 i=8, j=5 i=8, j=6 i=8, j=7 While loop is executing!
i=7, j=0 i=7, j=1 i=7, j=2 i=7, j=3 i=7, j=4 i=7, j=5 i=7, j=6 While loop is executing!
i=6, j=0 i=6, j=1 i=6, j=2 i=6, j=3 i=6, j=4 i=6, j=5 While loop is executing!
i=5, j=0 i=5, j=1 i=5, j=2 i=5, j=3 i=5, j=4 While loop is executing!
i=4, j=0 i=4, j=1 i=4, j=2 i=4, j=3 While loop is executing!
i=3, j=0 i=3, j=1 i=3, j=2 While loop is executing!
i=2, j=0 i=2, j=1 While loop is executing!
i=1, j=0 While loop is executing!
```

2. continue 语句

continue 语句用于循环结构中,用于结束本次循环的执行,但整个循环并未结束。

continue 语句的语法格式为

```
continue;
```

关于 break 语句和 continue 语句的区别,这里仍然沿用例 4-1。如果将 break 语句修改为 continue 语句,即"if(j==i) continue;",则从如下结果可以看出,当循环控制变量 i 和 j 相等时,for 循环并未结束,而是仅仅跳过了这一次的循环,无论是内循环还是外循环仍要继续。

```
i=10,j=0 i=10,j=1 i=10,j=2 i=10,j=3 i=10,j=4 i=10,j=5 i=10,j=6 i=10,j=7 i=10,j=8 i=10,j=9 While loop is executing!
i=9,j=0 i=9,j=1 i=9,j=2 i=9,j=3 i=9,j=4 i=9,j=5 i=9,j=6 i=9,j=7 i=9,j=8 i=9,j=9 While loop is executing!
i=8,j=0 i=8,j=1 i=8,j=2 i=8,j=3 i=8,j=4 i=8,j=5 i=8,j=6 i=8,j=7 i=8,j=8 i=8,j=9 While loop is executing!
i=7,j=0 i=7,j=1 i=7,j=2 i=7,j=3 i=7,j=4 i=7,j=5 i=7,j=6 i=7,j=7 i=7,j=8 i=7,j=9 While loop is executing!
i=6,j=0 i=6,j=1 i=6,j=2 i=6,j=3 i=6,j=4 i=6,j=5 i=6,j=6 i=6,j=7 i=6,j=8 i=6,j=9 While loop is executing!
i=5,j=0 i=5,j=1 i=5,j=2 i=5,j=3 i=5,j=4 i=5,j=5 i=5,j=6 i=5,j=7 i=5,j=8 i=5,j=9 While loop is executing!
i=4,j=0 i=4,j=1 i=4,j=2 i=4,j=3 i=4,j=4 i=4,j=5 i=4,j=6 i=4,j=7 i=4,j=8 i=4,j=9 While loop is executing!
i=3,j=0 i=3,j=1 i=3,j=2 i=3,j=3 i=3,j=4 i=3,j=5 i=3,j=6 i=3,j=7 i=3,j=8 i=3,j=9 While loop is executing!
i=2,j=0 i=2,j=1 i=2,j=2 i=2,j=3 i=2,j=4 i=2,j=5 i=2,j=6 i=2,j=7 i=2,j=8 i=2,j=9 While loop is executing!
i=1,j=0 i=1,j=1 i=1,j=2 i=1,j=3 i=1,j=4 i=1,j=5 i=1,j=6 i=1,j=7 i=1,j=8 i=1,j=9 While loop is executing!
```

3. goto 语句

goto 语句也称无条件转向语句或跳转语句,作用是实现在函数内部的流程转移。

使用形式:

> **标号名:**
> **goto 标号名;**

这里,标号名符合标识符的命名规则,标志了在程序中的位置,将来可作为 goto 语句跳转的目标位置。当程序执行到 goto 语句时,控制将立即转移到程序中标号所标志的位置,从那里继续往下执行。

关于 goto 语句的使用,在计算机界多年来一直争论不休,尤其是迪杰斯特拉 1968 年发表的《goto 语句有害论》更是引起了强烈的反响。后来,大家搁置争议达成共识:尽量不用或少用 goto 语句。

4.2 顺序结构程序设计

顺序结构是程序中最简单的控制结构,也是使用最多的结构。

执行方式:犹如流水线作业或下台阶一样,所有语句按照书写顺序自上而下逐条执行,每条语句被执行一次,不存在程序的跳转和反复。

4.2.1　顺序结构的特点及应用

顺序结构是其他控制结构的设计基础。顺序结构程序的主体是由一系列语句、变量的定义及声明等构成。如果是复合语句,则用"{ }"括起来,例如,函数的函数体、选择结构的分支部分、循环的循环体等。顺序结构中常用的语句包括赋值语句、表达式语句、输入输出语句等。

顺序结构逻辑比较简单,结构清晰,主要应用于按步骤求值计算、输出文本信息或图案等情形。但该结构在任务复杂时算法比较烦琐,且无法实现控制的跳转及重复处理等操作。

4.2.2　顺序结构程序的设计

顺序结构程序的设计要点:

(1) **设计数据结构**。数据的组织与处理形式较为简单,基于用户需求分析拟处理的数据对象,并根据其值选定合适的数据类型。

(2) **设计解题算法**。对拟处理的数据对象赋初值,然后设计求解任务的详细步骤。解题步骤中必须清楚描述以下内容:输入各对象的初始值(I)、基于对象进行计算和处理数据(P)、输出计算的结果(O)。

4.2.3 顺序结构程序设计举例

【例 4-2】 游船问题。问题描述："清明巡园,共坐八船,大船满六,满四小船,三十八童,满船坐观。请问客家,大小几船?"试设计程序解决游船问题。

解:

(1) 分析问题。

已知条件:大船可坐 6 人,小船可坐 4 人,共 8 条船,坐满了 38 人。

求解问题:需要大船多少条,小船多少条?

约束条件:大船数×6+小船数×4=总人数。

(2) 设计算法。

设计数据结构。涉及的对象包括"大船数""小船数""游船总数"以及"总人数",共 4 个对象,需要指定 4 个对象的名称及相应数据类型。

大船数:x,整数类型

小船数:y,整数类型

游船数:p,整数类型

总人数:q,整数类型

设计解题方法。根据已知条件 $x+y=p$ 和 $6×x+4×y=q$ 可以推导出计算公式 $x=(q-4-p)÷2$ 和 $y=p-x$,利用这两个公式即可计算出未知对象。

设计解题步骤。根据上面的分析,归纳解题步骤如下:

第一步:为对象 p、q 赋初值,或从键盘上输入;

第二步:利用公式计算 x 和 y 的值;

第三步:输出对象 x、y 的计算结果。

相应的流程图及 N-S 图见图 4-5。

(3) 编写代码。

将上面推导公式中以名称出现的对象,分别定义为变量(x、y、p、q)。以确定值出现的对象,如 6、4 等,按照常量处理。

程序输入:p、q;

程序输出:x、y;

程序处理:根据输入值,计算大、小船的数量。

基于上面的分析,编写计算机程序如下:

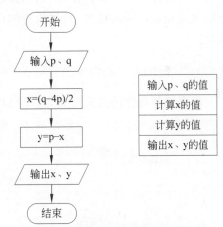

图 4-5 游船问题的流程图及 N-S 图

```
#include"stdio.h"
int main()
{
    int x, y, p, q;
    printf("Please input the total boats (p) and People (q):");
    scanf("%d%d", &p, &q);                //输入游船数和总人数
    x=(q-4*p)/2;                          //大船数
    y=p-x;                                //小船数
```

```
    printf("The number of big boats is %d.\n The number of small boats is %d.\n", x, y);
    return 0;
}
```

（4）调试运行。

调试成功后运行生成的可执行文件两次,结果如下。

第一次运行结果：

```
Please input the total boats (p) and People (q):8 38
The number of big boats is 3.
The number of small boats is 5.
```

第二次运行结果：

```
Please input the total boats (p) and People (q):15 76
The number of big boats is 8.
The number of small boats is 7.
```

分析两次运行的结果可知,结果符合本题的已知条件,说明所设计的程序是正确的。

4.3 选择结构程序设计

◈ 4.3 选择结构程序设计

顺序结构无法完成所有类型的任务,有时需要通过选择结构来确保在各种不同情况下执行不同的操作,用"择机而定"来刻画这种情形再合适不过了。因此,选择结构的意义在于有取舍地完成不同的操作,具体执行的代码序列依赖于条件测试的结果,从而使程序更具灵活性。

4.3.1 选择结构的特点及应用

根据选择条件的成立与否,选择执行不同的语句序列,如图 4-6 所示。

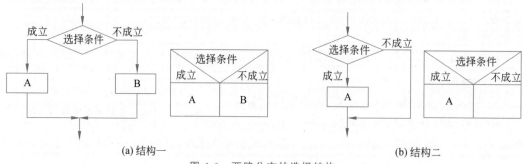

(a) 结构一   (b) 结构二

图 4-6 两路分支的选择结构

选择结构的主体由选择条件的判断和一系列语句组成：

（1）"条件"就是一个可以被判断为"真"或"假"的表达式,也称控制表达式(这是一个布尔表达式,为纪念英国数学家乔治·布尔,他发明了可以把"真"与"假"这种抽象概念用于计算的布尔数学)。选择结构的条件一般由关系表达式、逻辑表达式、数值表达式或条件表达式构成。

(2) 语句部分可以是单个语句,也可以是多个语句构成的语句块(复合语句)。如果是语句块,需要用"{ }"括起来。

选择结构分为两路分支的选择结构和多路分支的选择结构。

图 4-6 给出了两路选择的情形,如果选择条件成立(真),则执行 A 部分。条件不成立(假)时,执行 B 或不做任何操作。

多路分支的选择结构是指根据条件可供执行的路径多于两条,它有两种实现方式,分别是:多重嵌套结构构成的选择结构(见图 4-7);多路分支的选择结构(见图 4-8)。

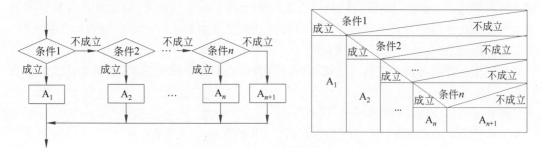

图 4-7　多重嵌套结构构成的选择结构

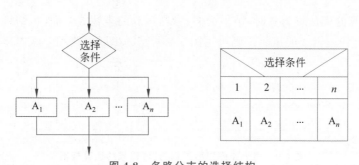

图 4-8　多路分支的选择结构

4.3.2　选择结构程序的设计

选择结构程序的设计要点:

(1) 如何通过选择条件来区分各种情况？选择条件可用关系表达式、逻辑表达式、数值表达式、条件表达式等来实现。

(2) 如何根据不同情况执行不同的语句序列？通常用不同的控制结构来实现,它决定了程序的结构以及程序执行的路径。

由于在 C 语言中没有布尔值"真"和"假",C 语言编译系统在给出关系、逻辑等运算的结果时,规定以数字 1 表示"真",以数字 0 表示"假"。但在判断一个量是否为"真"时,以 0 表示"假",以非 0 表示"真"。

选择条件可由以下表达式来承担。

1. 关系表达式

由表 2-1 可知,关系运算符包括>、>=、<、<=、==和!=共计六种,用于比较两个值的大小。需要注意的是,这六种运算符的优先级不完全相同,其中前四种(6 级)高于后两种(7 级)。关系运算符的整体优先级高于赋值运算符,但比算术运算符低。结合方向为从

左至右。用关系运算符将两个表达式连接起来形成的表达式,称为关系表达式,其值为 1
或 0。

例如,"3>2"的值为 1,"5>8"的值为 0,表达式"f=8>5>-3"执行完毕后 f 的值为 1,
而"x=8==5+8>5-8<5"执行后 x 的值为 0。请读者思考这些表达式的执行过程。

2. 逻辑表达式

对于复杂情况的判定,如"5>x≥3"等则需要采用逻辑表达式作为选择条件。

逻辑运算符分为三种:逻辑非"!"的优先级(2 级)最高,逻辑与"&&"和逻辑或"||"的
优先级分别为 11 和 12。逻辑运算符的优先级虽然高于赋值运算符,但比算术运算符和关
系运算符的优先级要低。三种运算符的结合性也不完全相同,其中"&&"和"||"的结合性
为左结合性,而逻辑非"!"却为右结合性。

用逻辑运算符将两个表达式连接所构成的表达式称为逻辑表达式,逻辑表达式的值为
1 或 0。

逻辑表达式的运算规则如下所示。

&&:参与运算的两个表达式都为真时,结果才为真,否则为假。

||:参与运算的两个表达式只要有一个为真,结果就为真;两个表达式都为假时结果才
为假。

!:参与运算的表达式为真时,结果为假;参与运算的表达式为假时,结果为真。

上述逻辑与和逻辑或的运算规则可用图 4-9 所示的串联电路和并联电路图来说明。

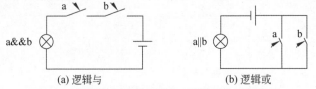

(a) 逻辑与　　　　　　　　　　(b) 逻辑或

图 4-9　用电路图说明逻辑与、逻辑或的运算规则

从图 4-9(a)可见,只有在 a、b 两个开关全部合上(即值为 1)时,图中的电灯才能点亮,
否则灯将处于熄灭状态。图 4-9(b)所示并联电路中,只要有一个开关合上,灯就会点亮,除
非两个开关全处于断开状态灯才会熄灭。

&&和||运算规则的真值表如表 4-1 所示。

表 4-1　&&和||运算规则的真值表

a	b	a&&b	a	b	a‖b
1	1	1	1	1	**1**
1	0	0	1	0	**1**
0	1	0	0	1	**1**
0	0	0	0	0	**0**

在逻辑运算中,存在所谓的"截断"特性。它是指表达式的运算结果在对所有运算对象
和运算符求值之前已经确定。例如:

```
(x>=0)&&(y<=10)
(x>y)||(y++)/5)
```

其中,对于第一个表达式,如果 x<0,则表达式的值与"y<=10"无关,因为不论 y 取什么值,"False&&(y<=10)"的值都为假,这时不需要对变量 y、常量 10 以及第二个表达式求值。第二个表达式中,只有 x<=y 时 y 的值才会改变,即执行第二个算术表达式,否则不会执行。

3. 数值表达式

数值表达式的运算规则如下所示。

运算结果非 0 时,按"真"处理,值为 1;

运算结果为 0 时,按"假"处理,值为 0。

4. 条件表达式

条件运算符"?:"在各种运算符优先级中的位置为:!→算术→关系→&&、||→条件→赋值,其结合性为右结合性。

语法格式:

表达式 1? 表达式 2:表达式 3

其中,表达式 1 被解释为布尔表达式。如果表达式 1 的值为真,则表达式 2 的值将作为整个表达式的值;否则,整个表达式的值将是表达式 3 的值。条件表达式中的"?"是三元运算符,转换为 if-else 语句即为

if(表达式 1) 表达式 2;
else 表达式 3;

因此,条件运算符多用于向同一个变量赋值。例如,语句"max=x>y? x: y;"的功能是将 x 和 y 两个变量中较大的值赋给变量 max。这时,如果应用其他语句则会稍微复杂一些。

4.3.3 选择结构程序的形式

1. 两路分支选择结构

C 语言中,可以用 if-else 语句实现两路选择,该语句的具体语法格式如下:

```
                              if(条件)        if(条件)
if(条件)        if(条件)         语句 1;          {复合语句 1;}
   语句;    或    {复合语句;}    或  else      或   else
                              语句 2;          {复合语句 2;}
```

以上格式中,可以是既包括 if 子句又包括 else 子句的两路分支选择结构,也可以是只包括 if 子句的单分支选择结构(它是两路分支选择结构的一种特例)。其中的语句,可以是单条语句,也可以是复合语句,如果是复合语句则必须用花括号括起来。

因此,两路选择结构的设计问题可以总结为:

(1) 采用什么形式的表达式控制选择的方向?

（2）不同的子句应该如何表述？

（3）如何描述嵌套的选择结构？

2. 多路分支选择结构

1）使用 **if-else** 语句实现多路选择

利用嵌套技术，使得在 if 子句或者 else 子句中又包含了完整的选择结构，从而构成包含多路分支的复杂选择结构。对于嵌套的 if-else 结构，需要注意 if 与 else 的配对，否则容易引起语法歧义问题。一般情况下，else 子句总是与在它前面、最靠近的且还没有与其他 **else** 子句匹配的 **if** 子句配对。提倡采用缩进的形式，必要时可加上"{ }"，使多路选择的层次结构尽可能清晰化。

```
if(条件 1) 语句 1;                          if(条件 1)
else if(条件 2) 语句 2;                          if(条件 2) 语句 1;
      else if(条件 3) 语句 3;      或          else     语句 2;
           …                               else
                else 语句 n;                    if(条件 3) 语句 3;
                                                else     语句 4;
```

2）使用 **switch** 语句实现多路选择

switch 语句又称开关语句，这是一种多路选择结构。

switch 语句的语法格式：

```
switch(控制表达式)
{
  case   常量表达式 1:语句序列 1;
  case   常量表达式 2:语句序列 2;
              …
  case   常量表达式 n:语句序列 n;
  default:   语句序列 n+1;
}
```

switch 语句的执行规则：计算控制表达式的值，判断其是否与 case 后面某个常量表达式的值相等。如果相等，则执行该 case 后面的语句。全部不相等时，就执行 default 后面的语句。如果没有 default 部分，那么整个开关语句的执行将结束。

说明：

（1）常量表达式指在编译时可以确定值的表达式、int 型值或 char 型值，各常量表达式的值应该互不相同；

（2）各 case 后面的语句序列、default 部分可以缺省，在同一个语句中使用多个 case 标签是合法的，例如，case 'A'： case 'B';

（3）case 与 default 次序与程序的执行没有关系；

（4）break 语句的使用将导致程序执行立即从 switch 语句中跳出，如果没有 break 语句，程序将进入下一分支的语句序列。

综上，多路选择结构的设计问题为：

（1）采用何种形式的表达式控制选择的方向？

（2）各个代码片段如何表述？

（3）不同情形的值如何描述？

（4）如果控制选择方向的表达式的值并无对应的选项，应如何处理？

4.3.4　选择结构程序设计举例

【例 4-3】　车辆通行问题。某地车辆实施限行政策，规定：车牌尾号为 0、1 的车辆，周一限行；尾号为 2、6 的车辆周二限行；尾号为 3、7 的车辆周三限行；尾号为 4、8 的车辆周四限行；尾号为 5、9 的车辆周五限行，周六周日不限行。试设计程序以便车主查询某天的限行情况。本题中假定车牌尾号全部是数字。

解：

（1）分析问题。

已知条件：要查询的时间、车牌的尾号。

求解问题：某一天查询车辆的限行情况。

约束条件：周一至周五的车辆限行规定。

（2）设计算法。

设计数据结构。本题涉及的对象包括查询时间和车牌尾号，需要指定这两个对象的名称及数据类型。

查询时间：week，整数类型

车牌尾号：num，整数类型

设计解题方法。很显然，本题用 switch 语句实现多路选择结构比较合理。

设计解题步骤。根据上面的分析，归纳解题步骤如下。

第一步：输入查询的时间和车牌的尾号；

第二步：将每周分为六种情况分别处理；

第三步：输出查询车辆这天的限行情况。

（3）编写代码。

将上面推导公式中以名称出现的对象，分别定义为变量（week、num）。而以确定值出现的对象，可将其定义为常量。

程序输入：week、num；

程序输出：车辆限行情况；

程序处理：根据输入值，分别选择不同的路径执行，如果全部不匹配，则执行 default 后面的语句。

基于上面的分析，编写计算机程序如下：

```c
#include"stdio.h"
int main()
{
    int week, num;
    printf("请输入今天是周几、您的车牌尾号:");
    scanf("%d%d", &week, &num);              //输入时间和车牌尾号
    switch(num)
    {
```

```
        case 0:
        case 1:  if(week==1)  printf("很遗憾,您的车辆今天限行!\n");
                 else  printf("恭喜您,您的车辆今天不限行!\n");
                 break;
        case 2:
        case 6:  if(week==2)  printf("很遗憾,您的车辆今天限行!\n");
                 else  printf("恭喜您,您的车辆今天不限行!\n");
                 break;
        case 3:
        case 7:  if(week==3)  printf("很遗憾,您的车辆今天限行!\n");
                 else  printf("恭喜您,您的车辆今天不限行!\n");
                 break;
        case 4:
        case 8:  if(week==4)  printf("很遗憾,您的车辆今天限行!\n");
                 else  printf("恭喜您,您的车辆今天不限行!\n");
                 break;
        case 5:
        case 9:  if(week==5)  printf("很遗憾,您的车辆今天限行!\n");
                 else  printf("恭喜您,您的车辆今天不限行!\n");
                 break;
        default:  printf("您输入的车牌尾号不正确,请重新输入 0~9 的数字!\n");
    }
    return 0;
}
```

（4）调试运行。

调试成功后运行可执行程序三次,结果如下。

第一次运行结果：

> 请输入今天是周几、您的车牌尾号:3 7
> 很遗憾，您的车辆今天限行！

第二次运行结果：

> 请输入今天是周几、您的车牌尾号:3 5
> 恭喜您，您的车辆今天不限行！

第三次运行结果：

> 请输入今天是周几、您的车牌尾号:5 X
> 您输入的车牌尾号不正确，请重新输入0~9的数字！

4.4 循环结构程序设计

◇ 4.4　循环结构程序设计

在处理涉及大量数据的实际问题时,往往需要对某个(些)数据多次执行相同的操作,重复执行某个(些)操作的结构称为**循环结构**。生活中有许许多多关于循环结构的例子,例如计算一个班级中每个学生的平均成绩,生产流水线上重复某道工序的作业,等等。

4.4.1　循环结构的特点及应用

如图 4-10 所示,循环结构的执行特点是:在一定条件(循环条件)下,重复地执行一条或一段程序(循环体),即"周而复返"。

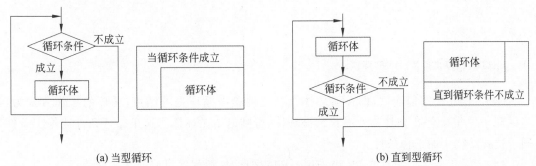

(a) 当型循环　　　　　　　　　　　　　　　(b) 直到型循环

图 4-10　两种形式的循环结构

因此,循环结构可以通过两种方式实现:

(1) **当型循环**。当型循环是指当给定的条件成立时执行循环体,当条件不成立时结束循环。

(2) **直到型循环**。直到型循环是指先行执行循环体,然后进行循环条件的判断,如果条件成立则继续循环,直到条件不成立时结束循环。

4.4.2　循环结构程序的设计

循环结构程序的主体分别为**循环初值**、**循环控制**和**循环体**三个部分。其中,循环初值主要用于确定循环体中工作单元的初值,以及循环的次数等;循环控制用于对循环次数进行计数,判断循环执行的条件是否成立;循环体部分则是需要多次执行的程序的主体,可以是一条语句也可以是一个复合语句。

因此,循环结构程序的设计要点主要是确定如下内容:

(1) 重复执行的内容是什么?

(2) 循环控制的条件是什么?

(3) 循环控制的机制是什么?

(4) 是否需要通过嵌套实现?

4.4.3　循环结构程序的形式

根据循环结构的控制条件,循环结构程序分为条件控制循环、计数控制循环和随机循环等三种形式。

1. 条件控制循环

通过使用 true/false 条件控制循环次数的循环,称为条件控制循环。

条件控制循环的设计问题如下。

(1) 循环的控制应该使用前测试还是后测试?

(2) 条件控制循环是一种独立的语句,还是后面将要介绍的计数控制循环的一种特殊形式?

C 语言中,实现条件控制循环的语句包括以下 3 种。

1) while 语句

while 语句的语法格式：

while(循环条件)　循环体；

或

while(!(停止条件))　循环体；

while 语句属于前测试,即在循环体执行之前检查循环是否结束,循环的工作方式为：当循环条件非 0/停止条件为 0 时执行循环体,否则退出循环体。这里循环条件或停止条件同于选择结构中的选择条件。

例如,对于例 2-6 中的求 5!,当采用 while 循环时,源程序可修改为

```
result=1;
i=1;
while(i<=5)
{
  result * = i;
  i++;
}
```

或

```
result=1;
i=1;
while(!(i>5))
{
  result * = i;
  i++;
}
```

2) do-while 语句

do-while 语句的语法格式：

do　循环体　while(循环条件)；

或

do　循环体　while(!(停止条件))；

do-while 语句属于后测试,即在循环体执行之后检查循环是否结束,循环的工作方式为：先执行循环体,再判断循环条件。如果循环条件表达式的值为非 0 就继续循环,直到循环条件表达式的值为 0。因此,循环体至少会执行一次。这里的循环条件同于前面。

采用 do-while 循环将求解 5! 的程序段修改为

```
result=1;
i=1;
do{
    result *= i;
    i++;
}while(i<=5);
```

或

```
result=1;
i=1;
do{
    result *= i;
    i++;
}while(!(i>5));
```

需要注意的是,do-while 这种后测试循环在实际中使用相对少,由于编程人员有时会忘记循环体至少都会执行一次这种情况,因此它在某种程度上是比较危险的。为避免此类问题,要确保循环体内部的操作可以改变循环条件,以免出现死循环的情况。

3) goto 语句

goto 语句也称无条件转向语句,顾名思义就是无须任何条件即可实现跳转。该语句的语法格式为

标号:语句;
…
goto 标号;

goto 语句的工作方式为,当执行 goto 语句后,工作流程跳转到标号处执行其后面的语句序列。

利用 goto 语句实现 5! 的程序代码为

```
#include<stdio.h>
int main()
{
    int result=1, i=1;
    ABC:
    if(i<=5)
    {
        result *= i;
        i++;
        goto ABC;
    }
    printf("5!=%d", result);
    return 0;
}
```

2. 计数控制循环

循环特定次数的循环,称为计数控制循环。C 语言中,主要采用 for 语句实现计数控制

循环。

for 语句的语法格式：

for(表达式 1；表达式 2；表达式 3) 循环体；

for 循环的工作方式如图 4-11 所示。

(1) 求解表达式 1（只在开始时执行一次）。

(2) 求解表达式 2（每次执行循环体之前都会执行），其值为非 0（真）时将执行循环体，为 0（假）时结束循环。

(3) 当表达式 2 的值为非 0 时执行循环体，执行完一遍循环体（此时循环不一定彻底结束）后立即求解表达式 3（可能执行若干次）。然后，流程返回步骤(2)重新求解表达式 2，以此类推。

依据上面的工作方式特点，可知 for 语句中表达式 1 至表达式 3 承担了不同的任务。

(1) 表达式 1：用于初始化循环控制变量，或其他一些初始操作；

(2) 表达式 2：用于循环的控制，决定是进入循环还是结束循环；

(3) 表达式 3：用于调整循环控制变量的值，使循环能趋于结束。

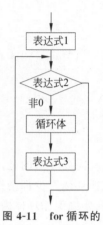

图 4-11　for 循环的工作方式

说明：

(1) 表达式 1 和表达式 3 可以包含多个子表达式，例如以逗号表达式的形式出现：

```
for(sum=0, i=1, j=100; i<j; i++, j--)
    sum+=i+j;
```

这时，在循环中设置了多个循环控制变量，在表达式 3 中应对这些循环控制变量分别进行调整。

(2) 表达式 1 至表达式 3 都是可选的，但";"不能省略。即，既可以以 for(；i＜10；i＋＋)…，for(i=0；；i＋＋)…或 for(；；i＋＋)…的形式，也可以以 for(；；)…的形式出现在程序中。其中，当省略表达式 2 时，其值会默认设置为真，因此没有表达式 2 的 for 语句将是一个死循环；省略表达式 1 时意味着未对循环控制变量进行初始化，对它们的初始化工作可放到 for 语句之前。因此，对于上面这些不同情况，要注意对循环控制变量的赋初值以及对循环条件进行相应的调整，否则会导致不循环或死循环等结果。

总结计数控制循环的设计问题如下。

(1) 循环控制变量的类型和作用域是什么？

(2) 在循环体中对循环控制变量的修改和循环控制条件是否合法？

(3) 对循环控制变量的求值只进行一次，还是在循环体每次运行时都进行？

(4) 循环终止后循环控制变量的值是什么？

3. 随机循环

随机循环是指事先无法预知循环次数的循环形式。由于事先无法预知循环何时会停止，需要根据一定的条件决定是继续循环，还是结束循环。

例如，对于下面的程序段，具体的循环次数取决于编程者所输入的数据值，一旦输入 0

或负数,则程序告结束,并未真正进入循环。

```
scanf("%d", &n);
while(n>0){
  if(n%3==0) printf("这个数能被 3 整除!\n");
  scanf("%d", &n);
}
```

在设计循环程序过程中,编程者可以使用 4.1.3 节所介绍的 break 语句或 continue 语句提前终止循环。其中,break 语句用于提前结束整个循环,接下来执行循环之后的语句;而 continue 可提前结束本次循环,接着进行下一次循环的判断,这时循环可能尚未彻底结束,如满足循环条件,还需继续循环。

请读者对比并思考如下两段程序的运行结果。

```
for(sum=0, i=0; i<10; i++)          for(sum=0, i=0; i<10; i++)
{                                   {
  scanf("%d", &x);                    scanf("%d", &x);
  if(x<0)  break;                      if(x<0)  continue;
  sum+=x;                             sum+=x;
}                                   }
printf("%d\n", sum);                printf("%d\n", sum);
```

4.4.4 循环结构程序的嵌套

对于复杂的情形,如果只利用单重循环,程序设计过程可能会比较烦琐,需要采用嵌套的循环结构。

循环结构程序的嵌套包括 for 循环与 for 循环嵌套,for 循环与 while 循环嵌套,for 循环与 do-while 循环嵌套,while 循环与 while 循环嵌套,while 循环与 do-while 循环嵌套,以及 do-while 循环与 do-while 循环嵌套等各种不同的形式。具体设计过程中,读者可根据实际问题灵活选择。

4.4.5 循环结构程序设计举例

【例 4-4】 百钱买百鸡问题。这是中国古代数学家张丘建在《算经》一书中提出的数学问题:"鸡翁一,值钱五;鸡母一,值钱三;鸡雏三,值钱一。百钱买百鸡,问鸡翁、母、雏各几何?"

解:

(1)分析问题。

已知条件:买一只公鸡需要 5 元钱,买一只母鸡需要 3 元钱,买三只小鸡需要 1 元钱。

求解问题:能买到的公鸡、母鸡和小鸡数量各是多少?

约束条件:100 元钱正好头 100 只鸡。

(2)设计算法。

设计数据结构。本题涉及公鸡、母鸡和小鸡三个对象,需要指定其名称及数据类型:

公鸡:x,整数类型

母鸡：y，整数类型

小鸡：z，整数类型

设计解题方法。题中，百鸡对应的方程为 x＋y＋z＝100，百钱对应的方程为 5×x＋3×y＋z÷3＝100，这是由两个方程、三个未知量组成的不定方程组。很显然，采用常规方法无法求解，必须另辟蹊径。为求解问题，本题采用穷举技术与循环结构来处理。

设计解题步骤。由于本题中的鸡总数 100 和钱总数 100 都是常量，设计程序时可利用计算机的高速运算能力和巨大存储容量，利用穷举技术逐一试算公鸡、母鸡和小鸡的各种可能组合，满足条件的组合即为问题的答案。

(3) 编写代码、调试运行。

程序一：

```
#include<stdio.h>
int main()
{
  int x, y, z;
  for(x=1; x<=20; x++)          //100元钱最多买 20 只公鸡
    for(y=1; y<=33; y++)        //100元钱最多买 33 只母鸡
      for(z=3; z<=99; z++)      //按要求最多可买 99 只小鸡
        if(x+y+z==100&&5 * x+3 * y+z/3==100)
          printf("公鸡=%d, 母鸡=%d, 小鸡=%d\n", x, y, z);
  return 0;
}
```

该程序的运行结果为：

```
公鸡=3,    母鸡=20,   小鸡=77
公鸡=4,    母鸡=18,   小鸡=78
公鸡=7,    母鸡=13,   小鸡=80
公鸡=8,    母鸡=11,   小鸡=81
公鸡=11,   母鸡=6,    小鸡=83
公鸡=12,   母鸡=4,    小鸡=84
```

对于以上结果，细心的读者可能会发现，鸡的总数为 100，但部分情形下所花费的钱数不是 100 元。例如，"公鸡＝3，母鸡＝20，小鸡＝77"时，所用的总钱数为 $3 \times 5 + 20 \times 3 + 77 \div 3 = 100.67$ 元。这里分析原因，公鸡和母鸡的单价为整数，而买 3 只小鸡只需要 1 元钱，因此当购买的小鸡数为 77、80、83 时，虽然鸡的总数是 100，但这几种情形下钱都不够用。究其原因，在于程序中使用了运算"z/3"，按照整数除法的运算规则，由于变量 z 为整型类型，两个整型数据相除的结果一定是整数，使得 77/3、80/3 和 83/3 进行了四舍五入，故此出现了上面的问题。

下面，对程序一进行改进。

程序二：

```
//对程序一的改进
#include<stdio.h>
void main()
{
  int x, y, z;
```

```
  for(x=1; x<=20; x++)                      //100 元钱最多买 20 只公鸡
    for(y=1; y<=33; y++)                    //100 元钱最多买 33 只母鸡
      for(z=3; z<=99; z++)                  //按要求最多可买 99 只小鸡
        if(x+y+z==100&&5*x+3*y+z/3==100&&z%3==0)
          printf("公鸡=%d, 母鸡=%d, 小鸡=%d\n", x, y, z);
}
```

程序二的运行结果为:

```
公鸡=4, 母鸡=18, 小鸡=78
公鸡=8, 母鸡=11, 小鸡=81
公鸡=12, 母鸡=4, 小鸡=84
execution time : 0.037 s
```

再次分析运行结果,发现结果完全正确。但由于最内层的循环体共需执行 $20\times33\times97$ $=64020$ 次,效率非常低,必须对程序进行进一步修改。根据题意,由于一旦公鸡和母鸡的数量确定了,则小鸡数$=100-$公鸡数$-$母鸡数,因此最内层循环完全没有必要。

程序三:

```
//对程序二的改进
#include<stdio.h>
int main()
{
  int x, y, z;
  for(x=1; x<=20; x++)
    for(y=1; y<=33; y++)
    {
      z=100-x-y;
      if(5*x+3*y+z/3==100&&z%3==0)
        printf("公鸡=%d, 母鸡=%d, 小鸡=%d\n", x, y, z);
    }
  return 0;
}
```

程序三的运行结果为:

```
公鸡=4, 母鸡=18, 小鸡=78
公鸡=8, 母鸡=11, 小鸡=81
公鸡=12, 母鸡=4, 小鸡=84
execution time : 0.010 s
```

程序三还可以进一步优化。根据已知条件:

$$公鸡+母鸡+小鸡=100$$

$$公鸡\times5+母鸡\times3+小鸡\div3=100$$

可以推导出:

$$公鸡\times7+母鸡\times4=100$$

因此,程序三中的内层循环也可以取消,得到程序四。

程序四：

```
//对程序三的改进
#include<stdio.h>
int main()
{
  int x, y, z;
  for(x=1; x<=20; x++)
  {
    y=(100-7*x)/4;
    z=100-x-y;
    if(5*x+3*y+z/3==100&&z%3==0&&y>0)
      printf(" 公鸡=%d, 母鸡=%d, 小鸡=%d\n", x, y, z);
  }
  return 0;
}
```

程序运行结果：

```
公鸡=4,  母鸡=18,  小鸡=78
公鸡=8,  母鸡=11,  小鸡=81
公鸡=12, 母鸡=4,  小鸡=84
execution time : 0.009 s
```

从程序运行结果可知，这时程序的运行时间大大缩短了。因此，上面三种结果即为本题的最终答案。

【思考题】 从键盘输入一个三位正整数 N，对于从最小的三位数到该数之间的所有数值，如果其各位数字的阶乘之和是一个个位数，则输出该数。相应的计算机程序如下，请读者分析。

```
#include<stdio.h>
int main()
{
  int N, n, sum, pol, t, k, i;
  scanf("%d", &N);
  for(i=100; i<=N; i++)
  {
    sum=0;
    n=i;
    while(n!=0)
    {
      t=n%10;
      n=n/10;
      k=1;
      pol=1;
      while(k<=t)
      {
        pol=pol*k;
        k++;
      }
```

```
      sum+=pol;
   }
   if(sum<10)  printf(" %d", i);
   else continue;
 }
printf("\n", i);
 return 0;
}
```

【扩展阅读】　结构化程序设计之父：埃德加·迪杰斯特拉(见图 4-12)。

埃德加·迪杰斯特拉,国际著名的计算机科学家,荷兰人,1930 年 5 月 11 日出生于鹿特丹一个知识分子家庭,父亲是一名化学家和发明家,曾任荷兰化学会主席,母亲是一名数学家。

迪杰斯特拉的少年时代是在德国法西斯占领军的铁蹄下度过的。他原本打算学习法律,毕业后到联合国工作。他中学毕业时,数理化成绩非常好,在父亲的劝说下,1948 年他进入莱顿大学学习数学与物理。大学期间,他发现数理等领域中的许多问题都需要进行大量复杂的计算,于是决定学习计算机编程。1951 年,他自费参加了剑桥大学的一个程序设计培训班,成为了世界上第一批程序员。第二年,阿姆斯特丹数学中心拟聘他为兼职程序员,但迪杰斯特拉却有些犹豫。后

图 4-12　埃德加·迪杰斯特拉

来,数学中心的计算部主任、Algol 语言的设计者之一、荷兰的计算技术先驱维京格尔藤(A. van Wijingaarden)说服了迪杰斯特拉。于是,在结束莱顿大学的学业后,他成为数学中心全日制的工作人员,从此进入计算机领域。在阿姆斯特丹大学,他以《实时中断》为题完成了博士论文。1960 年,他和同事实现了世界上第一个 Algol 60 编译器,并因此奠定了他作为世界一流计算机学者在科学界的地位。1962 年,迪杰斯特拉进入埃因霍温技术大学任数学教授,设计与实现了具有多道程序运行能力的操作系统——THE Multiprogramming System。THE 系统所提出的一系列方法和技术奠定了计算机操作系统的基础,如处理机的三种工作状态、信号量机制、处理进程同步与互斥机制的 P、V 操作等。1973 年 8 月,迪杰斯特拉离开荷兰,担任美国宝来公司的高级研究员。1984 年,他担任得克萨斯州立大学奥斯丁分校计算机科学学院的全职教授和计算机科学系名誉主任,开始了长达 15 年的程序设计技术方面的教学生活。2002 年 8 月 6 日他因患癌症在荷兰纽南去世。

作为一名科学大师,迪杰斯特拉因最早指出"goto 是有害的"以及首推结构化程序设计而闻名于世,被学术界称为"结构化程序设计之父",获得了首届计算机先驱奖、1972 年度图灵奖等荣誉。在算法和算法理论、编译器、操作系统等诸多方面,迪杰斯特拉都做出了创造性贡献,与唐纳德·欧文·克努特一起被称为我们这个时代最伟大的计算机科学家。1956 年,他成功地设计并实现了在两点之间的最短路径算法(Dijkstra 算法),解决了机器人学中的关键问题——路径规划问题。1983 年,ACM 为纪念 Communications of ACM 创刊 25 周年,评选出 1958—1982 年在该杂志上发表的 25 篇"具有里程碑意义的研究论文",每年一篇,迪杰斯特拉一人就有两篇入选。

在程序设计方面,迪杰斯特拉编写出版了大量的论著和论文,如《Algol to 程序设计入

门》(1962)、《程序设计的训练方法》(1976)、《程序设计的教学就是思维方法的教学》(1976)、《程序设计方法》(1988)、《程序与证明的形式开发》(1990)等。1972年，他与英国计算机科学家、1980年图灵奖获得者霍尔合著了《结构化程序设计》一书，进一步发展与完善了这一思想，提出了著名的论断："程序测试只能用来证明有错，决不能证明无错(Program testing can be used to show the presence of bugs, but never to show their absence)！。"

◆ 本 章 小 结

"欲识浑沦无斧凿，须从规矩出方圆。"没有规矩不成方圆，结构化程序设计方法按照一组能够提高程序易读性与易维护性的规则进行程序的设计。

在本章中，首先介绍了结构化程序设计方法的基本思想，指出该方法是以功能为中心，着眼于过程的设计，在设计中采用功能分解和功能复合方法。程序的控制流又称执行序列，在结构化程序中强调使用顺序、选择和循环三种基本结构构造程序，利用三种基本结构的组合嵌套形成复杂的"结构化程序"，使得所设计的程序中任意基本结构都具有单个入口和单个出口，程序中任何语句都能被执行到，且能在有限的时间内结束，不存在死循环等状况。

结构化程序设计方法严格限制goto语句的使用。但在设计中，经常会遇到多出口的情况，即一个函数或过程中有多个return，或循环内的continue或者break。对于这样的设计，允许在多重嵌套中直接退出，或者提前退出循环。这样虽然违反了结构化程序设计的原则，但相对纯粹的结构化程序设计会节省代码，并且不会非常影响程序的可读性。

◆ 习 题

1. 名词解释

(1)结构化方法；(2)面向对象方法；(3)分而治之；(4)自顶向下；(5)逐步求精。

2. 填空题

(1) 结构化程序常采用的流程控制语句有_____、_____和_____。

(2) C语言编译系统在给出关系、逻辑等运算的结果时，规定：以_____表示布尔值"真"，以_____表示布尔值"假"。而判断一个量是否为"真"时，以_____表示"真"，以_____表示"假"。

(3) 循环结构程序的主体包括_____、_____和_____三个部分。

(4) 选择结构中的选择条件可用_____表达式、_____表达式、_____表达式和_____表达式等来实现。

(5) 条件"3≤x≤10 或者 x>100"的C语言表达式是_____，关系表达式"x≤10 且 x不等于5"的C语言表达式是_____。

3. 选择题

(1) 所有语句按照书写顺序自上而下逐条执行，每条语句被执行一次，不存在跳转和反复的程序结构属于(   )。

    A. 模块化结构   B. 顺序结构   C. 选择结构   D. 循环结构

(2) 用于立即结束本次循环的语句是(   )。

A. goto 语句　　　B. switch 语句　　　C. break 语句　　　D. continue 语句

（3）for 语句构成的循环称为（　　）。

　　A. 条件控制循环　　B. 计数控制循环　　C. 随机循环　　　D. 当型循环

（4）为了避免嵌套的条件语句 if-else 的二义性，C 语言规定：else 与（　　）配对。

　　A. 缩排位置相同的 if　　　　　　　B. 其之后最近的 if

　　C. 其之前最近的 if　　　　　　　　D. 同行上的 if

（5）以下语句的输出结果是（　　）。

```
for(i=0;i<5;++i) {  if(i==3) continue;  printf("%d",i);  }
```

　　A. 0124　　　　　B. 01234　　　　　C. 012　　　　　D. 不输出

4. 谈谈你对自顶向下、逐步求精设计原则的理解。

5. 分别简述结构化程序的三种基本结构的设计要点。

6. 程序阅读题

（1）下面程序的运行结果为_____。

```
#include<stdio.h>
int main()
{
  int a=1,b=0;
  do{
    switch(a)
    {
      case 1: b=1; break;
      case 2: b=2; break;
      default: b=0;
    }
    b=a+b;
  }while(!b);
  printf(" %d,%d\n", a, b);
  return 0;
}
```

（2）下面程序的功能是_____。

```
#include<stdio.h>
#include<math.h>
int main()
{
  long n, k=1;
  scanf("%ld", &n);
  n=labs(n);
  do{
    k *=n%10;
    n/=10;
  }while(n!=0);
```

```
    printf("\nThe output is %ld\n", k);
    return 0;
}
```

7. 程序设计题

(1) 张三同学在做数学题,一共有 100 道题目,做对得 1 分,做错扣 2 分。现在张三的得分为 52,请你帮他算算共做错了多少道题?

(2) "韩信点兵"问题。韩信点一队士兵的人数:三人一组余 2 人,五人一组余 3 人,七人一组余 2 人,问这队士兵至少有多少人?

(3) 设计求公式

$$\text{fun}(x,n)=-\frac{1}{2x}+\frac{2x}{3}-\frac{3}{5x}+\frac{5x}{8}-\frac{8}{13x}+\frac{13x}{21}-\frac{21}{34x}+\cdots$$

前 n 项之和的程序,其中 $n\geqslant1,x\neq0$,要求结果用双精度浮点型输出,保留 4 位小数。

(4) 利用开方公式求取正数 a 平方根的迭代公式为

$$x_{k+1}=\frac{1}{2}\left(x_k+\frac{a}{x_k}\right)$$

① 取初值 $x_0=a/2$,迭代结束条件为 $|x_{k+1}-x_k|<10^{-6}$(a 的值从键盘输入);

② 用流程图、N-S 图和 PAD 描述求平方根的算法。

(5) 某加油站当前的汽油价格为:92 号汽油 8.15 元/L,95 号汽油 8.68 元/L,98 号汽油 9.23 元/L。为吸引客户,加油站针对普通客户(以 p 或 P 代表)和会员客户(以 h 或 H 代表)推出了相应的优惠活动,分别给予 2% 和 4% 的折扣。请设计一个程序,使得利用该程序,当从键盘上输入汽油种类 x、加油量 y 和客户类型 z,计算并输出客户应付的款额,结果保留 2 位小数。

模块化程序设计

【内容提要】 模块化程序设计是以"模块"为中心的程序设计方法。它将系统划分成若干功能模块,每个模块独立实现某个(些)特定的功能。然后,将所有的模块按照某种方法组装起来,成为一个整体,实现整个系统的功能。模块化程序设计通过功能分解方式控制程序的复杂度,分解出来的模块可用程序设计语言中的子程序实现。本章首先阐述模块化程序设计的概念,分析利用模块化程序设计的主要步骤、主要内容及过程。在此基础上,介绍模块化程序设计方法在 C 语言中的实现——函数程序的设计,包括函数的定义、信息传递方式和返回值,以及函数设计中所涉及的变量的作用域和生存期。

【学习目的和要求】 学习本章的主要目的是使学生熟悉模块化程序设计的概念、过程和主要任务,理解变量的作用域与生存期。要求掌握函数的定义方法,函数间信息传递的方法,包括虚实参数结合的方式、函数返回值,以及如何利用模块化程序设计方法进行复杂问题的求解。

【重要知识点】 功能分解;模块化设计;模块化程序设计;函数;存储类别。

◆ 5.1 模块化程序设计的概念

5.1 模块化
程序设计
的概念

对于规模较大的程序,结构化程序设计采用了"分而治之"的策略,即将任务分解成几个子任务分别进行处理。出于该原因,编程者往往将程序分解成一个个小模块。这些小模块可以按照一定的顺序来执行,最终完成总体任务。由于模块相互独立,在设计其中一个模块时,不会受到其他模块的牵连,可以将原来较为复杂的问题简化为一系列简单模块的设计,这就是模块化设计。**模块化设计**(Modular Design)是来自于设计学领域的设计理论和设计方法,指在进行产品设计时,不是自己生产每个部件,而是先将某些要素进行组合,构造出具有特定功能的通用子系统(模块),然后将这些通用模块与其他要素进行组合,设计具有不同功能或相同功能但具有不同性能的系列产品。如果将模块化设计的思想应用到程序设计领域,就是模块化程序设计。

一般的高级程序设计语言都提供了一种抽象机制——**子程序**(Subprogram)技术。程序设计中,如果其中有些操作内容完全相同或相似,为了简化程序,可以把这些重复的程序段单独罗列出来,并按一定的格式编写成子程序。即编程者可以针对某些基本任务,基于子程序机制编写一个程序块,将程序块的实现细节封装在该程序块内部,以子程序名以及入口参数和返回值的形式提供调用接口。相较于其他代码,子程序具有相对独立性。主程序在执行过程中如果需要使用某一子程序的功能,可通过调用指令来调用该子程序。主调程序在被调用子程序执行期间被挂起,即在任一给定时刻仅有一个子程序在执行。子程序执行结束后将控制权交还给主调程序,继续执行主调程序中的其余部分。子程序技术是"自顶向下、逐步求精"设计策略的基础,它将 what(做什么)和 how(怎么做)相分离。具体设计时,先按照自顶向下策略,为了完成某个操作,编程者只需关心要"做什么"(调用什么功能)即可,而不必关心"怎么做",从而可以集中精力处理好高层架构。然后在逐步求精的过程中,再去处理"怎么做"(设计子程序本身),设计具体的算法细节。

子程序机制下,一个子程序就是一个程序**模块**(Module),编程者以模块化方式设计程序。**模块化程序设计**(Modular Programming)采用"组装"的办法简化程序的设计过程,是一种程序设计技术,它将一个系统分解成多个模块,然后对各个模块分别进行编程,最终实现整个系统的功能。

基于以上理由,模块化程序设计被认为是结构化设计的重要基础和内容之一。即自顶向下、逐步求精的结构化程序设计方法从问题本身开始,经过逐步细化,将解题步骤分解为由基本程序结构模块构成的结构化框图。

综上所述,模块化程序设计是指在设计程序时,将由复杂功能构成的系统按照功能划分为若干小部分(程序模块),每个模块实现相对独立的功能,并在这些模块之间建立必要的联系,通过模块的互相协作实现整体功能。其设计机理可概括为"**功能独立、易于集成**",它采用了分而治之、自顶向下、逐步分解的策略,将一个较大的程序按照功能分割成一些小模块,各模块相对独立、结构清晰、接口简单。

模块化程序设计的主要特点:

(1)模块化设计使得模块间保持相互独立性,程序逻辑结构清晰,每个模块可以独立地被编写、被测试和被修改,使得程序易写易读易懂。

(2)允许编程者有效地对过程进行抽象。即将模块的具体实现细节隐藏在模块内部,这样在程序中调用时就不再需要描述详细的步骤。这给模块的使用带来了很大的便利,也使程序内部细节不被知晓和破坏,可隔离错误,有效防止错误在模块之间扩散蔓延,有利于信息隐藏,提高了程序的可靠性。

(3)模块作为整体方案的一小部分,每个模块独立开发和测试,测试更方便,编程者可以单独测试程序的每个模块,以确定它是否正确实现了预定的功能。

(4)由于能够进行功能分解,使得程序易于团队合作并行开发,也有利于后期维护、升级和管理。另外,由于将重复的处理放在一个函数中,只需编写一次,从而可以实现代码的复用,既可以节省内存空间也节省了编码时间。

(5)模块的独立性为扩充已有的系统、建立新系统带来很大的方便,编程者可以充分利用现有的模块做"积木式"扩展。

◇ 5.2　模块化程序设计过程

在模块化程序设计中,每个子功能被设计成独立的程序模块。如第 2 章所述,模块是源程序及计算机系统的基本构成单元,即整个系统由若干源程序组成,每个源程序又由一些小

5.2 模块化
程序设计
过程

的功能模块组合而成,每个模块由更小的子模块构成。这样一来,一个计算机程序就可以分成多个程序模块,编程人员可采用面向过程/对象方法构建程序模块。

模块化程序设计的主要步骤如下。

(1) 分析并明确拟解决的问题;

(2) 逐步进行任务分解与细化;

(3) 确定模块之间的关联关系;

(4) 实现程序模块之间的调用。

上述过程中,程序设计人员需要完成的工作内容如下。

(1) 程序模块的功能分解;

(2) 程序模块间语句的划分;

(3) 程序模块间的通信方式。

5.2.1　程序模块的功能分解

模块是为了执行特定任务而存在于程序中的一组语句,分解是指在解决复杂问题时,按照欲实现的功能将一个系统划分为多个功能模块,然后对各个功能模块分别进行编程,采用"组装"模块的办法来简化程序设计过程。通过模块分解,各模块之间形成了上下层的关系,上层模块的功能需要通过调用下层模块来实现。因此,模块之间的关系可以用层次图或功能结构图来说明,这时无须考虑模块内部操作的详细信息。

合理的模块分解,应遵循"高内聚、低耦合、数适中"的原则:

(1) 一般按功能进行分解,分解时注意保持模块的内聚性(独立性),使一个模块尽可能只完成一项或者少数几项功能。

(2) 减少模块间的耦合性(关联性),保证模块内部的信息处于相对封闭的状态,尽量不和其他模块发生或少发生联系。

(3) 模块数目要适中。模块数不宜过少或过多,过少意味着每个模块的功能将比较复杂,模块规模会很庞大。但随着模块数的增加,模块间的接口设计的复杂性和工作量将随之增加。统计表明,模块的代码一般不要超过 50 行。

1. 内聚性

高内聚性是模块化设计的一个重要要求。内聚性(Cohesion)又称**块内联系**,是指程序模块内各个元素之间相互关联的紧密程度,它也是评判程序设计质量的指标。内聚性越高,模块内部各元素之间关联得越紧密或越集中,模块的独立性越好。通常情况下,多采用功能内聚或过程内聚的方式,即为了完成一项具体的功能而将相关的元素组合在一起,或将相关元素按照特定的执行次序而予以组合。

内聚性的道理比较简单,就是"志同道合""道同相谋"。同一组织内部,大家应该心往一块想、智往一起谋、力往一处使,互相紧密合作,齐心协力。如果某人离心离德,就要想办法开除他。

2. 耦合性

一般情况下,一个程序中的各模块之间存在着或多或少的关联关系,包括控制关系、调用关系、数据传递关系,所谓"你连着我、我连着你"。模块的耦合性(Coupling),又称块间**联系**,用来衡量模块之间的依赖关系,其强弱取决于模块间接口的复杂性、调用模块的方式以及通过接口传递数据量的大小。耦合性愈小，表明模块间联系越少，模块的独立性就愈好。

程序模块的耦合性取决于以下因素：

(1) 各个模块之间接口的复杂程度；

(2) 模块调用另外一个模块的方式；

(3) 向另一个模块传递的数据状况；

(4) 一个模块对另一个模块的控制。

通过降低模块间的耦合性可以减少模块间的影响，防止出现对某一模块修改所引起的"牵一发动全身"的水波效应和"副作用"。

关于这种情况，有人拿人力资源部部长与项目经理之间的谈话打比方。

部长：如果再给你增加一个人，项目什么时候可以完工？

项目经理：一年吧！

部长：那增加两个人呢？

项目经理：8 个月。

部长：三个人呢？

项目经理：6 个月。

部长：10 个人呢？

项目经理：两年。

部长：100 个人呢？

项目经理：那我将永远无法完成任务！

这段玩笑说明，程序并不因为模块数越多质量就越好，因为更多的程序模块，意味着更多的交互与通信开销，以及更大的"副作用"。特别是对于功能比较复杂以及多人协作开发维护的程序，修改一个小地方会引起本来已经运行稳定的模块发生错误，严重时会导致恶性循环，问题永远改不完。

在 C 语言中，当组成程序的函数之间的调用关系太多时，各个函数就组成了一个复杂的调用网络，将很难厘清它们之间的关系。例如，一个程序由 50 个函数构成，这个程序编译、链接后执行得非常好。然而，一旦修改其中一个函数，可能其他 49 个函数都需要做相应修改，这就是高耦合的后果。

因此，合理的模块划分，应该是模块内部凝聚力强，功能单一，模块之间的联系越少越好。

5.2.2　程序模块间语句的划分

这是模块化程序设计应该解决的第二个问题。

为了更好地理解该问题，首先看一个例子。这个例子要求设计一个程序，实现从键盘上输入两个整数、输出其中较大值的功能，并且要求程序包括一个主函数、一个子函数，子函数的主要功能是比较两个数，然后由主函数调用该子函数。

为了实现上述功能，下面给出了几种设计好的程序代码，读者可自行比较一下，看看哪种方法更为合理？

方法一：

```
#include<stdio.h>
void f1()                                    //将 I、P、O 操作全部放到 f1()函数中
```

```
{
  int x, y, z;
  scanf("%d%d", &x, &y);
  if(x>y)   z=x;
  else   z=y;
  printf("The big is %d!\n", z);
}
void main()
{
  f1();
}
```

方法二：

```
#include<stdio.h>
void f2(int a, int b)                    //将 P、O 操作放到 f2()函数中
{
  int c;
  if(a>b)   c=a;
  else   c=b;
  printf("The big is %d!\n", c);
}
void main()                              //将 I 操作放到 main()函数中
{
  int x, y;
  scanf("%d%d", &x, &y);
  f2(x, y);
}
```

方法三：

```
#include<stdio.h>
int f3(int a, int b)                     //将 P 操作放到 f3()函数中
{
  int c;
  if(a>b)   c=a;
  else   c=b;
  return c;
}
void main()                              //将 I、O 操作放到 main()函数中
{
  int x, y, z;
  scanf("%d%d", &x, &y);
  z=f3(x, y);
  printf("The big is %d!\n", z);
}
```

依据第 2 章中介绍的程序的 IPO 结构，可总结出模块间语句划分的一般原则如下：

(1) 方法一中，f1()函数承担了全部的 I、P、O 操作，大包大揽，责任重大。该方法主要

适用于要求所有I、P和O均在模块内完成的情形。

（2）方法二将P、O操作放到f2()函数中，而将I操作放入main()函数，对于有些要求在模块内进行处理的同时实现结果输出的情形，可采用该种方法。

（3）对于功能比较复杂且需要多次调用的情形，可采用方法三，即将I、O操作放到主调函数中，数据P操作放到子函数中。此时，由于I和O操作相对简单，P操作逻辑复杂一些，各模块负载总体上是平衡的。如果I、O操作比较复杂，也可以考虑将I、O和P分别定义为独立的子函数。

5.2.3 程序模块间的通信方式

程序模块的通信，又称模块间信息的传递，它是指主调模块将信息发送给被调用模块，同时接收来自被调用模块的处理结果。被调用模块接收来自主调模块的已知信息，同时在处理完成后将结果返回给主调模块。因此，模块间的这种通信是双向的。

对于模块化程序设计，尽管推崇高内聚、低耦合，强调各程序模块功能尽量单一和保持独立性，但这并不意味着各个模块完全孤立，与其他程序模块老死不相往来。实际上，同一个程序的各个程序模块之间往往存在着数据传递关系。

程序模块间信息传递的方式分为值传递、地址传递和引用传递。

1. 值传递

值传递（Pass-by-Value）指一个程序模块向另一个程序模块传送了一个数值，其实现方式可以是通过参数的对应关系传递，也可以是凭借全局变量传递，数值的类型可以是整型、实型或字符型等。

2. 地址传递

地址传递（Pass-by-Address）指主调模块向被调用模块传送变量的地址、数组的首地址或子程序的入口地址。地址传递其实就是多开辟了一个存储空间，并使其指向拟处理的变量、数组或子程序的地址，进而在被调用模块中改变该地址对应空间中的内容。

3. 引用传递

引用传递（Pass-by-Reference）与地址传递类似，但又有所不同，它为主调模块中的变量另起一个名字（别名），在被调模块中可以直接按照值传递的方法使用该名字。引用传递其实就是相当于直接把那个实参本身传过去，修改的就是那个实参的值，节省了开辟形参的操作，同时能提高效率，而且可以避免涉及指针的操作。

总之，模块化程序设计一般采用自顶向下方法，将I、P和O设计成独立模块，通过模块间相互交换信息达到协调彼此间的同步及协作关系。

模块化程序设计也给了编程者以启示：首先，模块化程序设计讲究"分工合作"，因此进行程序设计必须具备团队精神和合作意识，俗话说得好，"人多力量大、众人拾柴火焰高"。在实现中国梦的伟大征程中，作为新时代的大学生，必须时刻牢记团结就是力量，合作才能共赢。其次，在共享经济时代，软件行业从业者必须具备一定的工程经济意识，遵守软件行业标准，积极通过开源软件、共享软件、代码复用等达到节约人力物力财力的目的。

【扩展阅读】 **Pascal之父：尼古拉斯·沃斯。**

尼古拉斯·沃斯，1934年生于瑞士温特图尔，世界知名计算机科学家。1958年，沃斯从苏黎世工学院取得学士学位后到加拿大拉瓦尔大学深造，于1960年获得硕士学位，之后进入美国加州大学伯克利分校学习,并于 1963 年获得博士学位。1963—1967 年,他担任了斯坦福大学刚刚成立的计算机科学部助理教授。他于 1967 年回到祖国瑞士,先后在苏黎世大学、苏黎世工学院担任信息学教授。1968 年,他创建了当时世界上最受欢迎的语言之一——Pascal 语言。

有趣的是,沃斯开发 Pascal 语言的初衷是为了创建一个适用于教学用的计算机语言。但该语言一经推出,由于其语法简洁明了,具有丰富的数据结构和控制结构,为程序员提供了极大的便利与灵活性,使得其在市场上大受推崇。后来,沃斯的学生 Philipe Kahn 和 Anders Hejlsberg(Delphi 之父)创办了 Borland 公司,该公司靠 Turbo Pascal 起家,成为当时全球最大的开发厂商。Pascal 语言整整影响了几代程序员,在 C 语言问世以前,它是风靡全球、最受欢迎的编程语言之一,创下了发行拷贝数最多的世界纪录。20 世纪 70 年代中期,为适应并发程序设计的需要,沃斯又成功开发了一个获得广泛应用的语言 Modula。Modula 除了提供并发程序设计功能之外,还引进了模块、进程(Process)等与并发程序相联系的重要概念。他还是 Euler 语言的发明者之一。1976 年,沃斯再次远赴美国,在施乐(Xerox)公司的 Palo Alto 研究中心参与 Alto 计算机的设计与开发工作。1984 年,沃斯获得了图灵奖,他是瑞士学者中唯一获此殊荣的人。他于 1987 年获得计算机科学教育杰出贡献奖,1988 年获得计算机先驱奖。

沃斯因其所提出的名言“算法＋数据结构＝程序”而闻名于世,在结构化程序设计方面做出了重要的贡献。1971 年,沃斯基于其开发程序设计语言和编程的实践经验,在 *Communications of ACM* 上发表了论文《通过逐步求精方式开发程序》(*Program Development by Stepwise Refinement*),进一步完善了“结构化程序设计”的概念,故结构化程序设计方法又称“自顶向下”或“逐步求精”法。结构化程序设计方法在计算机领域引发了一场革命,成为程序开发的一个标准方法。1983 年 1 月,ACM 在纪念 *Communications of ACM* 创刊 25 周年时,从其 25 年来所发表的论文中评选出 25 篇具有“里程碑意义的研究论文”,每年一篇,沃斯的这篇论文就名列其中。

沃斯的学术著作很多,包括《系统程序设计导论》《算法＋数据结构＝程序》《算法和数据结构》《Modula-2 程序设计》《PASCAL 用户手册和报告》《Oberon 计划：操作系统和编译器的设计》《Oberon 程序设计：超越 Pascal 和 Modula》等。

◆ 5.3 基于 C 语言的模块化程序设计

不同的编程语言可以通过差异化的方式实现子程序。C 语言也不例外,它提供了对模块化程序设计的较好支持。C 语言中的模块化功能通过函数实现,即事先编好一批能实现各种不同功能的函数,每个函数用来实现一个(组)特定的功能,并将这些函数在源程序中实现或保存在函数库中,需要的时候直接调用,从而减少重复编写代码的工作量。

对于像 C 语言这种函数式的语言,其本质上是由若干函数组成。因此,程序设计是围绕函数来进行的,功能的实现过程表现为一系列的函数应用,如图 5-1 所示。

函数(Function)是对数学函数的模型化,用来定义新的操作,具有较强的组织数据结构的能力。利用函数可以减少重复编写程序段的工作量,非常方便地实现模块化设计。实际应用中,一般做法是把规模较大的程序分解为若干程序模块,每个模块包含一个或多个函

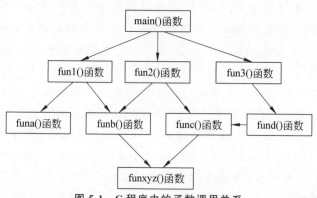

图 5-1 C 程序中的函数调用关系

数,每个函数实现一个(组)特定的功能。可以调用库函数,也可自己新建函数。对于每个程序,其执行的入口点是主函数 main(),通过 main() 函数调用其他函数,这些被 main() 函数调用的函数又可以调用另外的函数,或者互相之间进行调用,一个函数可被一个或多个函数调用任意多次。

5.3.1 函数的定义及声明

5.3.1 函数的定义与声明

1. 函数定义

模块化程序设计的第一步就是要确立程序模块——函数的功能,即进行函数定义。**函数定义**(Function Definition)用于描述函数抽象的接口和行为,即从无到有确立函数的功能,它主要解决如下问题:

(1) 函数的名称是什么?

(2) 函数参数名及类型是什么?

(3) 函数返回值的类型是什么?

(4) 函数要实现的功能是什么?

函数定义的语法格式:

类型名 函数名(形参列表)

{

    函数体

}

从上面语法形式可以看出,每个函数定义由函数首部和函数体两部分组成。其中,函数首部包括函数类型、函数名,以及函数形参列表,一般将函数的参数配置与函数返回值类型合起来称为**函数协议**(Function Protocol)。这里,"**函数名**"符合标识符的命名规则,即由字母、数字和下画线组成,且必须以字母或下画线开头;"**类型名**"指定了函数值(一般通过被调用函数中的 return 语句带回)的类型,简称**函数类型**,可以是 int、float、double、char、指针或结构体类型等,缺省时为 int 类型,但不允许是数组或函数类型,如果明确将来通过函数调用不需要带回数值或地址值等,可直接指定函数类型为 void 类型;"**形参列表**"用于指定本函数和主调函数之间交换信息的形式(函数配置),即传递的信息数量是多少,传递什么类型的信息等,这些参数应一一列出,每个参数均应指明其类型和参数名,各个形参之间用逗号

分隔;"函数体"是由"{"和"}"括起来的复合语句,用于定义函数动作,由局部变量定义、全局变量的声明和语句组成,在语句中指出了拟在本函数中实施的操作(功能)。

C 语言中的函数分为有参函数和无参函数,它们的定义形式如下。

1) 无参函数

无参函数即主调函数和被调函数之间没有参数传递。无参函数定义的语法格式:

```
类型名   函数名()
{
    函数体
}
```

或

```
类型名   函数名(void)
{
    函数体
}
```

无参函数一般用于输出文本信息、绘制图形,或者直接在函数中输出结果等情形,函数调用时不用利用参数带入数值信息,执行后可以带回也可以不带回返回值给主调函数。如果函数没有返回值,则返回值的类型可以指定为 void。

【例 5-1】 定义函数 Add,在屏幕上输出两个整数的和。

解:

本题比较简单,虽然有数据传入,但由于不需要带回数据,因此可以直接定义一个 void 类型的函数,在该函数中直接输出两个整数的和。程序代码如下:

```
#include<stdio.h>
void Add(int x, int y)
{
  printf("%d+%d=%d\n", x, y, x+y);
}

int main()
{
  Add(3, 5);
  return 0;
}
```

2) 有参函数

有参函数定义的语法格式为

```
类型名   函数名(数据类型 参数 1, 数据类型 参数 2, …, 数据类型 参数 n)
{
    函数体
}
```

此时，主调函数与被调函数之间具有数据传递关系，可以传递一至多个数据给被调函数。定义函数时参数表列中的参数称为"形式参数"，简称形参，它是主调函数与被调函数间信息传递的接口。与上面一样，应分别标出每个参数的数据类型，各参数之间以","进行分隔。函数执行以后，可以带回值也可以不用带回值。

【例 5-2】 定义函数 Sum()，输出从整数 a 加到 b 的最终结果。要求在主函数 main 中从键盘上输入 a 和 b 的值，并在 main() 函数中显示运算的结果。

解：

本题中，将函数 Sum() 的定义放到主函数 main() 之前。这里，涉及了程序模块间的数据传递关系，需要将 a、b 的值传送到 Sum() 函数中。因此，Sum() 函数应定义两个整型形参变量，用于接收来自 a 和 b 的值。

相应的程序代码如下：

```
#include<stdio.h>
int Sum(int x, int y)
{
  int i, s=0;
  for(i=x; i<=y; i++)   s+=i;
  return s;
}

int main()
{
  int begin, end, result;
  printf("请输入开始值 a 和结束值 b:");
  scanf("%d%d", &begin, &end);
  result=Sum(begin, end);
  printf("The sum from %d to %d is %d\n", begin, end, result);
  return 0;
}
```

程序运行结果：

```
请输入开始值a和结束值b: 1 100
The sum from 1 to 100 is 5050
```

函数一经定义，将在编译阶段由系统给该函数在内存中分配一段连续的空间，在该空间存储了该程序的相关指令等。这段空间的首地址由函数名标识，即函数名代表了函数在内存中的首地址。

2. 函数声明

函数调用需要满足下面两个条件之一：①函数定义位于主调函数之前；②当函数返回值的类型为 int 时，不是所有系统都要求函数定义一定位于调用语句之前。除了这两个条件，一般情况下需对被调函数进行声明。

以例 5-2 为例，当函数定义位于 main() 函数之后时，程序在 Code::Blocks 环境下可以顺利进行编译、链接和运行。但在 VC++ 6.0 环境下，编译时将会显示如图 5-2 所示的信息。

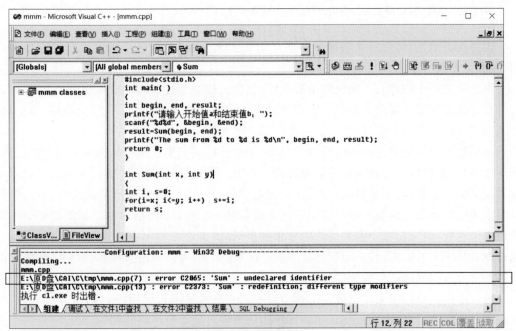

图 5-2　编译结果显示系统不知道 Sum()函数的存在

　　造成上述问题的主要原因是,由于 C 编译系统由上而下对程序进行编译,如果被调函数的定义放在主调函数的后面,则需要对被调函数在调用之前进行声明。否则,编译器将无法识别所调用的函数,出现编译失败的错误。

　　"函数声明"(Function Declaration)提供了函数协议但不包括函数体,对于不允许前向调用的场合,函数声明是必需的。其作用是将函数的名字、函数类型以及形参类型、个数和顺序通知给编译系统,以便在调用该函数时,让编译器在对函数调用语句进行处理过程中能按此进行一致性检查和数据类型转换等。

　　在书写形式上,函数声明可以通过下面方式实现:将函数首部复制过来,并在后面加上";",且在参数表中可以只写各个参数的类型名,而不必写参数名。

　　因此,为了避免上面情况的出现,只需在例 5-2 程序的 main()函数中,在调用函数之前添加"int Sum(int, int);"即可,通过这种方式完成函数声明。

　　C 语言中,无参函数声明的语法格式为

> **类型名　函数名();**

或

> **返回值类型　函数名(void);**

对于有参函数,则为

> **类型名　函数名(数据类型 参数 1, 数据类型　参数 2, …, 数据类型　参数 n);**

或

类型名　函数名(数据类型，数据类型，…，数据类型)；

　　需要注意的是,函数定义与函数声明在形式上十分相似,但是二者之间有着本质的区别,是两个不同的术语。

　　函数定义用于构建一个完整的函数单元(包含函数类型、函数名、形参及形参类型、函数体等),意味着在编译器转换得到的机器级代码中需要为该函数开辟一定大小的存储空间,且函数定义在程序中只能进行一次,函数首部后不能加分号。

　　而函数声明不是创建新的函数和功能,而是对在后面定义的函数的补充说明,是为了获得调用函数的权限,方便调用和保护源代码。相当于告诉编译系统:"即使现在没有找到函数的定义也不要紧,请不要报错,稍后我会把定义补上。"函数声明一般只需进行一次,但可以多次调用该函数。函数声明格式中不包含函数体,也可以不包括形参。如果在多个函数中调用该函数,则应在每个主调函数中做相应声明(或者在所有函数之外、调用之前声明),函数声明是一个说明语句,必须以分号结束。函数声明时可以省略形参名,但是函数定义时则必须写出所有形参名并指出其数据类型。

　　对于由多个源程序文件组成的 C 程序,一个函数通过函数调用语句调用其他函数,如果被调函数在调用之前没有定义,则必须在调用之前进行函数声明。例如,某程序由两个文件组成,其中一个文件中 main()函数调用了两个自定义函数 fun_a()、fun_b(),这两个函数在另外一个文件中定义,因而编译器在处理 main()函数所在的文件时,无法确认 main()函数中调用的这两个函数的参数等规定是否与其定义一致。为此,需要在调用之前应先给出这两个函数的声明。

　　函数声明若给出了函数名、返回值类型、参数列表等使用该函数的所有细节,称为**函数原型**(Function Prototype)。函数原型描述了函数的接口,其作用是告诉编译器与该函数有关的信息,让编译器知道该函数的存在,以及存在的形式等。这样,即使函数暂时没有定义,编译器也知道如何使用该函数。当编程者不知道如何使用某个函数时,需要查询的是它的原型,而不是它的定义。因此,人们往往不关心它的实现。有了函数声明,函数定义就可以出现在任何地方,甚至是其他文件、静态链接库、动态链接库等,否则会发生错误。

　　C 语言环境中,系统所提供的头文件中包含了系统所提供的函数的原型(见图 5-3),而非函数定义。

　　函数定义一般被放到其他的源文件中,这些源文件已经提前被编译好,并以动态链接库或者静态链接库的形式存在。若仅有头文件而没有相应的系统库,在链接阶段将会报错,导致程序无法运行。对于由多个文件组成的程序,通常将函数定义放到源文件(.c 或.cpp)中,将函数声明放到头文件(.h)中。使用时,只要用 #include 命令包含对应的头文件即可,编译系统会在链接阶段找到相应的函数体。

5.3.2　函数调用与返回值机制

1. 函数调用

　　程序的入口点是主函数 main(),除主函数外的所有函数的运行则是靠其他函数的调用启动的。定义函数只是确定了函数的功能,只有调用函数才能使用函数所实现的功能。**函数调用**(Function Call)是指通过执行一个函数体来完成函数中定义的功能,用于显式地请

5.3.2 函数
调用与返
回值机制

图 5-3　头文件 stdio.h 的部分内容

求执行特定的函数。函数在被调用执行期间处于活动状态，该期间长度为函数被调用后从开始执行到终止前的这段时间。

函数中的参数分为形式参数和实际参数。

（1）形式参数（Formal Parameter）。形式参数又称虚拟参数，定义函数时使用的参数变量，用来接收调用该函数时传入的数据或实参变量，简称**形参**或**虚参**。例如，int Sum（int x，int y）{ … }。这里的 x 和 y 均为形参。函数调用之前，形参只是在形式上存在，系统不对其分配存储单元。当发生函数调用关系时，系统给形参分配相应的存储单元，调用结束后，立即释放所分配的存储单元。因此，形参实质上相当于一个局部变量，它们有时被视为哑变量：大多数情况下它们只在调用函数时绑定到存储空间。

（2）实际参数（Actual Parameter）。实际参数简称**实参**，也称入口参数，是指在调用函数时，传递给函数形参的数值、变量或表达式，实参具有确定的值。例如，n＝10；s＝move（10，n）；。实际参数有别于形式参数，因为这两种参数不仅在形式上有不同限制，而且在具体使用方式上也大不相同。

函数调用的语法格式：

函数名()

或

函数名(实参列表)

上述格式中,函数名为已经定义的函数名称,实参列表为函数能够接受的实际参数表列。每个实参都是一个表达式,表达式的类型必须与对应的形参类型相一致。实参列表中可以包含零个或多个实参,各参数之间以",“分隔,并且实参的个数应该与相应的形参个数相同。

函数调用的形式:

(1) 作为表达式的一部分参与运算。例如,result＝**Sum(begin，end)**；。

(2) 函数调用语句。此时函数一般没有返回值,函数调用只能作为语句使用。例如,例 5-1 中的 Add()函数没有返回值,因此函数调用它是作为语句使用。

(3) 函数调用表达式作为函数参数。例如,printf("The sum is %d\n"，**Sum(begin，end)**)；。

函数调用的执行过程:

(1) 函数的嵌套调用(Nested Call)。函数嵌套调用时的执行过程如图 5-4 所示。

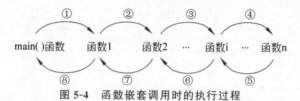

图 5-4 函数嵌套调用时的执行过程

为了更好地理解函数嵌套调用时的前后及位置关系,请认真阅读下面的程序。

```c
#include<stdio.h>
void main()
{
    void a(), b();
    printf("这是第 1 个输出,流程位于函数 main 中!\n");
    a();
    printf("这是第 5 个输出,流程位于函数 main 中!\n");
}

void a(void)
{
    void b();
    printf("这是第 2 个输出,流程位于函数 a 中!\n");
    b();
    printf("这是第 4 个输出,流程位于函数 a 中!\n");
}

void b(void)
{
    printf("这是第 3 个输出,流程位于函数 b 中!\n");
}
```

程序运行结果:

```
这是第1个输出，流程位于函数main中！
这是第2个输出，流程位于函数a中！
这是第3个输出，流程位于函数b中！
这是第4个输出，流程位于函数a中！
这是第5个输出，流程位于函数main中！
```

（2）函数的递归调用（Recursive Call）。函数的递归调用在程序中应用较多，它是指一个函数直接或间接调用自己的过程，分为函数的直接递归调用和间接递归调用。其中，直接递归调用是指函数直接调用自己，而间接递归调用则是指函数通过间接的方式最终实现了调用自己。例如，函数 a 的函数体中调用了函数 b，在函数 b 的函数体中又调用了函数 a，此种情况相当于函数 a 间接完成了调用自己的操作，这就是函数的间接递归调用。

函数的递归调用实质上是一种实现分治策略的简单而有效的方法，每次调用，调用的都是同一个函数（性质相同），但是问题规模变小了。

【例 5-3】　利用函数的递归调用求斐波那契数列各项数值。

解：

相关问题的分析、算法设计等过程，这里不再赘述，仅给出其程序代码如下：

```c
#include<stdio.h>
int Fib(int n)
{
    if(n==1||n==2)   return 1;          //递归调用的结束条件
    return Fib(n-1)+Fib(n-2);           //函数的直接递归调用
}

int main()
{
    int n;
    long m;
    printf("请输入要求的是第几项:");
    scanf("%d", &n);
    m=Fib(n);
    printf("斐波那契数列第%d项的值为 %d\n", n, m);
    return 0;
}
```

程序运行结果：

```
请输入要求的是第几项：30
斐波那契数列第30项的值为 832040
```

对于斐波那契数列的求值问题，可以按照其定义从小到大进行计算，本题采用了递归调用的方法。题目中，函数的递归调用包含了"递"去和"归"来两个环节。其中，"递"去环节中，由于问题规模较大，无法直接求解，通过不断向下传递操作逐渐缩小问题的规模，直到规模小到能够直接求出解为止（即到达递归结束条件语句）。然后，再逐层由底向上"归"（带）回各层的中间结果，最终得出要求的各项值。

【例 5-4】　如果为棋盘上各个格点标上坐标，假设现在要求从坐标点(0，0)出发走到坐标点(m，n)，规定只能沿着向上或向右的方向走步，并且一次只能走一格。试问共有多少种走法？

解：

本题中，如果 m＝0 或 n＝0，这时只有一种走法（一直向上或一直向右）。当 m 和 n 同时为 0 时，表示原地未动，故走法数目为 0。这两种情况均可视作递归调用的结束条件。当

m 和 n 均不为 0 时,直接从(0，0)到(m，n)将比较烦琐。如果采用逆向行走的方法,即从(m，n)到(0，0),问题将变得相对容易多了,这时运用函数递归调用方式可以非常方便地求出总的走法数目。

```c
#include<stdio.h>
int move(int m, int n)
{
    if(m==0&&n==0)  return 0;                //递归调用的结束条件
    else if(m==0||n==0)  return 1;           //递归调用的结束条件
        else  return (move(m-1, n)+move(m, n-1));    //函数的直接递归调用
}

int main()
{
    int m, n;
    long s;
    printf("请输入终点坐标:");
    scanf("%d%d", &m, &n);
    s=move(m, n);
    printf("从(0,0)到(%d, %d)的走法总数=%d\n", m, n, s);
    return 0;
}
```

程序运行结果:

```
请输入终点坐标: 10 10
从(0,0)到(10, 10)的走法总数=184756
```

对于递归调用,需要注意的是,递归的层数不能太多,否则系统内存开销过大,将导致程序无法正确运行。

2. 函数调用时的数据传递

函数调用中,通常在主调函数和被调函数之间会发生数据的传递关系。

C 语言提供了三种参数传递机制,包括**值传递**、**地址传递**和**引用传递**。其中,在 C 语言中主要采用前两种传递机制,在 C++ 语言中还允许编程者利用引用传递机制。

1) 值传递

值传递(Pass-by-Value)也称传值,即在函数调用时由主调函数向被调函数传递数值类型参数,实参的值用来初始化对应的形参,虚实结合的特点为**单向传递值**。由于传递的是实参的副本,因此在函数内部对形参的任何操作不会影响到实参,也不能通过形参改变实参的值。实参可以是常量,也可以是一个具有确定值的变量、数组元素或表达式。如果是表达式,则会先计算表达式的值,然后将计算结果传递给相应的形参。当从被调函数返回时,形参被撤销。通常,函数调用按照原型进行,如果实参的类型与形参类型不一致,实参表达式的值被转换为原型所指定的形参的类型再进行传递。

【例 5-5】 用函数实现求解三个整数中最大值的功能。

解:

相应的程序代码如下:

```
#include<stdio.h>
int main()
{
    int Larger(int, int);
    int a, b, c, m;                      //a、b、c存储输入的三个整数,m用来存储最大数
    printf("输入三个整数(以逗号分隔):");
    scanf("%d,%d,%d", &a, &b, &c);
    m=Larger(a,b);                       //先比较 a 和 b,找出其中最大的
    m=Larger(c,m);                       //再比较 c 和已经得到的 a、b 中的最大数 m
    printf("三个数%d、%d 和%d 中最大的是%d\n", a, b, c, m);
    return 0;
}

int Larger(int x, int y)
{
    int z;
    if(x>=y)   z=x;
    else   z=y;
    return z;
}
```

程序运行结果:

```
输入三个数（以逗号分隔）：123,-985,314
三个数123、-985和314中最大的是314
```

函数 Larger()的两个参数为值类型形参。第一次调用函数 Larger 时,函数 main()向 Larger()传递了两个实参 a 和 b,其中 a 的值被传递给形参 x,b 的值被传递给形参 y,之后 a 和 x、b 和 y 之间将不再发生任何联系。函数调用结束时,z 的值(存放的是当初传递过来的 a 和 b 中的较大者)被返回给 main()函数中的 m 变量。图 5-5 描绘了函数调用时虚实参数结合情况。

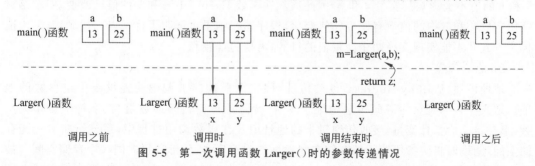

图 5-5　第一次调用函数 Larger()时的参数传递情况

同样道理,第二次调用函数 Larger()时,向函数 Larger()传递两个实参 c 和 m,c 的值被传递给形参 x,m 的值被传递给形参 y,函数调用结束时,z 的值被返回给主函数中的变量 m。

【例 5-6】　交换两个变量的值。

解:

仿照例 5-5,这里仍采用值传递方式,相应的程序代码如下。

```
#include<stdio.h>
```

```
void Exch(int x, int y)
{
    int tmp;
    printf(" Exch 函数中,交换前 x=%d, y=%d\n", x, y);
    tmp=x;
    x=y;
    y=tmp;
    printf(" Exch 函数中,交换后 x=%d, y=%d\n", x, y);
}

int main()
{
    int a, b;
    printf("\n 输入两个整数 a、b:");
    scanf("%d%d", &a, &b);
    printf(" main 函数中,调用函数 Exch 前 a=%d, b=%d\n", a, b);
    Exch(a, b);
    printf(" main 函数中,调用函数 Exch 后 a=%d, b=%d\n", a, b);
    return 0;
}
```

程序运行结果：

```
输入两个整数a、b:123 876
main函数中，调用函数Exch前a=123, b=876
Exch函数中，交换前x=123, y=876
Exch函数中，交换后x=876, y=123
main函数中，调用函数Exch后a=123, b=876
```

当调用函数 Exch()时，main()函数将向 Exch()函数传递两个实参 a 和 b，按照数据传递的对应关系，a 的值被传递给形参 x，b 的值被传递给形参 y。由于在 Exch()函数中交换 x 和 y 的值不会影响到实参 a 和 b，因此虽然在函数 Exch()中 x 和 y 的值已改变，但在函数调用前后 a 和 b 中的值没有发生任何变化，程序运行结果也证明了这一点。很显然，采用值传递方式并不能实现交换两个变量值的目的，需要另辟蹊径。

2）地址传递

地址传递（Pass-by-Address）也称传址，即主调模块向被调模块提供要传送参数的地址。虚实结合的特点为双向传递地址。此时，变量地址（指针）或数组名、字符串被作为实参，形参定义为指针变量，接收传递过来的地址值。在函数调用过程中，系统给实参分配存储空间，调用时将实参所获得的存储空间地址传递给形参，使形参指向同一个存储空间。被调用函数执行完毕返回主调函数时，由于形参和实参均指向同一存储空间，形参指向的存储空间内容的变化即为实参指向的存储空间中值的变化。利用这种传递方式，在被调函数中就能使用主调函数中所定义的变量的值，达到了在函数间共享内存空间的功能。克服了通过 return 语句只能带回一个值的弊端，一次可以带回多个值。

【例 5-7】　利用地址传递方式修改例 5-6。

解：

```
#include<stdio.h>
```

```
void Exch(int * p, int * q)
{
    int tmp;
    printf(" Exch 函数中,交换前 p、q 所指向的值为%d、%d\n", * p, * q);
    tmp= * p;
    * p= * q;
    * q=tmp;
    printf(" Exch 函数中,交换后 p、q 所指向的值为%d、%d\n", * p, * q);
}
int main()
{
    int a, b;
    printf("\n 输入两个整数 a、b:");
    scanf("%d%d", &a, &b);
    printf(" main 函数中,调用函数 Exch 前 a=%d, b=%d\n", a, b);
    Exch(&a, &b);
    printf(" main 函数中,调用函数 Exch 后 a=%d, b=%d\n", a, b);
    return 0;
}
```

程序运行结果:

```
输入两个整数a、b:123 876
main函数中, 调用函数Exch前a=123, b=876
Exch函数中, 交换前p、q所指向的值为123、876
Exch函数中, 交换后p、q所指向的值为876、123
main函数中, 调用函数Exch后a=876, b=123
```

当调用函数 Exch()时,main()函数将向 Exch()函数传递两个实参的指针 &a 和 &b。其中,&a 的值被传递给形参指针变量 p,&b 的值被传递给形参指针变量 q。即使得 p 指向 a,q 指向 b。Exch()函数中,tmp= * p 相当于将 p 所指向的变量 a 的值(即 123)赋给 tmp; * p= * q 的作用为将 q 所指向的变量 b 的值(即 876)赋给 p 所指向的变量(即 a),这时 a 的值变为 876;然后,指向 * q=tmp 操作,将 tmp 的值 123 赋给 q 所指向的变量 b,b 的值变为 123。通过这样一番操作,主调函数 main()中,变量 a 和 b 的值已发生变化,如图 5-6 所示,与程序运行结果相一致。

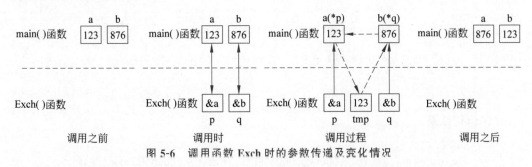

图 5-6 调用函数 Exch 时的参数传递及变化情况

3) 引用传递

引用传递(Pass-by-Reference)也称换名或复制传递,即主调模块向被调模块提供要传送参数的别名。虚实结合的特点为双向传递值。即为主调函数中的变量起一个别名,在被调函数中可以直接使用该别名。其实质上是在函数的入口点，实参的值被复制给形参，函数中使用的就是那个实参的值。函数终止时，形参的值又被复制回实参。其优点是既节省了开辟形参的操作，同时可以避免对指针进行操作。

从例 5-7 可以发现，对于初学者来讲，使用指针方式有一定的难度，也比较麻烦。在这种情形下，使用引用传递方式不失为一种好的选择。日常生活中，我们可以用别名或昵称来称呼一个人。C++ 语言提供了给变量定义别名的机制，也就是引用（Reference）。

引用的定义方式类似于指针，只是用"&"取代了"*"，其语法格式为

被引用的数据类型 & 引用的名称＝被引用的数据；

例如，"int a＝123；int & x＝a；"表示给 a 起了一个别名 x，x 和 a 代表了同一块内存空间，使用 x 和使用 a 都表示对同一个对象执行操作。

引用必须在被定义的同时初始化，并且之后不能再引用其他数据。引用就是专门用于解决函数指针传参和返回值的问题，通常可以用作函数的参数。

【例 5-8】 利用引用传递方式修改例 5-7。

解：

```c
#include<stdio.h>
void Exch(int &x, int &y)
{
    int tmp;
    printf(" Exch 函数中,x 的地址=%p, y 的地址=%p\n", &x, &y);
    printf(" Exch 函数中,交换前 x=%d, y=%d\n", x, y);
    tmp=x;
    x=y;
    y=tmp;
    printf(" Exch 函数中,交换后 x=%d, y=%d\n", x, y);
}

int main()
{
    int a, b;
    printf("\n 输入两个整数 a、b:");
    scanf("%d%d", &a, &b);
    printf(" main 函数中,a 的地址=%p, b 的地址=%p\n", &a, &b);
    printf(" main 函数中,调用函数 Exch 前 a=%d, b=%d\n", a, b);
    Exch(a, b);
    printf(" main 函数中,调用函数 Exch 后 a=%d, b=%d\n", a, b);
    return 0;
}
```

程序运行结果：

```
输入两个整数a、b:123 876
main函数中, a的地址=000000000061FE1C, b的地址=000000000061FE18
main函数中, 调用函数Exch前a=123, b=876
Exch函数中, x的地址=000000000061FE1C, y的地址=000000000061FE18
Exch函数中, 交换前x=123, y=876
Exch函数中, 交换后x=876, y=123
main函数中, 调用函数Exch后a=876, b=123
```

本例中,变量 x 就是对变量 a 的引用,变量 y 是对变量 b 的引用,表示给实参 a 和 b 另外起了名字 x、y。函数调用时,分别将 x、y 绑定到 a 和 b 所指代的数据,此后 a 和 x,b 和 y 都代表的是同一份数据,对 x 值的修改会影响到 a,对 y 值的修改也会影响到 b。引用传递不用取地址操作,可以直接对实参进行修改,没有形参之说。从程序运行结果来看,x 和 a 的地址都是一样的,y 和 b 的地址也是一样的。

3. 函数返回值

在函数体中,往往包含多条语句,用以实现函数的功能。如果函数有返回值,则在函数体中必须使用 return 语句返回指定的值。程序一旦执行到 return 语句,函数则终止执行,并将控制权返回给主调函数。

return 语句的语法格式:

```
return 表达式;
```

或

```
return (表达式);
```

这里,表达式的数据类型应与函数定义时函数名前面的类型一致。如果不一致,以函数的类型为准,即返回值的类型由函数类型决定。C 语言规定 main() 函数的返回值类型为 int,通常用返回 0 表示程序正常结束。

在函数中可以包含多个 return 语句时,每个 return 语句只能返回一个值。有多个 return 语句时,应该执行哪一个 return 语句,该语句将起作用。如果函数的返回值类型为 void,则 return 语句后面的表达式必须为空,或者直接省略掉 return 语句。

5.3.3　变量的作用域与生存期

模块化程序设计中,经常会用到作用域和生存期这两个既有区别又联系密切的概念。其中,作用域是指变量在程序代码中起作用的范围,它是从"**空间**"角度描述变量;而生存期指的是变量在内存中存在的时间,是从"**时间**"角度描述变量。

5.3.3 变量的作用域与生存期

1. 变量的作用域

程序代码中所用到的变量并不总是有效可用的,而限定该变量可用性的范围就是这个变量的作用域。**作用域**(Scope)是一个静态的概念,一个变量的作用域由定义变量的位置决定,即在程序的哪些部分可以合法引用变量,表明了该变量活动的空间。作用域的使用,可提高程序逻辑的局部性,增强程序的可靠性,减少命名冲突。

从作用域的角度,可以将变量分为局部变量和全局变量两种。

1) 局部变量

只能由程序中的一个模块或一组嵌套的模块访问的变量,或者作用域在程序中的一个模块或一组嵌套的模块之内的变量,称为**局部变量**(Local Variable)或自动局部变量。由于局部变量是在函数(或代码块)内部定义的变量,因此又被称为内部变量。一个局部变量只能在定义它的函数(或代码块)内被访问和使用,其作用域从定义点开始至所在的函数(或代码块)结束,离开该函数(或代码块)后再使用这个变量将是非法的,在其他函数中也不能使用该局部变量。

【例 5-9】 用辗转相除法求取两个数的最大公约数和最小公倍数。

解：

辗转相除法，又叫欧几里得算法（Euclidean Algorithm），它是已知的最古老的算法，可追溯至公元前 300 年前，主要作用是求两个正整数的最大公约数。

辗转相除法基于下面的定理：假设有两个正整数 a 和 b(a>b)，它们的最大公约数等于 a 除以 b 的余数 r 和较小数 b 之间的最大公约数；最小公倍数是 a 和 b 的乘积除以最大公约数。

辗转相除法的具体做法是：用较大的数除以较小的数，再用出现的余数（第一余数）去除除数，再用出现的余数（第二余数）去除第一余数，如此反复，直到最后的余数是 0 为止，那么最后的除数就是这两个数的最大公约数。例如，a=25 和 b=10，则有 r=25％10=5，r=10％5=0，则 a 和 b 的最大公约数就是 5，最小公倍数为 25×10/5=50。

```c
#include<stdio.h>
int gys, gbs;                          //定义全局变量 gys、gbs
void fun1(int x, int y)                //形参 x、y 为局部变量
{
    int t, r;                          //定义局部变量 t、r
    if(y>x) {t=x; x=y; y=t;}
    while((r=x%y)!=0) { x=y; y=r; }
    gys=y;                             //引用全局变量 gys
}

int fun2 (int x, int y )               //形参 x、y 同样为局部变量
{
    int gbs;                           //定义局部变量 gbs，注意区别与其同名的全局变量
    gbs=x * y/gys;                     //引用全局变量 gys 和局部变量 gbs
    return gbs;
}

int main()
{
    int a, b;                          //定义局部变量 a、b
    printf("请输入两个正整数:");
    scanf("%d%d", &a, &b);
    fun1(a, b);
    gbs=fun2(a, b);                    //引用全局变量 gbs
    printf("%d 和%d 的最大公约数是%d,最小公倍数是%d\n", a, b, gys, gbs);
                                       //输出全局变量 gys、gbs 的值
    return 0;
}
```

程序第一次运行结果：

```
请输入两个正整数：25 10
25和10的最大公约数是5，最小公倍数是50
```

程序第二次运行结果：

```
请输入两个正整数：34 48
34和48的最大公约数是2，最小公倍数是816
```

程序一开始定义了两个全局变量 gys、gbs，分别用于存放最大公约数和最小公倍数。在函数 fun1()中，x、y 为形参，t、r 为一般变量。这四个变量都属于局部变量，在 fun1()的范围内 x、y、t、r 有效，或者说它们的作用域局限于函数 fun1()内。同理，在函数 fun2()中，x、y 和 gbs 的作用域局限于 fun2()内。需要注意的是：函数 fun2()中的 x、y 与函数 fun1()中的 x、y 虽然名字相同，但属于不同的对象，互不干涉；fun2()中的 gbs 与前面定义的全局变量也是不同的对象，fun2()属于局部变量 gbs 的作用域。局部变量 a、b 的作用域局限于main()函数内。

2) 全局变量

在程序所有作用域内都可以访问的变量，称为全局变量（Global Variable），它是在全局环境下定义的变量，其作用域是从定义点开始直到所在的源文件结束。它在程序运行期间，始终占用固定的存储空间。如果在一个函数中改变了全局变量的值，其他函数随后用到的将是改变以后的变量值，从而实现了信息共享。从这个意义上讲，全局变量起到在函数间传递信息的作用。

例如，例 5-9 程序中第二行定义的 gys 和 gbs，都是全局变量，gys 在函数 fun1()、fun2()和 main()内有效，gbs 在函数 fun1()和 main()内有效。

关于全局变量和局部变量的重名问题，C 编译系统规定：当局部变量与全局变量重名时，局部变量的作用域会覆盖全局变量的作用域。即在函数内部访问重名变量时，访问到的将是局部变量。当函数运行结束离开局部变量的作用域后，控制权又将被交回给全局变量的作用域。

3) 关于作用域的其他规定

(1) 扩展全局变量的作用域。这里分为两种情况：一是通过添加关键字 extern 的原型声明在本文件内扩展其作用域，提前获得全局变量的使用权；二是对于由多个源文件组成的程序，通过添加关键字 extern 的原型声明将全局变量的作用域扩展到其他文件。

上面两种情况的语法格式：

extern　数据类型　全局变量名列表；

【例 5-10】　修改例 5-9 中的程序，在本文件内扩展全局变量的作用域。

解：

如果一个全局变量不在文件的开头定义，其作用域为定义点到本文件结束。假如希望在定义点之前引用该全局变量，则需要在引用之前用关键字 extern 对该变量作"变量声明"，声明该变量是一个已经定义的全局变量，这样就可以从声明点开始使用该变量。如下面程序中画线部分所示，由于全局变量的定义位置在 fun1()函数之后，其作用域将从定义点开始到本程序结束，在 fun1()函数中将无法使用全局变量 gys。通过在 fun1()函数中添加声明语句，使得全局变量 gys 的作用域被扩展到 fun1()函数中，在该函数内部当然就可以使用了。

```
#include<stdio.h>
void fun1(int x, int y)                    //形参 x、y 为局部变量
{
    extern int gys;                        //声明全局变量 gys,在本文件内扩展其作用域
    int t, r;                              //定义局部变量 t、r
    if(y>x) {t=x; x=y; y=t; }
    while((r=x%y)!=0) { x=y; y=r; }
    gys=y;                                 //引用全局变量 gys
}

int gys, gbs;                              //定义全局变量 gys、gbs
int fun2 (int x, int y )                   //形参 x、y 为局部变量
{
    int gbs;                               //定义局部变量 gbs
    gbs=x * y/gys;                         //引用局部变量 gbs
    return gbs;
}

int main()
{
    int a, b;                              //定义局部变量 a、b
    printf("请输入两个正整数:");
    scanf("%d%d", &a, &b);
    fun1(a, b);
    gbs=fun2(a, b);
    printf("%d 和%d 的最大公约数是%d,最小公倍数是%d.\n", a, b, gys, gbs);
                                           //输出全局变量 gys、gbs 的值
    return 0;
}
```

【例 5-11】　修改例 5-9 中的程序,实现全局变量在多个源文件之间的引用。

解:

本题中,为演示全局变量的扩展效果,将原程序一拆为三,分别命名为文件 1.c、文件 2.c 和文件 3.c。

//文件 1.c

```
include<stdio.h>
int gys, gbs;                              //定义全局变量 gys、gbs
int main()
{
    void fun1(int x, int y);
    int fun2(int x, int y);
    int a, b;                              //定义局部变量 a、b
    printf("请输入两个正整数:");
    scanf("%d%d", &a, &b);
    fun1(a, b);
    gbs=fun2(a, b);
```

```
        printf("%d和%d的最大公约数是%d,最小公倍数是%d\n", a, b, gys, gbs);
        return 0;
}
```

//文件 2.c

```
void fun1(int x, int y)              //形参变量 x、y
{
    extern int gys;                  //声明全局变量 gys,将其作用域扩展到文件 2.c 中
    int t, r;                        //定义局部变量 t、r
    if(y>x) {t=x; x=y; y=t;}
    while((r=x%y)!=0){ x=y; y=r;}
    gys=y;
}
```

//文件 3.c

```
int fun2 (int x, int y )             //形参变量 x、y
{
    extern int gys;                  //声明全局变量 gys,将其作用域扩展到文件 3.c 中
    int gbs;                         //定义局部变量 gbs
    gbs=x*y/gys;
    return gbs;
}
```

本题中,在一个文件中定义的全局变量,在其他文件中通过声明后同样可以使用。

对于由多个文件组成的程序,需要建立工程项目,并对工程项目中的每个文件分别编译,链接后方可运行。关于多文件程序的运行方法,读者可阅读下面的"扩展阅读"。

模块化程序设计中,通常可在它的相关文件中预留好外部变量的接口,即只采用 extern 声明变量,而不定义变量。这些外部变量的接口都是在模块程序的头文件中声明的,当需要使用该模块时,才会具体定义这些外部变量。

不过,应该注意的是,对于全局变量的使用,虽然减少了通过函数参数传递数据带来的系统开销,但破坏了函数的独立性,降低了函数的可移植性,使代码的可读性降低,且不利于程序调试。例如,如果有多个文件同时试图对某个全局变量进行操作,可能出现一个文件修改了该变量的值但其他文件未曾觉察到的情况,从而影响其他模块的正常使用。因此,不提倡在程序中大量使用全局变量。

实际上,关键字 extern 除了修饰变量,还可以用来修饰函数,即在定义函数时在类型名前加上关键字 extern,这样的函数称为**外部函数**(C 语言默认所有的函数都是外部函数,函数定义时可以省略关键字 extern)。其他需要调用此函数的文件需要用关键字 extern 对该函数进行声明。这样一来,外部函数的作用域将被扩展到其他文件。前面介绍的包含多个源程序文件的例子中,相关函数默认都是外部函数,故其他文件均可调用。

定义外部函数的语法格式:

extern　类型名　函数名**(参数表列) {**　函数体　**}**

（2）限制全局变量的作用域。使用关键字 static 将全局变量的作用域限制在本文件中，即只能由本文件中的函数引用该变量，其他文件则无法访问该全局变量。

例如，对于下面两个程序文件，Myfile1.c 在定义全局变量 x 时使用了关键字 static 进行修饰，使得变量 x 的作用域局限于文件 Myfile1.c。这时，即使 Myfile2.c 中对 x 使用关键字 extern 进行了声明，但仍无法使用 x 变量。

```
//Myfile1.c
static int x;
int main ()
{
    ...
}
```

```
//Myfile2.c
extern int x;
void fun (int n)
{
    x=x+n;
    ...
}
```

关键字 static 也可以用来修饰函数，即在定义函数时在类型名前添加了关键字 static，这样的函数称为内部函数或静态函数。内部函数的作用域仅限于本文件，不能被其他文件调用。

定义内部函数的语法格式为

static 类型名 函数名(参数表列) { 函数体 }

【扩展阅读】 多文件程序设计。

这里，仍以例 5-9 为例。

方法一：文件包含。

针对利用辗转相除法求两个数的最大公约数和最小公倍数的例子，将程序分为两个文件 my.c 和 my_1.c，在文件 my.c 中利用编译预处理命令 #include 将文件 my_1.c 包含进来，形成一个完整的程序。两个文件的内容如下。

//**my_1.c** 文件。假定该文件被放到 D:/CAI/计算机程序设计/目录下

```
void fun1 ( int x, int y )
{
    int t, r;
    extern int gys;
    if (y>x)   { t=x;   x=y;   y=t; }
    while((r=x%y) !=0){ x=y;   y=r;
    gys=y;
}
int gys, gbs;
int fun2(int x, int y )
{
    int gbs;
    gbs=x * y/gys;
    return gbs;
}
```

//my.c 文件

```
#include"stdio.h "
#include"D:\\CAI\\计算机程序设计\\my_1.c"
void main()
{
    int a, b;
    scanf("%d%d", &a, &b);
    fun1(a, b);
    gbs=fun2(a, b);
    printf("最大公约数和最小公倍数分别是:%d, %d\n", gys, gbs);
}
```

上述程序代码采用了♯include 命令，即在预编译时将♯include 所包含的文件中的内容直接复制到♯include 所在的位置并替换掉它，将两个文件合并为一个文件。然后，对扩展后的程序进行正常的编译，这时与只有一个文件的程序的编译运行情形无异了。

方法二：建立工程文件。

（1）在 Code::Blocks 环境下建立工程的方法：File→New→Project（选择 Console Application→Go→Next→C,在 Project title 文本框输入工程名字→Next→Finish)；添加源程序，Project→Add files(选中欲添加到工程中的文件)→打开；对每个源程序分别编译后，单击 Build→Build,将生成以工程名命名的可执行文件，执行该可执行文件即可运行程序。

（2）在 VC++ 6.0 环境下建立工程的方法：文件→新建(选择"工程"选项卡，选中 Win32 Console Application 选项,并在"工程"文本框输入工程名字→确定→完成→确定)；添加源程序，工程→增加到工程→文件(也可以选择新建)；对各源程序文件单独编译，通过组建链接，然后即可执行。

2. 变量的生存期

生存期（Lifetime)是一个动态的概念,它表明了变量存在的时间。变量的生存期由变量的存储类别决定,存储类别的作用是规定系统应该为某变量分配什么类型的存储空间,而存储空间的类型又决定了变量什么时候应该被创建,什么时候系统会释放该空间。

从生存期的角度,可以将变量分为静态存储方式和动态存储方式。其中,静态存储方式是指在程序运行期间由系统分配固定存储空间的方式;动态存储方式则是在程序运行期间根据需要进行动态分配存储空间的方式。

因此,编译器在对源程序进行处理时,会根据变量的定义或声明来确定每个变量适合分配到哪种类型的存储器中,并根据变量的作用域和生存期确定其应分配在哪种存储区。

内存中供用户使用的存储空间一般被分为程序区、静态存储区和动态存储区,如图 5-7 所示。程序区主要用于存放程序代码及程序中的常量等,数据则分别被存放到静、动态存储区中。

全局变量、静态变量通常被存放到静态存储区中,程序编译时分配存储空间,程序执行结束时由操作系统收回,在程序执行过程中始终占据着固定的存储单元。

图 5-7　供用户使用的存储空间

函数中定义的没有用关键字 static 声明的局部变量、函数形参以及函数调用时的现场保护和返回地址等均被存放到动态存储区。动态存储区中存放的数据，在函数调用开始时分配存储空间，函数结束时释放所分配的空间。在程序执行过程中，这种分配和释放是动态进行的。

C语言中，每个变量和函数都有数据类型和数据的存储类别两个属性。因此，在定义和声明变量及函数时，一般应同时指定其数据类型和存储类别，如果用户不指定数据类型和存储类别，系统会默认地指定为某一种数据类型和存储类别。关于数据类型的相关规定，可阅读第3章内容，在此不再赘述。

需要注意的是，与变量一样，对函数也有作用域和生存期的概念。由于C语言不允许嵌套定义函数，所有函数都属于外部定义，所有外部定义的对象都可以在整个程序中被引用，只要在引用前进行了定义或声明。因此，函数的作用域是整个程序，一个程序中定义的函数可以被该程序中任何函数调用，而函数的生存期是整个程序的执行过程。

C语言的存储类别包括四种：自动的（auto）、静态的（static）、寄存器的（register）、外部的（extern），它们又可以分为临时的和永久的两类。

（1）临时的。

临时的存储类别包括自动变量和寄存器变量。

自动变量（auto）用于指定局部变量（包括函数形参、函数内或复合语句中定义的局部变量）的存储类型。调用函数或执行复合语句时，系统自动地给自动变量分配存储空间，调用结束时自动地释放所分配的存储空间。如果再次调用函数或执行复合语句，则重新创建变量，使用结束后变量再次被撤销。每次执行过程中，变量的创建或撤销都是自动地进行的，故称局部变量为自动变量。关键字auto可以省略，所分配的存储区为动态存储区，系统不会自动为其初始化，初值为随机值。定义自动变量的语法格式为

[auto]　类型名　变量名；

例如，"auto int x，y＝1，z＝2；"表示定义了三个自动变量x、y、z，其中x的初值为随机值，其功能等价于"int x，y＝1，z＝2；"。

寄存器变量（register）用于指定局部变量的存储类型，请求编译器尽量直接分配CPU中的寄存器，如果寄存器已满则分配内存。其优点是速度快，主要用于存储循环控制变量等使用比较频繁的变量；缺点是CPU中寄存器数量有限，不能定义过多的寄存器变量。

例如：

```
auto sum=0;
register int i;
for(i=0; i<100; i++)  sum+=i;
...
```

需要注意的是，只有自动变量可以作为寄存器变量，且现代编译系统能够自动识别使用频繁的变量而自动将其存放在寄存器中，不需要再额外指定，所以现在已较少使用register声明变量了。

（2）永久的。

永久的存储类别包括外部变量和静态变量。

外部变量（extern）是指在函数的外部定义的全局变量，其默认存储类别是extern。

注：extern 既可以用来扩展全局变量的作用域，也可以用来定义外部变量的存储类别（定义外部变量时，extern 通常省略）。

静态变量（static）可以用于指定全局变量或局部变量的存储类别，但意义不同。对于静态全局变量，存储位置为内存的静态存储区，系统对其自动进行初始化，限定该变量只能在本文件使用，其他文件无权使用；对于静态局部变量，其作用域与自动变量一样，局限在定义所在的函数体内，其他函数无法引用。但与自动变量不同的是，静态局部变量的存储位置为内存的静态存储区，其生存期是整个程序执行过程，编译时分配空间，初始化只进行一次，所在函数调用结束后该变量占据的内存空间并不释放（静态局部变量的值在函数调用结束后不会消失而是继续保留原值），程序执行完毕时，其生存期才真正结束。

【例 5-12】　输入一个正整数 n，计算 $e = 1 + \dfrac{1}{1!} + \dfrac{1}{2!} + \dfrac{1}{3!} + \cdots + \dfrac{1}{n!}$，计算结果保留 4 位小数。

输入输出示例：

```
Input n: 10↵
e=2.7183
```

解：

```c
#include"stdio.h"
float fun(int k)
{
    static double f=1;
    f=f*k;
    return f;
}

int main()
{
    int i, n;
    double e=1.0;
    printf("Input n: ");
    scanf("%d", &n);
    for(i=1; i<=n; i++)   e=e+1/fun(i);
    printf("e=%.4lf\n", e);
    return 0;
}
```

本题充分利用了静态局部变量在函数调用结束时值会保留的特点，使得在每一次计算阶乘时不必重新从 1 开始计算，只要将上次函数调用结束时的变量值乘以一个数值即可，大大提高了运行效率。

不同函数中可以定义同名的静态局部变量，它们的作用域不同，编译器会将它们作为不同的变量来处理。

综上，总结各种类型变量的存储方式、作用域和生存期等特性，可以得到表 5-1。

表 5-1　各种类型变量的作用域和生存期比较

存储类别		存储位置	存储方式	生存期	作用域	说　　明
自动变量		内存动态区	自动	进入块到离开块	块内	[auto]可选，没有初始值，函数调用完，值即消失
寄存器变量		CPU 寄存器	自动	进入块到离开块	块内	用 register 声明，没有初始值，函数调用完，值即消失
全局变量	静态	内存静态区	静态	程序执行期间	本文件	用 static 声明，有初始值
	非静态	内存静态区	静态	程序执行期间	各文件	[extern]可选，有初始值
局部变量	静态	内存静态区	静态	程序执行期间	块内	用 static 声明，有初始值，函数调用完，值仍保留
	非静态	内存动态区	自动	进入块到离开块	块内	没有初始值，函数调用完，值即消失

　　注：复合语句和函数都是程序块，局部变量是块作用域，全局变量是文件作用域；整型变量的初始默认值是 0，浮点型变量的默认值是 0.000000，字符型变量的默认值是'\0'（ASCII 码值为 0）。

◇ 5.4　模块化程序设计举例

　　【例 5-13】　面积计算器是一款帮助用户计算各种二维图形面积的程序，利用该程序，当输入各类图形尺寸后，将快速计算并输出面积。计算并输出如图 5-8 所示图形的面积。

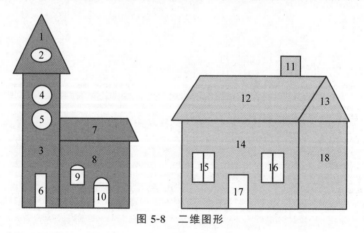

图 5-8　二维图形

　　解：

　　这里的图形形状有点复杂，包括矩形、平行四边形、三角形、圆形等。另外，图 5-8 左图中的门可以看作是由一个矩形和半个圆形构成（这里可以称为"带圆矩形"），窗户看成由矩形和半个椭圆构成（这里可以称为"带椭圆矩形"）。因此，所设计的程序要能计算不同几何图形的面积，而且计算每个几何图形面积的输入也不尽相同。

　　本题中，我们利用分治策略对程序的功能进行分解，将程序的功能分解为多个子功能，从而达到将复杂问题简化的目的。即将面积计算器分解为计算矩形面积、计算平行四边形面积、计算三角形面积、计算圆形面积、计算椭圆面积、计算带圆矩形面积和计算带椭圆矩形面积等七个子功能,每个子功能由一个独立的模块——函数实现。

据此,可以得到相应的功能结构图(见图 5-9)。

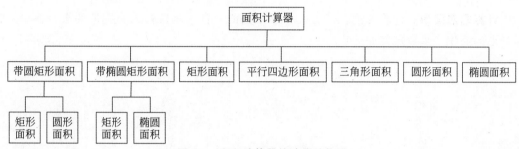

图 5-9　面积计算器的功能结构图

在这些模块中,各功能模块被 main() 函数直接调用,每个模块执行不同的面积计算。按照功能划分,面积计算器程序共有七个模块文件:计算长方形面积函数 Area_Rectangle(),计算平行四边形面积函数 Area_Parallelogram(),计算三角形面积函数 Area_Triangle(),计算圆形面积函数 Area_Circle(),计算椭圆形面积函数 Area_Ellipse(),以及计算带圆矩形面积函数 Area_Cir_Rec() 和计算带椭圆矩形面积函数 Area_Ell_Rec()。

功能模块划分完成后,接着开始编写每个函数的程序代码。

计算矩形面积。计算公式:$s=xy$,x 表示矩形的长,y 表示矩形的宽。函数输入为矩形的长和宽,返回值为矩形的面积。函数定义如下:

```
float Area_Rectangle(float x, float y)
{
    float s;
    s=x * y;
    return s;
}
```

计算平行四边形面积。计算公式:$s=xy$,x 表示平行四边形的底,y 表示平行四边形的高。函数输入为平行四边形的底和高,返回值为平行四边形的面积。函数定义如下:

```
float Area_Parallelogram(float x, float y)
{
    float s;
    s=x * y;
    return s;
}
```

计算三角形面积。计算公式:$s=xy/2$,x 表示三角形的底,y 表示三角形的高。函数输入为三角形的底和高,返回值为三角形的面积。函数定义如下:

```
float Area_Triangle(float x, float y)
{
    float s;
    s=x * y/2;
```

```
    return s;
}
```

计算圆形面积。计算公式：s＝πxx，x 表示圆的半径。函数输入为圆形的半径，返回值为圆形的面积。函数定义如下：

```
float Area_Circle(float x)
{
    float s;
    s=PI * x * x;                          //PI 为符号常量
    return s;
}
```

计算椭圆形面积。计算公式：s＝πxy/4，x 表示椭圆形长轴的长，y 表示椭圆形短轴的长。函数输入为椭圆形长轴和短轴的长，返回值为椭圆形的面积。函数定义如下：

```
float Area_Ellipse(float x, float y)
{
    float s;
    s=PI * x * y/4;
    return s;
}
```

计算带圆矩形面积。该图形由矩形和半圆形组合而成，x、y 为矩形的高和宽，半圆形的半径为 y。函数输入为 x、y，返回值为组合图形的面积。函数定义如下：

```
float Area_Cir_Rec(float x, float y)
{
    float s;
    s=Area_Rectangle(x, y)+Area_Circle(y)/8;
    return s;
}
```

计算带椭圆矩形面积。该图形由矩形和半个椭圆形组合而成，x、y 为矩形的高和宽，z 表示椭圆形短轴的长。函数原型 float Area_Ell_Rec(float x, float y, float z)；函数输入为 x、y、z，返回值为组合图形的面积。

```
float Area_Ell_Rec(float x, float y, float z)
{
    float s;
    s= Area_Rectangle(x, y)+ Area_Ellipse(y, z)/2;
    return s;
}
```

程序支持矩形、平行四边形、三角形、圆形、椭圆形等图形的面积计算，为了最终求得各种情形下确切的面积，应对部分图形的尺寸进行测量，然后将它们组合到一起，该加就加，该减就减。

因此,本题完整的源程序如下：

```c
#include<stdio.h>
#include<math.h>
#define PI 3.14159265
float Area_Rectangle(float, float);
float Area_Parallelogram(float, float);
float Area_Triangle(float, float);
float Area_Circle(float);
float Area_Ellipse(float, float);
float Area_Cir_Rec(float, float);
float Area_Ell_Rec(float, float, float);

int main ()
{
    float a, b, c, d, e, f, g, h, i, j, k, l, m, n, o, p, q, r, s, t;
        //左边各部分图形符号:1:a,b; 2:c,d; 3:e,f; 4,5:g; 6:h,i; 7:j,k,l; 8:m,n; 9:
        //o,p,q; 10:r,s,t
    float A, B, C, D, E, F, G, H, I, J, K, L, M;
        //右边各部分图形符号:11:A; 12:B,C; 13:D,E; 14:F,G; 15,16:H,I; 17:J,K; 18:
        //L,M
    float s1, s2;

    //图5-8具体尺寸,单位为m
    a=b=13.1; c=4.7; d=3.2; e=30; f=8.5; g=4.5; h=7.6; i=2.5; j=16.2; k=18.2; l
=5; m=16.2;
    n=15; o=3.4; p=3.2; q=2.1; r=5; s=3.5;
    A=4.5; B=29.4; C=10; D=11.8; E=10; F=26.7; G=19.6; H=6.6; I=5; J=7.6; K=4.5;
    L=19.6; M=11;
    s1=Area_Triangle(a,b)-Area_Ellipse(c,d)+Area_Rectangle(e,f)-2*Area_
        Circle(g)-Area_Rectangle(h,i)+Area_Parallelogram(j,l)+Area_Triangle
        (k-j,l)+Area_Rectangle(m,n)-Area_Ell_Rec(o,p,q)-Area_Cir_Rec(r,s);
    printf("左边图形的面积是:%.2f平方米!\n",s1);
    s2=s2+Area_Rectangle(A,A)+Area_Parallelogram(B,C)+Area_Triangle(D,E)+
        Area_Rectangle(F,G)-2*Area_Rectangle(H,I)-Area_Rectangle(J,K)+Area_
        Rectangle(L, M);
    printf("右边图形的面积是:%.2f平方米!\n", s2);
    return 0;
}
float Area_Rectangle(float x, float y)
{
    float s;
    s=x*y;
    return s;
}

float Area_Parallelogram(float x, float y)
{
    float s;
    s=x*y;
```

```
        return s;
    }

float Area_Triangle(float x, float y)
{
    float s;
    s=x * y/2;
    return s;
}

float Area_Circle(float x)
{
    float s;
    s=PI * x * x;
    return s;
}

float Area_Ellipse(float x, float y)
{
    float s;
    s=PI * x * y/4;
    return s;
}

float Area_Cir_Rec(float x, float y)
{
    float s;
    s=Area_Rectangle(x, y)+Area_Circle(y)/8;
    return s;
}

float Area_Ell_Rec(float x, float y, float z)
{
    float s;
    s= Area_Rectangle(x, y)+ Area_Ellipse(y, z)/2;
    return s;
}
```

◇ 本 章 小 结

　　"大鹏一日同风起，扶摇直上九万里。"程序模块虽小，但多个模块聚集在一起可以实现诸多复杂的功能。程序模块又被称为过程、子例程、方法或函数，从实质上看，它就是程序中的一组语句，用以执行特定的任务。模块化程序设计是指以功能块为单位进行程序的设计，它用主程序、子程序、子过程等框架把程序的主要结构和流程描述出来，从而将复杂的系统分解成若干相对独立、功能单一的模块，并定义和调试好框架各部分之间的输入输出链接关系，使得所有模块像搭积木一样组合在一起，构成一个完整的计算机程序。模块化程序设计需做好模块的划分、模块间语句的划分和模块之间的数据传递。应确保程序模块的合理规模,以及高内聚、低耦合。模块之间通常采用值传递、地址传递和引用传递三种方式进行数据的交换。

C语言是一种函数式语言,函数是构成程序的主要功能部分,它承担着程序模块的功能,理解、掌握并灵活运用函数对于数学思维和程序思维的培养至关重要。在学习过程中,要注意区分函数定义和函数声明。对函数的返回值和函数参数进行组合,可将函数分为四种类型:有返回值有参函数、有返回值无参函数、无返回值有参函数、无返回值无参函数。函数的调用分为嵌套调用和递归调用,它们在程序中可以以表达式的一部分、语句和函数的参数等形式出现。函数定义时需要考虑变量的作用域和存储类别,从作用域角度,将变量分为全局变量和局部变量,局部变量只能在函数或复合语句内发挥作用,对于全局变量,可限制在本文件内使用,也可以扩展到其他文件。变量的存储类别分为静态存储方式和动态存储方式,变量的生存期取决于所采用的存储方式,编程过程可根据需要灵活处理。与变量类似,函数也分为外部函数和内部函数。

◇ 习　　题

1. 名词解释

(1) 程序模块;(2)模块化程序设计;(3)函数;(4)作用域;(5)存储类别。

2. 填空题

(1) 当调用标准库函数时,必须包含该标准库函数对应的_____。

(2) 函数调用时,当函数参数传递采用地址传递或共享传递方式,如果形参的值改变了,则实参变量的值_____。

(3) 一个静态局部变量的作用域是_____。

(4) 函数定义是指_____,函数声明则是指_____。

(5) 从生存期角度,在函数之外定义的变量,当函数调用结束时该变量_____;在函数之内定义的变量,当函数调用结束时该变量_____。

3. 选择题

(1) 对于某个函数调用,不用给出被调函数原型的情况为(　　　)。

　　A. 被调函数是有参函数　　　　　　B. 函数定义与调用在同一个文件中

　　C. 函数定义位于调用之前　　　　　D. 被调函数无返回值

(2) C语言规定,函数返回值的类型由(　　　)决定。

　　A. 操作系统　　　　　　　　　　　B. 函数定义时的类型

　　C. 主调函数的类型　　　　　　　　D. return 语句中的表达式类型

(3) 下列关于函数的叙述,错误的是(　　　)。

　　A. 程序总是从第一个定义的函数开始执行

　　B. 函数是构成C程序的基本元素

　　C. 主函数是C程序中不可缺少的函数

　　D. 函数调用之前,需进行定义或声明

(4) 在进行函数参数传递过程中,对形参和实参的要求是(　　　)。

A. 实参必须是常量或常量表达式

B. 形参可以是常量、变量或表达式

C. 形参和实参个数必须相同

D. 实参和形参一般在数量、类型上应匹配

(5) 在程序执行期间一直驻留在内存中的是(　　)。

A. 实参　　　　　　B. 形参　　　　　　C. 动态变量　　　　D.　静态局部变量

4. 谈谈你对模块内聚性和耦合性的理解。

5. 简述模块化程序的设计要点。

6. 程序阅读题

(1) 下面程序的功能是_____。

```
#include <stdio.h>
void main()
{
    int n;
    long fun(int x);
    long sum;
    scanf("%d", &n);
    sum=fun(n);
    printf("%ld\n", sum);
}

long fun(int x)
{
    int i, j;
    long s=0, t;
    for(i=1; i<=x; i++)
    {
        t=1;
        for(j=1; j<=i; j++)   t=t*j;
        s+=t;
    }
    return s;
}
```

(2) 当输入范围上限是 30 时，下面程序的运行结果是_____。

```
#include<stdio.h>
int s;
void func(int i)
{
    s=0;
    for( int j=1; j<i; j++ )
        if(i%j == 0)   s += j;
}
int result(int s, int i)
{
```

```
    if (s==i) return 1;
    else return 0;
}


int main()
{
    int i, n;
    printf("请输入所选范围上限:");
    scanf("%d", &n);
    for(i=2; i<=n; i++)
    {
        func(i);
        if(result(s,i))  printf("It's a perfect number: %d\n", i);
    }
    return 0;
}
```

7. 程序设计题

（1）编写程序，用迭代法求平方根 $x=\sqrt{a}$。求平方根的迭代公式为 $x_{n+1}=\dfrac{1}{2}\left(x_n+\dfrac{a}{x_n}\right)$，当 $|x_{n+1}-x_n|<0.000001$ 时，迭代停止。要求 a 从键盘上输入。

（2）组合数问题。从 n 个不同元素中取出 k 个元素有多少种不同的方法？这是一个组合数问题，求组合数的公式为：$C_n^k=\dfrac{n!}{k!\,(n-k)!}$。

要求：①编写程序，用户从键盘上输入 n 和 k，输出组合数；②自定义函数 fact() 完成求阶乘功能，main() 函数调用 fact() 函数。

（3）下题中要求输入 n 个整数，输出这些数中所有奇数的乘积。

要求：请设计主函数 main() 和函数 oddpro()，其中，函数 oddpro() 的功能是求 1 行测试用例中奇数的乘积。主函数 main()：输入多个测试用例，每个测试用例占 1 行，输入用例个数 n 及对应的 n 个整数，假设每行数据必定至少存在一个奇数。逐行输出每行测试用例中所有奇数的乘积。若 $n\leqslant0$，则测试用例输入完毕。

测试用例输入输出示例：

输入：<u>3　5　8　9</u>↵（表示有 3 个数，分别是 5、8、9）

输出：测试用例 1 的奇数乘积为 45

（4）编写函数 double Pi2(int n)，其功能是计算级数 $\dfrac{\pi^2}{6}\approx\dfrac{1}{1^2}+\dfrac{1}{2^2}+\dfrac{1}{3^2}+\cdots+\dfrac{1}{n^2}$。要求在主函数中输入 n，调用 Pi2() 函数后输出 π 的值（保留 6 位小数）。

第三篇　数据组织与处理技术

批量数据组织与处理

【内容提要】 批量数据是指由多个相同类型的数据构成,且各数据之间存在一定逻辑关系的数据类型。在 C 语言中,利用数组处理批量数据。数组将一组数据类型相同的数据存储在一起,处理批量的、存储在数组中的数据,通常比处理大量的、存储在分散变量中的数据更加容易。本章首先阐述批量数据的基本概念。在此基础上,介绍 C 语言中利用数组处理批量数据的方法,包括数组的定义、存储和数组的数据处理方法。

【学习目的和要求】 本章学习的主要目的是使学生熟悉批量数据类型的概念,理解批量数据的存储和操作方法。要求掌握 C 语言中数组的定义和初始化方法,数组的赋值、运算以及输入输出的方法,并能利用数组解决复杂问题中涉及批量数据的操作。

【重要知识点】 批量数据;数组;数组元素;数组长度;数组地址。

◆ 6.1 批量数据类型的概念

前面各章程序中,大都使用变量来存储数据,并且所涉及的数据均属于基础数据类型。基础数据类型的变量在许多情况下很有用,但也有其局限性。因此,在程序设计过程中,仅仅利用基础类型的变量是远远不够的。一方面是它们无法反映数据的特点,另一方面在处理数据列表的程序中会很麻烦。

设想一下,现在希望对全年级 200 名学生的课程成绩进行处理。由于一个变量只能存储一个值,每次只能对一个值进行处理。如果只是存储某位学生一门课程的成绩,我们只需要定义一个变量 score 即可。假设现在需要存储全年级学生"计算机程序设计"课程的成绩,则需要定义 200 个变量。更进一步,若要存储全年级学生五门课程的成绩,则需要定义 5×200＝1000 个变量。如果这时还需要存储学生的姓名、学号等信息,则需要定义更多的变量。很显然,这是不现实的,也很不科学。

从上面的例子可见,普通变量并不适合于存储和处理数据列表类的一组数据。这时,需要利用批量数据类型,它是一种用户自定义的类型,故属于组合数据类型。**批量数据类型**(Batch Data Type)是指由多个同种类型的数据构成的数据类型,且构成批量数据的多个数据之间存在一定逻辑关系,例如,向量、矩阵、课程成绩表等。对于批量数据,如果仍然按单个变量来进行存储和处理,将无法兼顾数据间的逻辑关系,处理效率很低。鉴于在一般情况下,对数据列表中的数据的操作步骤基本相同,只是操作对象不同。这时,可以考虑使用循环结构来设计程序,即使用循环控制变量自身的值或包含循环控制变量的表达式来确定要访问的具体变量。

　　回顾一下中学数学中学过的数列的概念。对于一个数列,其具体的构成元素 a1,a2,…,a200 由字母和数字组合共同确定。应用中,可以将数列的上述特点推广到计算机程序设计领域:使用循环结构来控制访问数列中的所有元素,使用循环控制变量自身的值或包含循环控制变量的表达式的值作为数列元素在序列中的位置,并且将该位置值转变为下标值,即用 $a_1, a_2, \cdots, a_{200}$ 表示不同的元素。这样一来,使得大批量数据的所有元素有了共同的名字 a(类似于一个家族的"姓"),用以体现它们之间的内在联系以及相同属性,同时又可以利用下标区别不同的元素(类似于家族成员的"名"),从而避免定义太多变量,大大提高了程序的运行效率。

　　对于批量数据,高级程序设计语言一般都会提供相应的处理机制:合适的数据结构用于存储批量数据,不同于一般数据的批量数据操作方法。下面各节中,将主要介绍 C 语言中如何利用数组进行批量数据的组织和处理方法。

6.2 再识数组

6.2 再识数组

　　C 语言中,通常情况下在必须将数据集全体同时放入内存中的情况下可使用数组。数组提供了一种组织数据的机制,所以属于组合数据类型。它将一组数据类型相同的数据按顺序存储到连续的内存空间中,使得处理大批量、存储在数组中的数据,比处理分散存放到普通变量中的大批数据更加容易和高效,但它的使用比变量要复杂,代码更长,调试困难。与变量相同的是,数组也是存储器中命名的存储单元。与变量不同的是,数组可以存储一组值,且数组中的所有值都具有相同的数据类型。

　　例如,可以定义下面的数组用来存放全年级 200 名学生"计算机程序设计"课程的成绩:

```
float score_program[200];
```

　　数组可以存储一组值,所存储的这组值的个数称为"**数组长度**"(或数组大小,Array Length)。数组长度指定了数组可以存储的数值个数,决定着为数组分配的空间的大小。上面代码中,定义了一个名为 score_program 的数组,可以容纳 200 个浮点型数据。大多数编程语言中,数组长度必须为非负整数,是一个常量,并且该常量在程序运行时不能更改。因此,数组长度要定义得恰当,否则会出现存储空间不够用或浪费空间的现象。为了方便阅读和容易修改,一般使用符号常量作为数组长度。如果要修改程序中的数组长度,只需修改符号常量的值即可。例如:

```
#define M 200
float score_program[M];
```

　　数组中的存储单元称为"**数组分量**"或"**数组元素**"(Array Element)。数组元素通常占据了连续的存储空间,该存储空间的首地址(同于数组首元素的地址)可以用数组名来表征,每个数组元素拥有自己的存储空间。每个数组元素在本质上与普遍变量一样,在程序中可以为数组元素赋值或通过键盘输入数据等方式指定数组元素的值(内容),可以使用循环结构遍历整个数组,进行数组元素的处理、输入或输出数组的内容,以及在各类表达式中使用数组元素参与运算。

每个数组元素都被指定了一个唯一编号,称为"**下标**"(Subscript)。下标可以是具有整数值的变量或表达式,它是数组中具体元素的标志,可以利用下标访问不同的数组元素。大多数程序设计语言中,下标从 0 开始,依次为 $1,2,\cdots$。例如,上面例子中,数组元素的下标为 $0\sim199$。在操作数组元素时,注意不要使用无效的数组下标,下标使用不当很容易造成数组的"越界"。当数组有多个下标时,称为多维数组。例如,存储全年级 200 名学生五门课程的成绩,可以定义数组为

```
float score[5][200];
```

上面的数组为二维数组,其中第一维为数组的"行",第二维为数组的"列"。除了二维数组,还可以定义三维、四维以及更高维的数组。

作为同种类型数据的一个有序集合,数组有着自己特殊的逻辑结构和存储结构。

从**逻辑结构**(Logical Structure)角度,一维数组的逻辑结构为线性表,多维数组则是线性表的拓展。即二维数组是"元素为一维数组"的一维数组,一个 m 行 n 列的二维数组,可以看成是由 m 个元素所组成的一维线性表,只不过每个元素又是一个一维数组(包含了 n 个元素)。以此类推,三维数组可以看成是"元素为二维数组"的一维数组……

为方便理解数组的逻辑结构,可以从如图 6-1 所示"视角"来看待各维数组。其中,一维数组就是按一个方向排列的一组数据,二维数组可以视为按行和列两个方向排列的一组数据,将三维数组视为按行、列、层三个方向排列的数据(有点类似于一个储物架,每个储物架分成若干层,每层分成若干行,每行有多个格子)。同理,可以将四维数组视为仓库中的一排储物架(这时需要单独的一维存放架号),将五维数组视为由几排储物架组成的仓库……

存储结构(Physical Structure),又称物理结构,它是数据结构在计算机存储器中的表示,即数组元素在内存中的组织方式。其中,二维数组的存储结构,是将数组元素映射成线性关系存储,采用一维存储器连续存储二维数组的所有元素,即将若干连续的存储单元在逻辑上划分成多个行,按行排列的方式依次进行存储。对于上面的 score 数组,按顺次存放,先存放 score[0]行的 200 个元素,再存放 score[1]行,等等,最后存放 score[4]行。

对于三维及三维以上的高维数组,其存储结构的特点是:最左边的维,下标变化最慢,最右边的维,下标变化最快。换句话讲,就是按层、行、列的方式存储,先存储第 0 层,再存储第 1 层……每一层中,按行的顺序存储,第 0 行存放完再存放第 1 行,然后第 2 行……每一行中,按列的顺序存储,第 0 列存放完再存放第 1 列,然后第 2 列……

关于数组,总结起来呈现出如下四个特点。

(1)**相同性**。构成数组的各个元素都属于同一种数据类型,可以对数组元素实施相同的操作。

(2)**顺序性**。从逻辑角度,数组元素按下标值从 0 开始、按自然数增长,从小到大的顺序进行排列。

(3)**连续性**。从物理角度,数组被存储到一块连续的内存空间中,下标相连的两个数组元素在内存中的位置相邻。

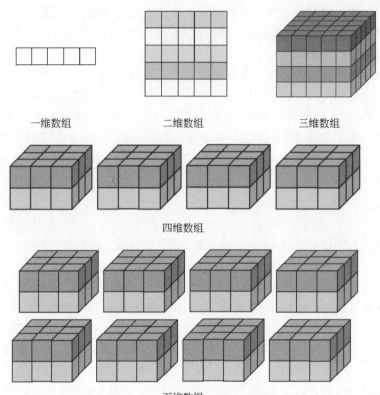

图 6-1　从逻辑视角理解各维数组

（4）**静态性**。编译系统为数组分配固定大小的存储空间，程序一旦运行，数组所占据的空间大小和元素个数将保持不变。

数组的上述特点，使得利用其处理批量数据时得心应手，而且效率高。

6.3 数组的定义和初始化

◇ 6.3　数组的定义与初始化

6.3.1　数组定义

数组定义主要解决下面三个问题：

（1）数组的数组名是什么？

（2）数组中包含了多少个元素？

（3）数组元素的数据类型和存储类别分别是什么？

定义数组的语法格式如下。

一维数组：

> 数据类型　数组名[数组长度];

二维数组：

> 数据类型　数组名[长度 1][长度 2];

三维数组：

数据类型　数组名[长度 1][长度 2][长度 3];

其中,数据类型是指数组元素的类型,可以是 C 语言中的任意类型;数组名必须符合标识符的命名规则;数组长度为一个具有确切值的整型常量表达式,用于指明数组中共包含有多少个数组元素,二维数组中共包含了**长度 1×长度 2**个数组元素,三维数组则包含了**长度 1×长度 2×长度 3**个数组元素。

例如,有如下的数组定义：

```
int x[5];
float y[7];
char z[4];
int a[5][5];
float b[4][3];
char c[2][6];
int u[2][5][8];
float v[3][6][9];
char w[5][7][10];
```

定义数组后,系统会主动在内存中为数组分配一块连续的存储空间,用于容纳数组的各个元素,如图 6-2、图 6-3 所示。

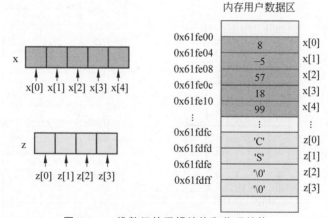

图 6-2　一维数组的逻辑结构和物理结构

例如,对于上面的数组定义,系统为一维数组 x、y、z 分别分配了 4×5、4×7 和 1×4 字节的内存空间,为二维数组 a、b、c 分别分配了 4×5×5、4×4×3、1×2×6 字节的内存空间,为三维数组 u、v、w 分别分配 4×2×5×8、4×3×6×9、1×5×7×10 字节的内存空间。

【例 6-1】 求取上面定义的各数组的内存空间大小。

解:

```
#include<stdio.h>
int main()
{
```

```
    int x[5];
    float y[7];
    char z[4];
    int a[5][5];
    float b[4][3];
    char c[2][6];
    int u[2][5][8];
    float v[3][6][9];
    char w[5][7][10];
    printf("数组长度(字节数):\n");
    printf("%d  %d  %d\n", sizeof(x), sizeof(y), sizeof(z));
    printf("%d  %d  %d\n", sizeof(a), sizeof(b), sizeof(c));
    printf("%d  %d  %d\n", sizeof(u), sizeof(v), sizeof(w));
    printf("数组默认初值:\n");
    printf("x[0]=%d,y[0]=%f,z[0]=%d\n",  x[0],y[0],z[0]);
    printf("a[1][1]=%d,b[1][1]=%f,c[1][1]=%d\n",a[1][1],b[1][1],c[1][1]);
    printf("u[2][2][2]=%d,v[2][2][2]=%f,w[2][2][2]=%d\n",u[2][2][2],v[2][2][2],
w[2][2][2]);
    return 0;
}
```

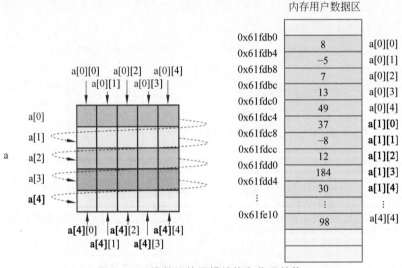

图 6-3　二维数组的逻辑结构和物理结构

程序运行结果：

```
数组长度（字节数）：
 20  28  4
 100  48  12
 320  648  350
数组默认初值：
x[0]=8, y[0]=0.000000, z[0]=0
a[1][1]=0, b[1][1]=0.000000, c[1][1]=0
u[2][2][2]=-1056331130, v[2][2][2]=0.000000, w[2][2][2]=0
```

6.3.2　数组的初始化

在定义数组的同时,可以对数组进行初始化,数组初始化的格式为

> **数据类型　数组名[数组长度]={初始化列表}**
> **数据类型　数组名[行长度][列长度]={{初始化列表 1}, {初始化列表 2}, …}**

或

> **数据类型　数组名[行长度][列长度]={初始化列表}**

例如:

```
int x[10]={0, 1, 2, 3, 4, 5, 6, 7, 8, 9};
float y[7]={3, 1.2, -5.6, 0, 7.8, 3.14, -21};
char z[8]={'E', 'C', 'U', 'S', 'T', ' ', 'C', 'S'};
```

说明:如果未对数组进行显式初始化,全局数组的数组元素将被设置为编译器给定类型的默认值(int 型为 0,float 型、double 型为 0.0,char 型为空(ASCII 码值为 0));当在函数的函数体或复合语句中定义数组时,如果不写"{ }",则默认的初值为随机值或乱码;当数组在函数内或复合语句中定义时,如果写"{ }"或给某几个元素赋初值时,其他未赋值的元素取它们的默认初值。

需要注意的是,可以对数组部分初始化,即只给出部分数据,其他位置的数据采用编译器给定类型的默认值。在给出全部初值的情况下可以省略数组长度,如:

```
int x[ ]={0, 1, 2, 3, 4, 5, 6, 7, 8, 9};
float y[7]={3, 1.2, -5.6, 0, 7.8};
char z[8]={'E', 'C', 'U', 'S', 'T'};
```

二维数组的初始化方式与一维数组类似。例如:

```
int a[3][4]={{1, 2, 3, 4}, {5, 6, 7, 8}, {10, 11, 12, 13}};
float b[4][3]={{1.1, 2.2, 3.3}, {0, 0, 0}, {2.1, 3.2, 4.3}, {1, 1, 1}};
char c[2][5]={{'C', 'H', 'I', 'N', 'A'}, {'E', 'C', 'U', 'S', 'T'}};
int a[3][4]={1, 2, 3, 4, 5, 6, 7, 8, 10, 11, 12, 13};
float b[4][3]={1.1, 2.2, 3.3, 0, 0, 0, 2.1, 3.2, 4.3, 1, 1, 1};
char c[2][5]={'C', 'H', 'I', 'N', 'A', 'E', 'C', 'U', 'S', 'T'};
int a[ ][4]={{1, 2, 3, 4}, {5, 6, 7, 8}, {10, 11, 12, 13}};
float b[ ][3]={{1.1, 2.2, 3.3}, {0, 0, 0}, {2.1, 3.2, 4.3}, {1, 1, 1}};
char c[ ][5]={{'C', 'H', 'I', 'N', 'A'}, {'E', 'C', 'U', 'S', 'T'}};
int a[ ][4]={{1, 2, 3}, {5, 6}, {10}};
float b[4][3]={{1.1, 2.2, 3.3}, {0}, {2.1, 3.2, 4.3}, {1, 1, 1}};
char c[ ][5]={'C', 'H', 'I', 'N', 'A', 'E', 'C', 'U', 'S', 'T'};
```

提倡采用分行形式书写,如:

```
int a[3][4]={{1, 2, 3, 4},
             {5, 6, 7, 8},
             {10, 11, 12, 13}};
float b[4][3]={{1.1, 2.2, 3.3},
               {0, 0, 0},
               {2.1, 3.2, 4.3},
               {1, 1, 1}};
char c[2][5]={{'C', 'H', 'I', 'N', 'A'},
              {'E', 'C', 'U', 'S', 'T'}};
```

说明：

（1）数组名是一个常量，它代表该数组在内存中所分配空间的首地址。

（2）同一个函数中，数组名不允许与变量名相同。

（3）数组长度应为具有确切值的整型常量表达式，不允许用变量进行动态定义。

（4）初始化时初值个数不能超过数组的长度，但可以只为部分元素设置初值。若数组元素个数与初值个数相同，可以省略数组长度。另外，还需注意各个初值在数组中的存储位置。

（5）不允许对数组进行整体赋值。例如，如有定义"int x[10]＝{0，1，2，3，4，5，6，7，8，9}，y[10]；"，则"y＝x；"是错误的。

（6）对于字符数组，除了用字符常量进行初始化外，还可以用字符串常量进行初始化。例如，允许采用如下几种初始化方式：①char z1[9]＝{"ECUST CS"}；。②char z2[9]＝"ECUST CS"；。③z3[ ]＝"ECUST CS"；。④char str[3][10]＝{"Beijing"，"Shanghai"，"Nanjing"}；。

◇ 6.4 利用数组进行数据处理

6.4 利用
数组进行
数据处理

对数组可以实施的操作有：访问数组元素、为数组赋值、数组复制、遍历数组、增加或删除数组元素，以及进行数组的求和，求数组的平均值、最大值、最小值，将数组作为实参传递到另外一个函数中，等等。数组的查找和排序也是数组数据处理的常见内容，关于这方面的内容，将在本章 6.5 节中进行介绍。

1. 访问数组元素

访问数组元素的语法格式：

> **数组名 [下标]**

或

> **数组名 [行下标] [列下标]**

其中，下标、行下标和列下标均为整型表达式，用以指明数组元素在数组中的位置，各个下标均从 0 开始逐个递增，通过下标和行下标、列下标就可以访问指定位置上的数组元素。

2. 为数组赋值、数组复制

为数组元素赋值是通过下标访问数组元素实现的，数组的赋值过程与变量赋值过程是一样的。

【例 6-2】　输出斐波那契数列的前 20 项。

解：

区别于例 5-3 的递归函数调用,这里采用数组方法为数组元素赋值并逐个输出数组中各元素的内容。

```
#include<stdio.h>
#define N 20
int main()
{
    int i, num[N]={1,1};
    for(i=2; i<N; i++)
        num[i]=num[i-1]+num[i-2];
    printf("斐波那契数列前%d项为:\n", N);
    for(i=0; i<N; i++)
        printf("%d  ", num[i]);
    return 0;
}
```

程序运行结果:

```
斐波那契数列前20项为:
1  1  2  3  5  8  13  21  34  55  89  144  233  377  610  987  1597  2584  4181  6765
```

程序中,第 2 行定义了符号常量 N,并声明其值为 20,代表了拟输出的总项数。然后,第 5 行定义了一个整型数组 num,N 常量用作数组长度声明符,因此 num 数组有 20 个元素。第 7 行对数组元素进行赋值,将前两项值之和赋予当前项。第 10 行的 printf 函数调用语句输出存储在数组 num 中的各个元素值,各值之间留两个空格。

在程序中如果需要将一个数组的数据复制到另一个数组中,必须将前者的元素逐个赋值给后者的相应元素。

例如,对于如下代码:

```
int x[10]={0, 1, 2, 3, 4, 5, 6, 7, 8, 9}, y[10];
```

假设要将数组 x 中的值复制到数组 y 中,可以利用循环将 x 中每个元素逐一赋给 y 的相应元素。

```
for(i=0; i<10; i++)
    y[i]=x[i];
```

3. 遍历数组

为遍历整个数组,可以使用循环,将循环控制变量作为数组下标,对每个数组元素执行相同的操作。

【例 6-3】　从键盘上输入 10 个数,输出其中的最大值、最小值和平均值。

解：

```c
#include<stdio.h>
#define N 10
int main()
{
    int a[N], i, max, min;
    float sum=0;
    for(i=0; i<N; i++)
        scanf("%d", &a[i]);
    sum=max=min=a[0];
    for(i=1; i<N; i++)
    {
        if(a[i]>max)  max=a[i];
        else if(a[i]<min)  min=a[i];
        sum+=a[i];
    }
    printf("Max=%d, Min=%d, Average=%.2f\n", max, min, sum/N);
}
```

程序运行结果：

```
567 34 -123 857 28 0 541 679 314 -863
Max=857, Min=-863, Average=203.40
```

在程序第 5 行,定义了一个包含 10 个元素的整型数组,同时定义了一个名为 i 的整型变量,该变量在后续的 for 循环中用作循环控制变量,在循环中其值从 1 变化到 N−1。i 同时用作数组的下标,随着循环的推进,遍历整个数组,从键盘上输入数组各个元素值。刚开始,假定 a[0] 是数组的最大、最小值。接下来的循环中,采用顺序搜索算法,遍历整个数组,将每个数组元素与 max、min 的值进行比较,找出截止到当前元素中的最大值、最小值,并求出这些元素的平均值。

4. 增加或删除数组元素

(1) 插入一个值 x 到数组的第 i 个位置。

思路：从最后一个数组元素开始,将最后至第 i 个数组元素依次向后移动一个位置,然后将新值插入数组第 i 个位置处。

```c
for(j=n-1; j>=i; j--)
    a[j+1]=a[j];
a[i]=x;
n++;
```

这里,n 为数组元素的总个数,j 指向需要移位的数组元素,最后一个数组元素的下标为 n-1。向后移动,循环控制变量应由大到小依次递减,一直变化到第 i 个元素的位置。由于增加了一个新值,故总的元素个数变为 n+1,这也提醒编程者,在定义数组时,数组长度应该比 n 的值要大。

(2) 删除下标为 i 的数组元素。

思路：将下标为 i+1～n−1 的数组元素依次向前移动一个位置,总的数组元素个数将减少一个。

```
for(j=i+1; j<n; j++)
    a[j-1]=a[j];
n--;
```

5. 数组作为函数参数

在程序中,为使数组的相关操作模块化,通常需要将数组作为实际参数传递给其他函数。数组作为实参时,分为两种情况:①传递一个数组元素值;②传递整个数组的地址或某个数组元素的地址。

(1) 传递一个数组元素值。

这属于 5.2.3 节中介绍过的"单向值传递",每次调用时,主调函数都会向被调函数传递一个数值,被调函数中用形参变量接收该数值。

【例 6-4】　数组元素作为函数的实参。

解:

```
#include<stdio.h>

int add(int x, int n)
{
    return x+n;
}

int main()
{
    int a[10]={1, 2, 3, 4, 5, 6, 7, 8, 9, 10};
    int i;
    for(i=0; i<10; i++)
        a[i]=add(a[i], i);              //数组元素作为函数实参
    for(i=0; i<10; i++)
        printf("%d ", a[i]);
    return 0;
}
```

程序运行结果:

```
1 3 5 7 9 11 13 15 17 19
```

在程序开头,定义了一个函数 add(),该函数主要功能是实现两个数的求和计算,它包含两个整型形参 x 和 n。在主函数 main() 中,通过表达式 a[i]＝add(a[i], i) 调用 add() 函数,分别用数组元素 a[i] 和循环控制变量 i 作为实参。这里,实参和形参的结合方式为"单向值传递",即由 a[i] 将值传递给 x,i 的值被传递给 n。

(2) 传递整个数组的地址或某个数组元素的地址。

可以用数组元素的地址、数组名或字符串作为实参,实现"双向地址传递"。如果传递某个数组元素的地址,形参应该被定义为指针变量以接收来自实参的地址值;如果用数组名或字符串常量作为实参,则将整个数组或字符串常量在内存中的首地址传递给形参,形参可以定义为数组或指针变量。这种情况下,通常需要传递两个数据,一个是数组的地址,另一个

为数组元素的个数。

【例 6-5】 数组名作为函数的实参。

解：

```c
#include<stdio.h>

void fun(int x[5], int n)        //可不指定数组长度,即不要求其长度与实参数组一致
{
    int i;
    for(i=0; i<n; i++)
        x[i]=x[i]-1;
}

int main()
{
    int i, a[10]={1, 2, 3, 4, 5, 6, 7, 8, 9, 10};
    fun(a, 10);                  //数组名作为函数的实参
    for(i=0; i<10; i++)
        printf("%3d", a[i]);
    printf("\n");
    return 0;
}
```

程序运行结果：

```
0  1  2  3  4  5  6  7  8  9
```

程序中,由于用数组名作为函数的实参,而数组名代表了该数组在内存空间中的首地址,使得形参数组和实参数组共享同一段内存空间,故此对形参数组的任何操作等同于对实参数组进行操作。

6. 字符型数据的处理

在 3.3 节中已经对字符型数据的输入和输出方式进行了初步阐述,在此将介绍如何利用数组方式存储和处理字符型数据。常用的字符/字符串的输入输出函数如表 6-1 所示。

表 6-1　字符型数据的输入输出函数

功　　能	输 入 函 数	输 出 函 数	头 文 件
输入输出一个字符	getchar()	putchar()	stdio.h
格式化输入输出函数	scanf()	printf()	stdio.h
非格式化输入输出函数	gets()	puts()	stdio.h
文件数据的输入输出函数	fgets()	fputs()	stdio.h

说明：

假设有数组定义：char str[10];。

（1）对于函数调用 scanf("%s", str),该函数不会以整行形式读入,而是一个一个地从缓冲区中读取字符,但不会读取空白字符（如空格、制表符等）。

（2）printf("％s"，str)将逐个输出 str 中的字符,直至遇到'\0'。若无'\0',则会继续向后将内存中的字符输出,一直到遇见'\0'。

（3）使用 gets(str)函数时,会将空白当作合法字符一起读入,直到遇到一个换行符为止。函数执行成功,将返回一个字符数组首地址。

（4）puts(str)将输出 str 中的字符串,并在其后添加一个换行符。函数执行成功时,返回一个非负值(0),否则返回 EOF(－1)。

除此之外,系统还提供了如表 6-2 所示的字符/字符串处理函数。

表 6-2　字符/字符串处理函数

一 般 形 式	功 能 说 明	返 回 值	头文件
strlen(字符串)	求字符串的长度	有效字符的个数	string.h
strcpy(字符数组 1，字符串 2)	将字符串 2 复制到字符数组 1 中	字符数组 1 的首地址	string.h
strcmp(字符串 1，字符串 2)	比较两个字符串	字符串 1＝＝字符串 2,返回 0; 字符串 1＞字符串 2,返回正整数; 字符串 1＜字符串 2,返回负整数	string.h
strcat(字符数组 1，字符数组 2)	连接两个字符串	字符数组 1 的首地址	string.h
strchr(字符串，字符)	在字符串中查找字符	若找到,返回字符第 1 次出现的位置; 若未找到,返回空地址	string.h
tolower(字符)/toupper(字符)	转换为小/大写	相应的小/大写字母	ctype.h
strupr(字符串)/strlwr(字符串)	转换为大/小写	非标准 C 函数,只能在 VC 中用	

上述函数中,strlen()函数用于求取字符串的长度(单位为字节);字符串拷贝函数 strcpy()用于将一个字符串 2 复制到数组 1 中,这里要求字符数组 1 要定义得足以容纳下字符串 2;strcmp()称为字符串比较函数,用以比较两个字符串的大小,比较时是按字母的ASCII 码相比较,按字母顺序排在前面的小,排在后面的大;strcat()函数用来连接两个字符串,连接好的字符串存放在字符数组 1 中,故字符数组 1 要能容纳下两个字符串,并将字符数组 1 的地址作为函数的返回值;strchr()函数的作用是在字符串中查找特定的字符;tolower()和 toupper()则是用来实现字母的大小写转换。

【例 6-6】　连接两个字符串,连接时要求按字母序,最后输出连接后的字符串。

解：

本题包含了两项要求,首先进行字符串的比较,然后进行字符串连接。要连接两个字符串,有两种方法:一种方法是将后一个字符串中的字符逐个复制到第一个字符串的后面;另一种方法调用字符串处理函数,直接完成字符串的连接。本题采用后一种方法。这里,形参采用字符数组,对应的实参分别为字符数组名和字符串常量。具体的程序如下:

```
#include<stdio.h>
#include<string.h>

void fun(char x[], char y[])
{
```

```
        if(strcmp(x, y)<=0)   { strcat(x, y);   puts(x);}
        else   { strcat(y, x);   puts(y);}
    }

    int main()
    {
        char a[20], b[20];
        printf("\n输入拟连接的两个字符串,以回车结束:\n");
        gets(a);
        gets(b);
        fun(a,b);
        return 0;
    }
```

程序运行结果：

```
输入拟连接的两个字符串，以回车结束:
Shanghai China
Ecust CS
Ecust CSShanghai China
```

6.5 批量数据的组织与处理举例

6.5　批量数据组织与处理举例

【例 6-7】 某高校举行"新生辩论大赛"，共有 10 名学生参赛，评分规则如下：由 7 位评委对参赛选手打分，去掉一个最高分、一个最低分，计算其余 5 位评委的平均分作为选手的最后得分。请设计程序使得能根据每个学生的最后得分排出参赛选手的最终名次。

解：

本题中，拟解决的问题：计算每位参赛选手的最后得分；按照最后得分的排序决定选手的最终名次。为实现上述功能，这里需要定义两个数组：两维数组 score 用于存放 7 位评委对参赛选手的打分，一维数组 aver 用于存放选手的最后得分。

计算选手的最后得分比较简单，相对复杂的是对选手的最后得分进行排序。排序（Ranking）是对批量数据进行处理时经常会遇到的操作，它是指将一个数组的数据以特定的顺序重新排列。可以按升序排序——从小到大，也可以按降序排序——从大到小。本题要求按照降序对参加辩论赛的各位选手的得分进行排序。

排序需要利用排序算法，常用的排序算法有冒泡排序法、选择排序法、插入排序法、快速排序法、希尔排序法等，本书主要介绍冒泡排序法和选择排序法，有兴趣的读者可自行学习其他排序方法。

1. 冒泡排序法

利用冒泡排序法（Bubble Sort）排序时，重复访问待排序的数组。即要对数组进行若干次遍历，在每一次遍历中，依次比较两个相邻的元素，逆序（和要求的顺序不同）时就进行交换，若不存在逆序则不交换，重复上述步骤直到没有交换为止。例如，如果按升序进行排序，每次比较，值较大的元素总是向数组末端移动，每趟（轮）遍历结束，值最大的元素将被移动到数组末端。第一轮遍历结束后，末端元素已是所有元素中的最大值，在下一次遍历中该元素将不再被包含到遍历范围内。降序排列时,值较小的元素总是被逐步向数组的末端移动。依此类推,经过若干轮冒泡排序以后,所有的元素已经被按照从小到大的顺序排列好。这种排序过程,类似于烧开水时,锅底的水受热后水滴体积胀大变为气泡向水面上浮(冒泡),靠近水面的冷水由于重力沉底,经过不断的上浮、沉底,整锅的水慢慢变得沸腾了,故此形象地称这种排序方法为"冒泡"排序法。

　　总结上面的排序过程可知,排序一般要进行多轮(对于 n 个待排序的数组,需要进行 n−1 轮冒泡排序)。每轮进行若干次比较,每次比较均需要对相邻的两个元素进行两两比较,大数"沉底",小数"浮起"。这样,每一轮会将当前范围中值最大的元素"沉"到数组末端,或值最小的元素"浮"到数组顶端,最终达到完全有序。

　　整个排序过程如图 6-4 所示,第 1 轮排序过程如图 6-5 所示。

```
原始数据    98  85  78  95  89  67  84  96  82  75
第1轮排序   85  78  95  89  67  84  96  82  75 (98)
第2轮排序   78  85  89  67  84  95  82  75 (96) 98
第3轮排序   78  85  67  84  89  82  75 (95) 96  98
第4轮排序   78  67  84  85  82  75 (89) 95  96  98
第5轮排序   67  78  84  82  75 (85) 89  95  96  98
第6轮排序   67  78  82  75 (84) 85  89  95  96  98
第7轮排序   67  78  75 (82) 84  85  89  95  96  98
第8轮排序   67  75 (78) 82  84  85  89  95  96  98
第9轮排序   67 (75) 78  82  84  85  89  95  96  98
排序结果    67  75  78  82  84  85  89  95  96  98
```

图 6-4　冒泡法的排序过程(按升序)

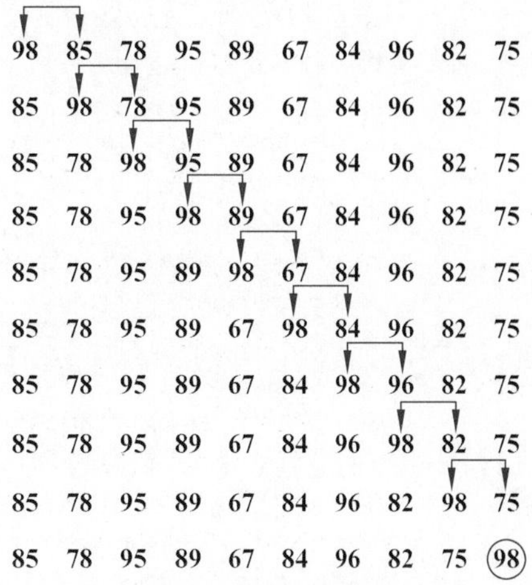

```
98  85  78  95  89  67  84  96  82  75
85  98  78  95  89  67  84  96  82  75
85  78  98  95  89  67  84  96  82  75
85  78  95  98  89  67  84  96  82  75
85  78  95  89  98  67  84  96  82  75
85  78  95  89  67  98  84  96  82  75
85  78  95  89  67  84  98  96  82  75
85  78  95  89  67  84  96  98  82  75
85  78  95  89  67  84  96  82  98  75
85  78  95  89  67  84  96  82  75 (98)
```

图 6-5　第 1 轮排序过程

　　本题中,首先计算出 M＝10 名参赛选手的最后得分,即去掉 N＝7 个评委打分中的最高分和最低分,求得其余 N−2＝5 个分数的平均值并将其存放到数组 aver 中。然后,利用冒泡法对存放在 aver 数组中的 M 个成绩进行排序。

　　为实现排序功能,可利用两重循环实现,外循环用 i 控制轮数,内循环用 j 控制每轮的比较次数,相应的代码为:

```
for(j=0; j<M-i; j++)
    if (aver[j]<aver[j+1])
    {
        tmp=aver[j];
        aver[j]=aver[j+1];
        aver[j+1]=tmp;
    }
```

　　其中,第 1 轮排序共需进行 M−i＝10−1＝9 次比较,本轮比较结束后,最大数即移到最前面(数组第 1 个元素位置)。第 2 轮排序共进行 M−i＝10−2＝8 次比较,比较结束时,第二大的数被移到第 2 个元素位置处。其他各轮依此类推。

```c
#include<stdio.h>
#include<string.h>
#define M 10
#define N 7

int main()
{
    int i, j;
    char player[M][10], player1[M][10], name_tmp[10];
    float score[M][N], aver[M], sum, max, min, tmp;
    printf("请输入各位选手的报名号和 7 位评委的打分:\n");
    for(i=0; i<M; i++)
    {
        sum=0.0;
        scanf("%s", player[i]);
        for(j=0; j<N; j++)
        {
            scanf("%f", &score[i][j]);
            sum+=score[i][j];
        }
        strcpy(player1[i], player[i]);
        max=min=score[i][0];
        for(j=1; j<N; j++)
        {
            if(score[i][j]>max)  max=score[i][j];
            if(score[i][j]<min)  min=score[i][j];
        }
        aver[i]=1.0 * (sum-max-min)/(N-2);
    }

    /* 以下代码为冒泡法排序过程 */
    for(i=0; i<M-1; i++)                         //第 i 轮
        for(j=0; j<M-1-i; j++)                   //第 i 轮中第 j 次比较
        if(aver[j+1]>aver[j])
        {
            tmp=aver[j];
            aver[j]=aver[j+1];
            aver[j+1]=tmp;
            strcpy(name_tmp, player1[j]);
            strcpy(player1[j], player1[j+1]);
            strcpy(player1[j+1], name_tmp);
        }

    printf("选手的最终排名情况:\n名次    报名号    最终成绩\n");
    for(i=0; i<M; i++)
        printf("%3d      %s      %6.2f\n", i+1, player1[i], aver[i]);
    return 0;
}
```

程序运行结果：

```
请输入各位选手的报名号和7位评委的打分：
1001  85  78  90  86  82  79  93
1002  95  91  90  87  83  92  76
1003  98  95  100 89  88  91  93
1004  92  96  90  86  100 90  88
1005  87  82  85  92  90  88  93
1006  91  90  89  83  85  94  96
1007  90  85  87  91  76  83  79
1008  87  89  92  90  74  77  88
1009  93  90  84  89  92  88  78
1010  86  78  75  79  83  89  94
选手的最终排名情况：
名次    报名号    最终成绩
1       1003      93.20
2       1004      91.20
3       1006      89.80
4       1002      88.60
5       1009      88.60
6       1005      88.40
7       1008      86.20
8       1007      84.80
9       1001      84.40
10      1010      83.00
```

2. 选择排序法

　　冒泡排序法原理比较简单，但是数据的每次交换只能向某个方向移动一个元素位置，因此效率较低。而选择排序法(Selection Sort)交换的次数少，是比冒泡排序法更加高效的排序方法。选择排序法(见图 6-6)从序列头部开始逐步构建有序序列，对于未排序数据，逐个选择出其中最小(大)者插入已排序序列的尾部。排序共进行若干轮，每一轮从待排序的数据元素中选择最大(或最小)的一个元素作为首元素，直到所有元素排完为止。第一轮在数组中找到所有元素中的最大(小)值，并将其与数组中的第一个元素互换位置；第二轮在剩下的元素中找到次大(小)值，并将其与数组中的第二个元素互换位置；以此类推。

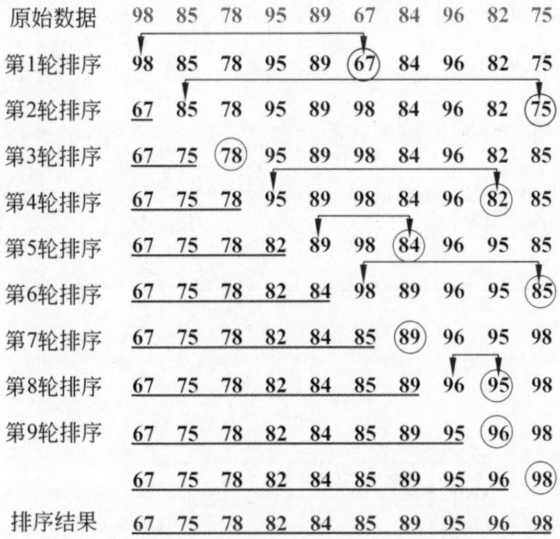

图 6-6　选择法的排序过程(按升序)

　　程序仍然需要采用两重循环实现，外循环用 i 控制轮数，内循环用 j 控制该轮中的第 j 次比较：

```
/*以下代码为选择法排序过程*/
for(i=0; i<M-1; i++)                           //第i轮
  for(j=i+1; j<M; j++)                         //第i轮中第j次比较
    if(aver[j]>aver[i])
    {
        tmp=aver[i];
        aver[i]=aver[j];
        aver[j]=tmp;
        strcpy(name_tmp, player1[i]);
        strcpy(player1[i], player1[j]);
        strcpy(player1[j], name_tmp);
    }
```

【例6-8】　某地举行国际大学生程序设计竞赛（International Collegiate Programming Contest，ICPC）比赛，共有10支队伍参赛，需要有一支队伍发言，经协商决定由名字按字典序排在最前面的队伍发言，请编程实现。

解：

本题中，存放每支队伍的英文名需要一个一维数组，现在需要存放10支队伍的队名，故应定义一个二维数组。同时，还需要定义一个一维数组用于存储拟发言队伍的名字。挑选名字排在最前面的队伍，实则就是"打擂台"，需要使用系统函数进行字符串的比较。

```
#include<stdio.h>
#include<string.h>
int main()
{
    int i;
    char team[10][20], Firteam[20];

    for(i=0; i<10; i++)
      gets(team[i]);
    strcpy(Firteam, team[0]);
    for(i=1; i<10; i++)
      if(strcmp(Firteam, team[i])>0)
        strcpy(Firteam, team[i]);

    printf("The team of giving speech is %s\n", Firteam);
    return 0;
}
```

程序运行结果：

```
Please input the names:
ECUST_CS
Redbull
BlueBird
Dongfeng
NorthEarth
CrossRed
T-3D
GreenFrost
EcnuSoft
Generation5D
The team of giving speech is  BlueBird
```

【扩展阅读】 开放源代码软件。

开放源代码软件(开源软件)是指公开发布源代码的软件,"开源"是从英文 Open Source 翻译而来的,即将软件项目的源代码向所有人开放,允许大众自行获取、使用、复制、修改和发布。换句话讲,就是在发行某款软件时,会附上该软件的源代码,并允许用户自由修改、传播或衍生著作。

开源软件一方面继承了"自由软件运动"(Free Software Movement)所倡导的知识共享共治的理念,另一方面又允许用户通过专利等形式从知识产品中获得利益,在某种程度上保护了软件开发者创造知识产品的积极性。从外延上讲,自由软件仅是开源软件的一个子集,两者都允许免费使用和公布源代码。当然,开源软件不一定是免费的,开源的真正目的是通过更多人的参与,以便进一步对软件进行完善。

软件开源的初衷就是打破闭源商业软件的垄断,通过开源,可以使用户根据个性化需求来使用和定制软件。开源软件由散布在全世界各地的编程者队伍共同开发,方便开发者学习和借鉴,可以使更多的人参与到开发活动中,有助于该软件的日臻完善,避免了重复开发活动,极大地提高了软件开发效率。除此之外,一些商业公司、协会、大学、承包商等,也投入许多人力物力基于开源软件进行软件开发。

当前,开源软件或者框架也被广泛地应用,从前端到后台,从 Web 服务器到数据库,几乎每一种类型都有很多可以使用的开源软件。

代表性开源软件项目如下。

(1)操作系统:UNIX、FreeDOS、Linux、Android、openEuler、Fedora、CoreOS、FreeBSD。

(2)数据库系统:MySQL、NoSQL、Berkeley DB、SQLite。

(3)桌面环境类软件:GNOME、GNUstep、KDE。

(4)中间件软件:Apache、Nginx、Tomcat。

(5)编程语言类软件:GCC、Open64、PHP、Eclipse、Perl、Qt 和 Docker。

(6)应用服务器类软件:Enhydra(Java)、JBoss(Java)、Open3(XML)。

(7)企业应用软件:Compiere(ERP+CRM)、J2EE 等。

(8)Web 服务器软件:Apache、Kangle、Nginx。

(9)文件编辑类开源软件:Gnome Office、KeyNote、TeX、OpenOffice。

(10)云计算、大数据类软件:CloudStack、CloudFoundry、Hadoop、Spark、Hive。

其他开源软件项目有:浏览器 Firefox 和 Chrome、图形图像编辑软件 Gimp、多媒体播放器 Mplayer 和 VideoLAN、Java 测试框架 JUnit、人工智能软件 TensorFlow、3D 打印软件 Mamba3D、3D 建模/动画/渲染软件 Blender 等。

著名的国际开源组织包括自由软件基金会(Free Software Foundation,FSF)、Linux 基金会(Linux Foundation,LF)、OpenStack 基金会(OpenStack Foundation,OSF)和 Apache 基金会(Apache Software Foundation,ASF)。

开源不等于免费。为规避商业风险和避免开源软件成为某些商业机构或个人的牟利工具,开源社区往往会制定开源协议,用以维护自己的软件版权。开源协议(Open Source License),又称开源许可证,是指开源软件所遵循的许可协议(具有法律性质的合同),它详细规定了使用者在获得代码后拥有的权利和义务,以及可以进行的操作等,用户需要在该协议的允许范围内对开源软件的源代码进行使用、修改和发行。常用的开源协议包括 GPL 协议、LGPL 协议、MPL 协议、Apache 协议、MIT 协议和 BSD 协议等。

在开源软件发展过程中，作为承载开源软件的载体，开源社区也在不断地发展和成熟。开源社区（Open Source Community），又称开放源代码社区，一般由某个开源项目的开发成员或者拥有相同兴趣的人组成，为成员提供了一个自由学习和交流的空间。在中国，除淘宝的 Code 平台外，CSDN、OSChina 等著名的技术社区也相继推出了自己的开源项目托管平台，为软件开发人员提供了良好的开发和交流环境。其中，淘宝 Code 平台共托管了多达7400 个开源项目，CSDN 通过与开源社区的合作扩展其项目平台的应用，OSChina 建立了开源软件库、项目托管及代码分享等社区工具，吸引了超过 10 万个开源项目。目前，国内外知名的开源项目门户社区有 Linux Kernel 社区、GitHub 社区、SourceForge 社区、Stack Overflow 社区、MSDN 社区等。

◆ 本章小结

"千淘万漉虽辛苦，吹尽狂沙始到金。"数据，尤其是批量数据，是程序设计过程中经常会遇到的对象，批量数据类型是指由多个同种类型的数据按照一定的次序构成的数据类型，且构成批量数据的多个数据之间存在一定的逻辑关系。

C 语言中利用数组来存储、组织和处理批量数据。数组所具备的相同性、顺序性、连续性和静态性等特点，使得处理批量的、存储在数组中的数据，通常比将这些数据存储到分散的变量中更容易和更高效。数组分为一维数组、二维数组和多维数组。数组名代表数组在内存中的首地址。数组长度指定了数组可以存储的数据个数，系统按照数组长度在内存中分配连续的存储空间，故该长度在程序运行时不允许修改。数组的每个分量称为数组元素。数组通过下标区分不同的数组元素，下标是数组中具体元素的标志，下标一般从 0 开始，多维数组包含多个下标。数组元素可以是 C 语言中的任意类型，如 int 型、char 型或 float 型等。可以通过不同的形式对数组进行初始化，初始化时允许部分填充数组。通常只能引用数组元素，不允许对数组进行整体赋值。可以将数组元素或数组名作为实参传递给被调用的函数，分别用以实现传值调用或传地址调用。

◆ 习 题

1. 名词解释

(1)批量数据类型；(2)逻辑结构；(3)存储结构；(4)数组；(5)数组地址。

2. 填空题

(1) 若有定义"char y[12]={'E', 'C', 'U', 'S', 'T', '\0', 'C', 'S', '\0'};"，则"printf("%s", y);"的输出结果是_____。

(2) 若有"int A=5; float B=8;char C='a', D[ ]="C program"; printf("A=%-3d, B=%5.2f, C=%d, D=%.5s\n", A, B, C, D);"，则输出结果为_____。（空格以"␣"代替）

(3) 若有"int a[10]={1, 2, 3};"，在函数调用时，当用 a[5]作实参时，向形参变量传递的是_____,而用 a 作实参时,传递的是_____。

(4) 如果有"int t[3][4]={1,2,3,4,5,6,7,8,9,10};",则 t[1][2]的值为_____。

(5) 设有"int cs_class[10][10];",则 cs_class[5]表示一个_____。(填"数据"或"地址")

3. 选择题

(1) 下列对一维数组 a 的正确说明语句为( )。

    A. int a(10);

    B. int n=10, a[n];

    C. ♯define SIZE 10

        int a[SIZE];

    D. int n; scanf("%d", &n); int a[n];

(2) 若使用一维数组名作为函数的实参,则下面说法中正确的是( )。

    A. 形参数组名与实参数组名必须完全一样

    B. 形参数组与实参数组的长度必须相等

    C. 在被调函数中不需要考虑形参数组的大小

    D. 实参数组类型与形参数组类型可以不一致

(3) 若有 int a[ ]={3, 6, 9, 12},则对数组元素地址表示正确的是( )。

    A. &a+1   B. &a[5]   C. &a   D. &a[2]

(4) 以下程序的输出结果是( )。

```
#include<stdio.h>
void main(void){
  int y=18, i=0, j, a[8];
  do{  a[i]=y%2;  i++;  y=y/2;}while(y>=1);
  for(j=i-1; j>=0; j--) printf("%d", a[j]);
}
```

    A. 10000   B. 10010   C. 00110   D. 101

(5) 数组的最后一个下标值是( )。

    A. 0   B. 数组大小   C. 数组大小-1   D. 不确定

4. 谈谈你对批量数据类型的理解。

5. 试比较分析数组的逻辑结构与物理结构。

6. 程序阅读题

(1) 下面程序的输出结果是_____。

```
#include <stdio.h>
void main()
{
    int i, j, k, n=6, a[8][8];
    for(i=1; i<=n-1; i++)
        a[i][1] = a[i][i] =n;
    for(i=3; i<=n-1; i++)
        for(j=2; j<=i-1; j++)
            a[i][j]=a[i-1][j-1] * 2+a[i-1][j];
```

```
    for(i=1; i<=n-1; i++)
    {
        for(k=1; k<=n-i; k++)
            printf("***");
        for(j=1; j<=i; j++)
            printf("%6d",a[i][j]);
        printf("\n");
    }
}
```

（2）下面程序的输出结果是_____。

```
#include <stdio.h>
void main()
{
    int i, j, k, n=39, t=6, a[6][6];
    for(i=1; i<=t-1; i++)
    {
        a[i][1]=a[i][i]=n;
        n=n/2;
    }
    for(i=3; i<=t-1; i++)
        for(j=2; j<=i-1; j++)
            a[i][j]=a[i-1][j] * 4-a[i-1][j-1];
    for(i=1; i<=t-1; i++)
    {
        for(k=1; k<=t-i; k++)
            printf("***");
        for(j=1; j<=i; j++)
            printf("%6d",a[i][j]);
        printf("\n");
    }
}
```

（3）以下程序的功能是_____。

```
#include<stdio.h>
int main()
{
    int i, n, a[10];
    for(i=0; i<10; i++)
        scanf("%d", &a[i]);
    scanf("%d", &n);
    for(i=n; i<10; i++)
        a[i-1]=a[i];
    for(i=0; i<10-1; i++)
        printf("%d ", a[i]);
    return 0;
}
```

（4）下面程序段的输出结果是_____。

```
#define N 4
void root(int a[][N])
{
    int i, j, t;
    for(i=0; i<N; i++)
    for(j=0; j<i; j++)
    {
      t=a[i][j];
      a[i][j]=a[j][i];
      a[j][i]=t;
    }
}
```

（5）以下程序的功能是_____。

```
#include<stdio.h>
void main()
{
    int i, m,n, a[11];
    for(i=0; i<10; i++)
      scanf("%d", &a[i]);
    scanf("%d", &m);
    scanf("%d", &n);
    for(i=10; i>=n; i--)
      a[i]=a[i-1];
    a[n-1]=m;
    for(i=0; i<=10; i++)
      printf("%d ", a[i]);
}
```

7. 程序设计题

（1）设计程序,要求对用户从键盘输入的 30 个数据进行如下处理:

① 将这些数据存储到数组中;②寻找并输出这批数据的最大值、最小值;③计算并输出这些数据的总和、平均值,平均值保留 2 位小数。

（2）设计一个程序,用以输出一个 4×4 阶矩阵的主对角线元素之和,矩阵元素可以通过初始化方式或从键盘输入。

（3）编写程序,实现以下功能并输出:

① 将一个字符串反转;②连接两个字符串;③将字符串中的小写字母转变为大写字母。

（4）设计程序,分别使用冒泡排序法和选择排序法,实现对一个包含 20 个元素的数组进行排序。要求自定义三个函数 input()、sort()和 output(),分别用于输入数组元素值、对数组排序和输出排序后的数组元素值,在 main()函数中调用 input()、sort()和 output()函数。本题不允许定义全局数组。

第7章

混合数据组织与处理

【内容提要】 混合数据类型是由多个不同类型的数据构成,且各数据之间存在一定逻辑关系的数据类型。在 C 语言中,利用结构体、共用体类型处理混合数据。本章首先阐述混合数据类型的概念和基本特征。在此基础上,主要介绍 C 语言中利用结构体、共用体处理混合数据的方法,包括结构体、共用体类型的创建、变量定义,以及利用它们组织、存储和处理数据的方法。此外,简要介绍枚举类型的创建、变量定义以及使用方法。

【学习目的和要求】 本章学习的主要目的是使学生熟悉混合数据类型的概念,理解混合类型数据的存储和操作方法。要求掌握 C 语言中结构体、共用体、枚举类型变量的定义和初始化方法,它们的赋值、运算以及输入/输出的方法,并能利用混合数据类型解决复杂问题中相关数据的处理。

【重要知识点】 混合数据类型;结构体;共用体;枚举。

◆ 7.1 混合数据类型的概念

如前所述,利用批量数据类型组织和处理由多个同种类型元素构成的大量数据时具有较高的效率,但它却无法存储和处理由不同类型数据构成的复杂数据。例如,对于数据项是由多个子数据组成,每个子数据的类型不完全一样的情况(见表 7-1)。

表 7-1 包含不同类型数据的学生信息

学号	姓名	性别	年龄	高考成绩	籍 贯
20240001	张三	男	18	585	北京市朝阳区
20240002	李四	女	17	605	上海市奉贤区
⋮					
202430165	王五	男	19	627	四川省成都市

很显然,对于上面的学生信息,需要创建一种新的数据类型来存储、组织和处理这些信息,这就是混合数据类型(Mixing Data Types)。混合数据类型将几种不同类型的数据组合在一起,这样在存储和处理数据时,可以将它们作为一个整体来看待,使得处理的效率大大提高。同时,还可以分别取出该数据的各个分量,增

加了程序的灵活性。

　　作为一种组合数据类型,混合数据类型将几种相同/不同的基础类型或者已创建好数据类型的数据,进行相应的设计、添加和组合,创建出一种新的数据类型,以满足实际问题中面临的各类复杂情形。混合数据类型带来的好处,就是组成混合数据的各个成员彼此之间有一定的关联关系。因此,无论是从逻辑上还是物理上,该数据均可以被当成一个整体处理,而不是相互孤立对待,这在变量存储空间的分配、两个相同类型数据的赋值、作为实参进行整体数据传递时尤为明显。

　　通过整体处理使数据的组织和处理变得有序且更加容易,同时在需要时还可以将组成该数据的各个成员分别取出进行单独处理,有合有分,增加了数据处理的灵活性。高级程序设计语言一般都会提供关于混合数据类型的处理机制,例如 C 语言中的结构体和共用体,C♯ 中的结构,以及 Python 语言中的列表、元组、字典和集合等。

◆ 7.2　结构体类型和结构体变量

　　C 语言允许用户自己创建由不同类型数据组合而成的个性化数据结构,这就是结构体和共用体。

7.2.1　结构体类型的创建

7.2.1 结构
体类型的
创建

　　结构体就是这样一种数据类型,它包含了一组数据,这组数据可以具有不同的类型。例如,针对表 7-1 的内容,可以创建如下的结构体类型:

```
struct Stu                              //结构体类型名
{
    int num;                            //成员 1 类型及名称
    char name[20];                      //成员 2 类型及名称
    char sex;                           //成员 3 类型及名称
    int age;                            //成员 4 类型及名称
    float score;                        //成员 5 类型及名称
    char addr[20];                      //成员 6 类型及名称
};
```

　　上面的混合数据类型,称为**结构体**(Struct)或记录类型、表单类型,它将一组数据值组合成一个新的数据类型,用这组数据共同描述一个对象,形成一个整体。结构体中的每个数据值叫作结构体成员,每个成员都有一个名字。

　　相比较数组类型,利用结构体实现了"数据封装":

　　(1)数组。将类型相同的一组有序数据封装成一个整体,需要时可以从数组中挑选元素,单独进行操作。

　　(2)结构体。将类型不同的一组无序数据封装成一个整体,需要时可以从结构体变量中取出成员,单独进行操作。

　　这里特别要注意区分结构体类型与结构体变量。其中,结构体类型是一种数据类型,系统不对其分配存储单元,故该类型中无法存储具体的数据。而对于结构体变量,系统不但为其分配若干长度的存储单元，而且可以在结构体变量中存放具体的数据。因此，在创建结构体类型后，就可以定义结构体变量、结构体数组、结构体指针等。

7.2.2 结构体变量的定义和初始化

7.2.2 结构体变量的定义和初始化

在定义结构体变量之前，首先需要创建（定制）结构体类型。创建结构体类型是指定制该结构体类型的变量由哪些成员组成，每个成员的名字及类型。而定义结构体变量则是编译器按照创建的结构体类型给变量分配相应的存储空间，并且在相应的内存空间中存入一组数据。

创建结构体类型的语法格式：

```
struct   结构体类型名
{
   成员表列;
};
```

其中，struct 为定义结构体类型的关键字，成员列表用于对结构体类型各个成员进行定制（定义），指定每个成员的数据类型及名称。

例如，7.2.1 中的 struct Stu。再如：

```
struct book                          //存储图书信息的结构体类型
{
   int no;                           //图书编号
   char name[20];                    //图书名
   float price;                      //图书价格
   char press[20];                   //图书出版社
};
```

说明：

（1）结构体成员的类型可以是 C 语言中的任意类型，包括整型、字符型、浮点型，也可以是数组、结构体类型甚至共用体类型；

（2）成员名可以与程序中的变量名相同，不同的结构体类型中也可以以相同的名字命名各成员；

（3）结构体类型的创建可以放置在函数之外，也可以放到函数内部，一般情况下放在 main() 函数之前，通常将构建结构体类型的代码保存在头文件中以便其他程序也可以调用；

（4）系统对结构体类型不分配存储空间。

创建好结构体类型后，就可以采用如下三种方式定义结构体变量。

1. 分别进行类型创建与变量定义

这种方式下，首先创建好结构体类型，然后再定义相应的结构体变量。

语法格式为

```
struct   结构体类型名   变量名;
```

例如：

```
struct Student
{
    int num;
    char name[20];
    float score;
};
struct Student st1, st2;
```

上例中,定义了两个结构体变量 st1 和 st2,它们的类型即 struct Student。

2. 在创建结构体类型的同时定义结构体变量

结构体变量的定义格式为

```
struct   结构体类型名
{
   成员表列;
}结构体变量名;
```

例如:

```
struct Student
{
    int num;
    char name[20];
    float score;
}st1, st2;
```

即将第 1 种方式中的两个步骤合成为一步,这里不但创建了结构体类型 struct Student,而且利用该类型定义了两个结构体变量 st1、st2。

3. 不创建结构体类型而直接定义结构体变量

相应的语法格式为

```
struct
{
   成员表列;
}结构体变量名;
```

例如:

```
struct
{
    int num;
    char name[20];
    float score;
}st1, st2;
```

相对于第 2 种方式,这里省略了 Student,直接定义了两个结构体变量 st1、st2。

上述三种方式中,方式 1 最为常见,编程者创建好自己的结构体类型之后,可以在程序

中多次用其来定义变量，通常适用于需要大量引用该种结构体类型的情形；方式 2 是方式 1
的简略形式，此后还可以再次引用该结构体类型，如"struct　Student　st3；"，一般适用于
引用该结构体类型次数不太多的情形；方式 3 则适用于一次性定义结构体变量的场合。

　　定义好结构体变量之后，系统将为其分配一片连续的存储单元，该存储空间的大小为各
成员所占内存单元长度之和，如图 7-1 所示。需要时可以用 sizeof()运算符测量该结构体类
型所占用的内存空间的大小。

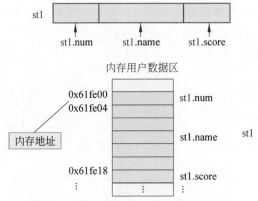

图 7-1　结构体变量在内存区的分布情况

　　也可以在定义结构体变量的同时对其初始化。类似于上面的三种定义格式，初始化的
语法格式也分为三种。
　　方式 1：

struct　结构体类型名　变量名={初值表列}；

　　方式 2：

struct　结构体类型名{ 成员表列；}结构体变量名={初值表列}；

　　方式 3：

struct{ 成员表列；}结构体变量名={初值表列}；

　　下面举例说明。
　　方式 1：

```
struct Student st1={101802, "张三", 95}, st2={101806, "李四",89};
```

　　方式 2：

```
struct Student
{
    int num;
    char name[20];
    float score;
}st1={101802, "张三", 95}, st2={101806, "李四", 89};
```

方式 3：

```
struct
{
  int num;
  char name[20];
  float score;
}st1={101802, "张三", 95}, st2={101806, "李四", 89};
```

初始化之后，结构体变量 st1 的内存变化如图 7-2 所示。

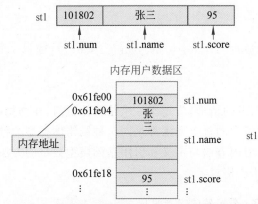

图 7-2　结构体变量初始化后内存区的变化情况

7.2.3　结构体类型数据的引用

结构体类型数据的引用（访问）分为下面几种情况。

1. 引用结构体变量

C 语言规定，一般只能引用结构体变量的成员，引用的语法格式为

结构体变量名.成员名

例如，利用 st1.num、st1.name 和 st1.score 可以访问结构体变量 st1 的 num 成员、name 成员和 score 成员。

上述格式中，"."为成员（访问）运算符，它是所有运算符中优先级最高的运算符。

结构体变量成员的使用方法与普通变量完全相同，依赖于各成员的具体类型。除了引用结构体变量的成员之外，在一定条件下可以对结构体变量进行整体引用。对结构型变量的整体操作只限于赋值操作、作为函数参数或作为函数调用的返回值进行传递，但要求必须是同一类型的结构体变量。除此之外，不允许对结构型变量整体进行其他类型的操作。例如，对于上面定义的结构体变量 st1、st2，赋值操作"st2＝st1"是合法的。

如果成员本身也是一个结构体变量，则只能一级一级地对较低级的成员进行存取与运算。例如：

```
struct date
{
```

7.2.3 结构体类型数据的引用

```
    int year;
    int month;
    int day;
};

struct Student1
{
    int num;
    char name[20];
    struct date birthday;
    float score;
}st1={101802, "张三", 2006, 3, 5, 95}, st2;
```

当然，编程者也可以通过"st1.birthday.year＝2006;"对变量 st1 的成员 birthday 中的 year 成员进行赋值操作。

2. 引用结构体数组

对于包含多个学生信息的情形，应定义一个结构体数组，在结构体数组中可以存放批量的数据。此时，结构体数组中的每个元素都是同一种结构体类型的数据。

结构体数组的定义、引用方法与定义和引用基础类型数组的方法相同。

结构体数组定义的语法格式：

```
struct   结构体类型名   数组名[数组长度];
struct   结构体类型名{ 成员表列;}数组名[数组长度];
struct{  成员表列;   }数组名[数组长度];
```

例如：

```
struct Student
{
    int num;
    char name[20];
    float score;
};
struct Student st[10];
```

或者

```
struct Student
{
    int num;
    char name[20];
    float score;
}st[10];
```

或者

```
struct
{
```

```
    int num;
    char name[20];
    float score;
}st[10];
```

结构体数组的初始化。与普通数组一样,结构体数组也可以在定义的同时对其进行初始化,结构体数组初始化的形式是在定义的结构体数组名后加上"={初值表列};"。
例如:

```
struct Student st[3]={{101802, "张三", 95}, {101806, "李四", 89}, {101809, "王五",
74}};
```

结构体数组的引用。这里分为三种情形。
(1) 引用结构体数组元素。例如:

```
struct Student st[3], tmp;
tmp=st[0];
st[0]=st[1];
st[1]=tmp;
```

(2) 引用结构体数组元素的成员。例如:

```
struct Student st[3];
gets(st[1].name);
```

(3) 引用结构体数组地址。例如:

```
t=MaxScore(stu);
```

【**例 7-1**】　从键盘上输入 5 名学生的信息,计算每个学生四门课程的平均成绩,用选择排序法按平均成绩由高到低进行排序,输出排好序的学生的所有信息(学号、姓名、四门课程的成绩、平均成绩),输出平均成绩时保留两位小数。

解:
本题用结构体数组方法比较合适,数据的输入、处理和输出均在 main() 函数中完成,相应的程序代码如下:

```
#include <stdio.h>
#define N 5
struct Student2
{
    int num;
    char name[20];
    float score[4];
    float aver;
};
```

```
int main()
{
    int i, j, k;
    struct Student2 stu[N], temp;
    printf("\n 请输入学生信息:学号、姓名、四门课成绩:\n");
    for(i=0; i<N; i++)
    {
        scanf("%d %s %f %f %f%f", &stu[i].num, stu[i].name, &stu[i].score[0],
            &stu[i].score[1], &stu[i].score[2], &stu[i].score[3]);
        stu[i].aver=(stu[i].score[0]+stu[i].score[1]+stu[i].score[2]+stu[i].
score[3])/4.0;
    }
    for(i=0; i<N-1; i++)                              //选择法排序
    {
        k=i;
        for(j=i+1; j<N; j++)
            if(stu[j].aver>stu[k].aver)  k=j;
        temp=stu[k];                                  //结构体整体的使用
        stu[k]=stu[i];
        stu[i]=temp;
    }
    printf("The final result:\n");                    //输出结果
    printf("\n 学号   姓名       四门课成绩       平均成绩:\n");
    for(i=0; i<N; i++)
        printf("%6d %8s %6.0f %6.0f %6.0f %6.0f %7.2f\n", stu[i].num, stu[i].
            name, stu[i].score[0], stu[i].score[1], stu[i].score[2], stu[i].
            score[3], stu[i].aver);
    return 0;
}
```

程序运行结果:

```
请输入学生信息: 学号、姓名、四门课成绩:
100001 张三   89 95 84 97
100002 李四   100 92 88 79
100003 王五   78 83 90 77
100101 赵六   88 90 100 72
100214 周七   85 80 82 73
The final result:
   学号      姓名           四门课成绩              平均成绩
100001      张三      89    95    84    97      91.25
100002      李四      100   92    88    79      89.75
100101      赵六      88    90    100   72      87.50
100003      王五      78    83    90    77      82.00
100214      周七      85    80    82    73      80.00
```

3. 结构体作为函数的参数和函数的返回值

结构体作为函数的参数分为三种情形:

(1) 结构体变量的成员作为函数参数(传值);

(2) 结构体变量作为函数参数(传值);

(3) 结构体变量或结构体数组的指针作为函数参数(传地址)。

而当结构体类型数据作为函数返回值时属于传值情况。

说明：

（1）当采用结构体变量或结构体数组元素的成员作为函数参数时，均属于单向值传递。

（2）结构体变量或结构体数组元素整体作为函数参数时，同样属于单向值传递，这时会将实参中每个成员的值依次序传递给相应的形参，因此要求实参、形参的类型应完全相同。

（3）结构体变量或结构体数组的地址（指针）作为函数实参时，将结构体变量或结构体数组所占用的内存空间的首地址传递到被调函数中，这时需要有类型相同的指针变量接收该地址，关于它们的操作方法将在第 8 章中介绍。

（4）结构体变量或结构体数组元素作为函数的返回值时，整个结构体类型值会被返回到主调函数中。无论结构体变量或结构体数组元素是作为函数参数还是作为函数的返回值，都会增加空间和时间层面的系统开销，在编程时一般采用地址传递方式。

【例 7-2】 结构体变量的成员作为函数参数。

解：

```c
#include<stdio.h>
int max(float x, float y)
{
    return x>y? 0:1;
}

int main()
{
    struct Student
    {
      int num;
      char name[20];
      float score;
    }st[2]={{101802, "张三", 89}, {101806, "李四", 95}};
    if(max(st[0].score, st[1].score)==0)
        printf("The info. of %s is:No.=%d Score=%.2f\n", st[0].name, st[0].num, st[0].score);
    else if(max(st[0].score, st[1].score)==1)
            printf("The info. of %s is: No.=%d Score=%.2f\n", st[1].name, st[1].num, st[1].score);
        else printf("Error!\n");
    return 0;
}
```

程序运行结果：

```
The info. of 李四 is: No.=101806 Score=95.00
```

上面程序中，对于函数调用表达式 max(st[0].score, st[1].score)，实参 st[0].score 和 st[1].score 为结构体数组元素 st[0]和 st[1]的 score 成员，它们均是数值，故此这里实际上传递了两个数值到 max()函数中，这与普通变量作为函数参数的情形完全一样。

【例 7-3】 读入 5 名学生的学号、姓名和四门课程的成绩，编写一个函数 MaxScore()，找出这 5 名学生中平均成绩最高的学生，并输出该名学生的相关信息。

解：

根据题目要求，很显然本题使用结构体结合函数方法实现比较合适，其中数据的输入输出均在 main() 函数中完成。查找平均成绩最高的功能采用"打擂台"方法，由自定义函数 MaxScore() 实现，然后由 main() 函数调用 MaxScore() 函数实现要求的功能。

程序代码如下：

```c
#include <stdio.h>
#define N 5
struct Student2
{
    int num;
    char name[20];
    float score[4];
    float aver;
};

int main()
{
    struct Student2 MaxScore(struct Student2 stu_1[ ]);
    struct Student2 stu[N], t;
    int i, j;
    printf("\n 请输入%d 名学生信息:学号、姓名、四门课成绩:\n", N);
    for(i=0; i<N; i++)
    {
        scanf("%d %s %f %f %f%f", &stu[i].num, stu[i].name, &stu[i].score[0],
            &stu[i].score[1], &stu[i].score[2], &stu[i].score[3]);
        stu[i].aver=0;
        for(j=0; j<4; j++)
            stu[i].aver += stu[i].score[j];
        stu[i].aver/=4.0;
    }
    t=MaxScore(stu);
    printf("平均分最高学生的相关信息如下:\n 学号 姓名 4 门课程成绩 平均成绩 \n");
    printf("%8d %6s %5.0f%5.0f%5.0f%5.0f%9.2f\n", t.num, t.name, t.score[0],
        t.score[1], t.score[2], t.score[3], t.aver);
}

struct Student2 MaxScore(struct Student2 stu_1[ ])
{
    int i;
    struct Student2 t=stu_1[0];
    for(i=1; i<N; i++)
      if(stu_1[i].aver>t.aver)   t=stu_1[i];
    return t;
}
```

程序运行结果：

```
请输入5名学生信息：学号、姓名、四门课成绩：
2023123 张三 85 78 90 73
2023124 李四 79 90 92 81
2023125 王五 90 100 83 98
2023126 赵六 87 93 95 82
2023127 周七 89 94 84 79
平均分最高的学生相关信息如下：
  学号    姓名      4门课程成绩        平均成绩
2023125   王五      90  100  83  98    92.75
```

　　本题是一道综合性较强的题目：①采用了结构体数组名作为函数的实参，即"t＝MaxScore(stu);"（请读者思考表达式中 stu 的含义是什么？）；②采用结构体变量整体作为函数的返回值"return t;"，即通过 return 语句将 5 名学生中平均成绩最高学生的相关信息带回到主调函数中，然后输出该名学生的所有信息。

◆ 7.3　共用体类型和共用体变量

　　在处理大批量的混合数据时通常使用结构体类型，但结构体类型有其局限性，即只有在所有成员都有自己的存储空间的情况下才能使用结构体类型的数据。共用体（Union）则是另外一种混合数据类型，其特点是不同类型的成员共享了同一段存储空间，各成员的起始地址相同，但是这些成员会在不同的时刻使用。

　　结构体与共用体类型的根本区别在于结构体类型会将几种不同类型的数据组成一个整体，其中每个成员都要分别占用各自独立的存储空间，而共用体则是把几种不同类型的数据存放到同一段存储空间中。

　　共用体类型的技术基础是覆盖存储技术。例如，一辆共享单车大家可以轮流骑行、一个储物柜可供多人轮流存放物品……共用体又称联合体、公用体，共用体类型的创建、变量定义及使用方式与结构体类型非常相似，但共用体类型有自己不同的特点。

7.3.1　共用体类型创建、变量定义及引用

　　方式 1：

```
union   共用体类型名
{
    成员表列；
};
union   共用体类型名   变量表列；
```

　　方式 2：

```
union   共用体类型名
{
    成员表列；
}变量表列；
```

　　方式 3：

```
union
```

```
{
    成员表列;
}变量表列;
```

与结构体相类似，这里的 union 为创建共用体类型的关键字，成员列表用于对共用体类型各个成员进行定制（定义），分别指定每个成员的数据类型和成员名。

例如：

```
union data
{
    int a;
    char b;
    double c;
};
union data x, y, z;
```

或者

```
union data
{
    int a;
    char b;
    double c;
}x, y, z;
```

或者

```
union
{
    int a;
    char b;
    double c;
}x, y, z;
```

定义好共用体变量，就可以引用了。引用共用体变量时可利用成员运算符"."通过访问其成员实现，例如 x.a、y.b、z.c 分别引用了共用体变量 x 的成员 a、变量 y 的成员 b、变量 z 的成员 c。但不允许只引用共用体变量整体，这时系统将无法分辨到底访问的是哪个成员。

此外，还可以定义共用体类型的指针变量，通过指针方式来引用共用体变量的成员。

7.3.2 共用体类型与结构体类型的比较

1. 相同之处

（1）与结构体类型相同，两个同种类型的共用体变量可以整体赋值。

【例 7-4】 共用体变量的赋值。

解：

```
#include<stdio.h>
```

```
int main()
{
    union data
    {
        int a;
        char b;
        double c;
    }x, y;
    x.a=123;
    x.b='A';
    y=x;
    printf("\n %5d %5c\n", y.a, y.b);
    return 0;
}
```

程序运行结果：

| 65 | A |

（2）像结构体变量一样，允许将共用体变量作为函数参数，即可以将共用体变量的成员、共用体变量整体或共用体变量的地址作为函数的实参。

2. 不同之处

（1）存储结构不同。结构体变量各成员拥有自己独立的存储空间，所有成员可以同时存储数据。而共用体变量中所有成员拥有同一段存储空间，同一时刻只能存储一个数据。两者的存储空间分配情况如图 7-3 所示。

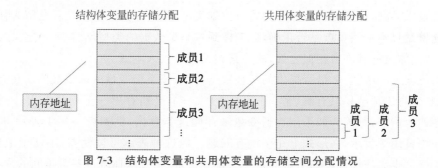

图 7-3　结构体变量和共用体变量的存储空间分配情况

（2）初始化时，结构体变量可以对所有成员进行初始化，而共用体变量只能对其中的一个成员进行初始化。

（3）可以单独引用结构体变量的各个成员，但共用体变量引用的将是最后一次存入的成员的值。

【例 7-5】　共用体类型数据的引用。

解：

```
#include<stdio.h>
int main()
{
```

```
union data
{
  char a;
  int b;
  double c;
}x;
x.a=123;
printf("%7d %8.0f %8.0f\n", x.a, x.b, x.c);
x.b=234;
printf("%8d %6.0f %7.0f\n", x.a, x.b, x.c);
x.c=567;
printf("%6d %9.0f %9.0f\n", x.a, x.b, x.c);
return 0;
}
```

程序运行结果：

```
       123              0              0
1131020288            234              0
         0              0            567
```

上述运行结果说明，虽然共用体变量拥有三个成员，但只有其中一个成员的值有效（正确），有效的成员为最新赋值的成员，其他成员则无效。

7.4 枚举
类型和枚
举变量

◈ 7.4 枚举类型和枚举变量

对于枚举类型，许多教材将其归为简单数据类型，主要原因是它不能再分解为任何基础类型。这里姑且不论该观点是否正确，但考虑到枚举型数据的类型创建、变量定义方法等与结构体、共用体类型有许多相似之处，故将其相关内容放入本章。

枚举类型（enum）是 C 语言提供的一种数据类型，该类型变量的取值被限定在有限的范围。例如，体育比赛结果只有赢、输、平三种结果，一个星期有周一至周日七天，一年有春、夏、秋、冬四个季节，等等。如果用普通变量来存储这类数据，例如周一用 1 表示，周二用 2 表示……周日用 7 表示，在形式上完全没有问题。但这种表示可读性差，不便于记忆，同时程序的正确性也无法保证。如果将其定义为符号常量，则无法体现这些常量间的内在联系，而且不能作为一个完整的逻辑整体。

为了解决这些问题，枚举类型应运而生。枚举类型是一种用户自定义的数据类型，该类型的取值由用户给定，在创建数据类型时列举出所有可能的取值，将来由该类型定义的变量就在这些值的范围内取值。因此，如果一个变量只能取有限几个可能的值，可考虑创建一个枚举类型，这样做的好处就是可以提高代码的可读性和保证程序的正确性。

7.4.1 枚举类型创建及变量定义

如同结构体和共用体类型一样，枚举变量也可以用不同的方式定义，即先创建类型后定义变量、同时创建类型并定义变量或者直接定义变量。

枚举类型创建、变量定义的语法格式如下。

方式 1：

```
enum  枚举类型名
{  枚举元素表列；  };
enum  枚举类型名 变量表列；
```

方式 2：

```
enum  枚举类型名
{  枚举元素表列；  }变量表列；
```

方式 3：

```
enum
{  枚举元素表列；  }变量表列；
```

例如，可以采用：

```
enum Season { Spring, Summer, Autumn, Winter };
enum Season x, y, z;
```

或

```
enum Season { Spring, Summer, Autumn, Winter }x, y, z;
```

或

```
enum { Spring, Summer, Autumn, Winter }x, y, z;
```

三种方式来定义枚举变量 x、y、z。

7.4.2　枚举类型数据的特点

如上所述，enum 为创建枚举类型的关键字，枚举元素表中罗列出所有可能取值，以逗号分隔，这些值称为枚举元素或枚举值，枚举元素不能重复。每个枚举元素都有一个序号，默认是从 0 开始按自然数顺序增长。例如，前面例子中，第一个枚举元素 Spring 的序号为 0，第二个枚举元素 Summer 的序号为 1，Autumn 的序号为 2，Winter 的序号为 3。必要时，也可以改变这些枚举元素的序号。

例如：

```
enum Season { Spring=1, Summer, Autumn, Winter };
```

此时，第一个枚举元素 Spring 的序号被强制改变为 1，Summer 序号变为 2……

枚举元素是编程者自行定义的符号常量（也称枚举常量），不是变量，不能用赋值表达式对其进行赋值）。包含枚举类型数据的程序在编译时，这些枚举元素将被替换为对应的序号，即 Spring、Summer 等因为不是变量，不占用内存的数据区，而是直接被编译到命令区中，放到代码区，因此也不能用"&"运算符取得它们的地址。

　　枚举变量所占内存空间大小恒等于4（字节），枚举变量的值只能在枚举元素中取，可以将枚举元素或枚举变量赋给一个枚举变量，不允许将一个整数赋给一个枚举变量，但可以通过强制类型转化运算符将一个数值赋予枚举变量。例如，"x=（enum Season）2;"表示将序号为2的枚举元素赋给枚举变量x，相当于"x=Autumn;"。

　　需要注意的是，在C语言中，枚举类型是被当作int类型或者unsigned int类型来处理的。因此，枚举元素可以用来比较大小，比较时按序号的大小进行。当枚举元素序号连续时还可以实现有条件的遍历。

【例7-6】 输出枚举变量的所有值。

解：

```
#include<stdio.h>
int main()
{
    enum Season
    { Spring, Summer, Autumn, Winter };
    enum Season x;
    int i=1;
    for(x=Spring; x<=Winter; x++, i++)
      printf("枚举元素%d:%d\n", i, x);
    return 0;
}
```

程序运行结果：

```
枚举元素1: 0
枚举元素2: 1
枚举元素3: 2
枚举元素4: 3
```

枚举类型数据经常也被用于包含switch结构的程序中。

【例7-7】 设计程序，使其能根据课程成绩等级给出相应的评语。

解：

```
#include<stdio.h>
enum Grades
{ F=1, D, C, B, A };

void Comment(enum Grades score)
{
    switch(score)
    {
      case A:  printf("课程成绩优秀!\n");  break;
      case B:  printf("课程成绩良好!\n");  break;
      case C:  printf("课程成绩一般!\n");  break;
      case 2:  printf("课程成绩及格!\n");  break;
      case 1:  printf("课程成绩不合格!\n");  break;
      default: printf("Data Error!\n");  break;
```

```
    }
}

int main()
{
    int score;
    printf("请输入课程成绩(5分制)：");
    scanf("%d", &score);
    printf("你的课程成绩为：");
    Comment((enum Grades)score);
    return 0;
}
```

程序运行结果(运行 5 次)：

```
请输入课程成绩（5分制）:2
你的课程成绩为： 课程成绩及格！

请输入课程成绩（5分制）:1
你的课程成绩为： 课程成绩不合格！

请输入课程成绩（5分制）:5
你的课程成绩为： 课程成绩优秀！

请输入课程成绩（5分制）:3
你的课程成绩为： 课程成绩一般！

请输入课程成绩（5分制）:4
你的课程成绩为： 课程成绩良好！
```

◇ 7.5　混合数据组织与处理举例

【例 7-8】　某高校举行"新生辩论大赛"，共有 10 名学生参赛，评分规则如下：由 7 位评委对参赛选手打分，去掉一个最高分，去掉一个最低分，计算其余 5 位评委的平均分作为选手的最后得分。设计程序，使其能根据每个学生的最后得分排出参赛选手的最终名次。

解：

本例要求的功能在例 6-7 中已经利用数组实现了，这里我们将运用本章所学的相关方法重新进行设计，采用冒泡排序法实现最终成绩的排序。

```
#include<stdio.h>
#define M 10
#define N 7
struct speech
{
    int num;
    float score[N];
    float aver;
};
int main()
{
    int i, j;
```

```
float max, min, sum;
struct speech player[M], tmp;
printf("请输入各位选手的报名号和7位评委的打分:\n");
for(i=0; i<M; i++)
{
  scanf("%d", &player[i].num);
  sum=0;
  for(j=0; j<N; j++)
  {
      scanf("%f", &player[i].score[j]);
      sum+=player[i].score[j];
  }
  max=min=player[i].score[0];
  for(j=1; j<N; j++)
  {
      if(player[i].score[j]>max) max=player[i].score[j];
      if(player[i].score[j]<min) min=player[i].score[j];
  }
  player[i].aver=1.0 * (sum-max-min)/(N-2);
}
/* 以下代码为冒泡法排序过程 */
for(i=0; i<M-1; i++)                         //第i轮
  for(j=0; j<M-1-i; j++)                     //第i轮中第j次比较
    if(player[j+1].aver>player[j].aver)
    {
        tmp=player[j];
        player[j]=player[j+1];
        player[j+1]=tmp;
    }
printf("选手的最终排名情况:\n名次   报名号   最终成绩\n");
for(i=0; i<M; i++)
  printf(" %3d     %4d     %6.2f\n", i+1, player[i].num, player[i].aver);
return 0;
}
```

程序运行结果：

```
请输入各位选手的报名号和7位评委的打分:
1001 85 78 90 86 82 79 93
1002 95 91 90 87 83 92 76
1003 98 95 100 89 88 91 93
1004 92 96 90 86 100 90 88
1005 87 82 85 92 90 88 93
1006 91 90 89 83 85 94 96
1007 90 85 87 91 76 83 79
1008 87 89 92 90 74 77 88
1009 93 90 84 89 92 88 78
1010 86 78 75 79 83 89 94
选手的最终排名情况:
名次   报名号   最终成绩
  1     1003     93.20
  2     1004     91.20
  3     1006     89.80
  4     1002     88.60
  5     1009     88.60
  6     1005     88.40
  7     1008     86.20
  8     1007     84.80
  9     1001     84.40
 10     1010     83.00
```

【例 7-9】　某校计算机类专业进行体育课测试,男生测试 1500m(成绩用分钟表示),女生测试仰卧起坐次数,测试结果放到一张表格中,表中包括该学生的学号、姓名、性别和体育成绩。编写程序输出该表格。

解:

根据本例的要求,很显然需要采用结构体＋共用体方法进行实现。

```c
#include<stdio.h>
#define N 4
struct Students
{
    int num;
    char name[20];
    char sex;
    union
    {
      float run;
      int situp;
    }score;
};
int main()
{
    int i, n;
    struct Students stu[N];
    for(i=0; i<N; i++)
    {
      printf("请输入:学号、姓名、性别:\n");
      scanf("%d%s %c", &stu[i].num, stu[i].name, &stu[i].sex);
      if(stu[i].sex=='m'||stu[i].sex=='M')
      {
        printf("请输入他的 1500m 成绩(分钟):");
        scanf("%f", &stu[i].score.run);
      }
      else
      {
        printf("请输入她的仰卧起坐次数:");
        scanf("%d", &stu[i].score.situp);
      }
    }
    for(i=0; i<N; i++)
    if(stu[i].sex=='m'||stu[i].sex=='M')
      printf("%-6d %-10s 男 1500m 成绩(分):%.4f\n", stu[i].num, stu[i].name, stu[i].score.run);
    else
      printf("%-6d %-10s 女 仰卧起坐次数:%d\n", stu[i].num, stu[i].name, stu[i].score.situp);
    return 0;
}
```

程序运行结果:

```
请输入：学号、姓名、性别：
2023001 张三 m
请输入他的1500m成绩(分钟)：5.18
请输入：学号、姓名、性别：
2023002 李四 f
请输入她的仰卧起坐次数：30
请输入：学号、姓名、性别：
2023003 王五 M
请输入他的1500m成绩(分钟)：5.27
请输入：学号、姓名、性别：
2023004 赵六 F
请输入她的仰卧起坐次数：53
2023001 张三 男 1500m成绩(分):5.1800
2023002 李四 女 仰卧起坐次数：30
2023003 王五 男 1500m成绩(分):5.2700
2023004 赵六 女 仰卧起坐次数：53
```

◆ 本 章 小 结

　　"鲜衣怒马少年时,不负韶华行且知。"混合数据类型是指根据个性化需求,将多个不同类型的数据组合在一起形成一种新的数据类型,且构成混合数据的多个数据之间在逻辑和物理结构上存在一定的关联关系。

　　C语言中利用结构体、共用体类型来存储、组织和处理混合类型的数据。结构体类型数据的各个成员等价于普通的变量,分别占有自己的存储空间,各成员分别有自己的数据类型和名字,在内存中依据创建时的顺序分配相应的内存单元。区别于结构体类型数据,共用体类型数据各成员尽管类型和名字不同,但它们共享了同一段内存空间,该空间大小为各成员中长度最大的成员所占的字节数。系统对结构体类型和共用体类型不分配内存空间。编程时,可以先行创建结构体类型或共用体类型,也可以使用 typedef 为该种数据类型取一个别名。创建好类型后,就可以定义相应的变量,也可以将混合数据类型创建和变量定义合为一体,或者直接定义结构体变量或共用体变量。与定义变量方法一样,可以采用三种方式在定义混合类型变量时对其初始化。如果一个变量只有有限个可能的取值,则可以采用枚举类型,即将所有可能的值一一列举出来,变量的值只限于所列举出的值的范围内。通常在程序中只能通过引用结构体、共用体或枚举变量的成员参与运算,或者作为函数的实参。在类型一致的情况下,可以对结构体和共用体变量进行整体赋值,作为函数参数,或者作为函数的返回值,请读者注意不同情况下数据的具体传递关系。需要时,编程者还可以定义结构体数组或共用体数组,以处理批量的混合类型数据。

◆ 习　　题

1. 名词解释

(1)混合数据类型；(2)结构体；(3)共用体；(4)枚举；(5)成员。

2. 填空题

(1) 一个结构体变量所占的内存长度等于_____。

(2) 同类型的结构体变量_____互相赋值。(填"可以"或"不可以")

(3) 程序段"struct Person{ char name[20]；　int age;}stu[10]＝{"Zhang", 18,

"Wang"，19，"Li"，20，"zhao"，17}；printf（"％c"，stu[3].name[1]）；"的运行结果是_____。

（4）定义一个共用体变量后，系统给其分配内存的原则是_____。

（5）用结构体变量作实参时，采用的是_____的方式。（填"值传递"或"地址传递"）

3. 选择题

（1）关于结构体类型变量的下列叙述，不正确的是（　　）。

A. 结构体变量所占的内存长度等于每个成员长度之和

B. 不能将一个结构体变量作为一个整体进行输入输出

C. 结构体变量的成员，其地位相当于普通变量

D. 在定义结构体变量的同时，可以对其进行初始化

（2）使用结构体类型的目的是（　　）。

A. 将一组数据作为一个整体，以便其中的成员共享同一存储空间

B. 将一组相同数据类型的数据作为一个整体，以便程序使用

C. 将一组相关的数据作为一个整体，以便程序使用

D. 将一组数值一一列举出来，变量的值只限于列举的数值的范围内

（3）设在某环境下，int 型数据的长度为 4 字节，浮点型数据的长度为 4 字节，若有"struct abc{ char x; int y; float z;}def;"，则 sizeof(struct abc)为（　　）。

A. 12　　　　　　　B. 1　　　　　　　C. 4　　　　　　　D. 7

（4）下面程序段中，对结构体变量 k 的引用不正确的是（　　）。

```
struct  bookinf
{
  int  x;
  char  y;
  float  z;
}k;
```

A. printf("％f"，k.z)；　　　　　　B. k.x++；

C. k.y='y'；　　　　　　　　　　D. printf("％d,％c,％f"，k)；

（5）设有如下程序段：

```
union  newnum
{
  int  x;
  int  y;
};
union  newnum  a[3]={{3, 4},{5, 6},{7,8}};
int  n;
```

当执行完语句"n=a[0].x＊a[1].y；"后，n 的值为（　　）。

A. 15　　　　　　　B. 18　　　　　　　C. 12　　　　　　　D. 21

4. 谈谈你对混合数据类型的理解。

5. 简述结构体和共用体类型的区别与联系。

6. 程序阅读题

（1）下面程序的功能是_____。

```c
#include<stdio.h>
struct complex
{
  int real;
  int imag;
}a, b, c, result;

int main()
{
    struct complex func(struct complex x,struct complex y);
    printf("\n输入复数 a 和 b 的实部、虚部(以逗号分隔):");
    scanf("%d, %d, %d, %d",&a.real,&a.imag,&b.real,&b.imag);//
    c=func(a,b);
    printf(" 最终结果为:%d+%di\n", c.real, c.imag);
    return 0;
}

struct complex func(struct complex x, struct complex y)
{
    result.real=x.real * y.real-x.imag * y.imag;
    result.imag=x.real * y.imag+x.imag * y.real;
    return result;
}
```

（2）下面程序的输出结果是_____。

```c
#include<stdio.h>
union abc
{
    int a, b, c;
};

int main()
{
    union abc A;
    A.a=1;
    A.b=2;
    A.c=3;
    printf("\n a:%d\n", A.a);
    printf(" b:%d\n", A.b);
    printf(" c:%d\n", A.c);
    return 0;
}
```

（3）以下程序的功能是_____。

```c
#include<stdio.h>
struct stu
{
    int num;
    char name[30];
    char sex;
    float score;
}students[5]={
    {2023001, "Li", 'M', 78},
    {2023002, "Wang", 'M',56},
    {2023003, "Zhou", 'F', 94.5},
    {2023004, "Zhang", 'F', 85},
    {2023005, "Zhao", 'M',49},
};

int main()
{
    int i, n=0;
    float ave, s=0;
    for(i=0; i<5; i++)
    {
        s+=students[i].score;
        if(students[i].score<60) n+=1;
    }
    printf("\n Sum=%5.1f\n", s);
    ave=s/5;
    printf(" Average=%6.2f, Total=%d\n", ave, n);
    return 0;
}
```

（4）下面程序段的输出结果是_____。

```c
#include<stdio.h>
int main()
{
    union{
        int i;
        struct{
            char f;
            char s;
        }h;
    }num;
    num.i=0x4241;
    printf("%c%c\n",num.h.f, num.h.s);
    num.h.f='a';
    num.h.s='b';
    printf("%x",num.i);
    return 0;
}
```

（5）以下程序的功能是_____。

```c
#include<stdio.h>
int main()
{
    enum Week{ Sun=7, Mon=1, Tue, Wed, Thu, Fri, Sat };
    enum Week today;
    int n;
    printf("输入一个整数:");
    scanf("%d", &n);
    today=(enum Week)n;
    switch(today){
      case Sun:  printf("Sunday\n");    break;
      case Mon:  printf("Monday\n");    break;
      case Tue:  printf("Tuesday\n");   break;
      case Wed:  printf("Wednesday\n"); break;
      case 4:    printf("Thursday\n");  break;
      case 5:    printf("Friday\n");    break;
      case 6:    printf("Saturday\n");  break;
      default:   printf("Data Error\n"); break;
    }
    return 0;
}
```

7. 程序设计题

（1）建立包含 30 个学生的通讯录并在屏幕上输出通讯录的内容，通讯录的内容包括姓名、年龄、性别、出生日期(yyyy-mm-dd)、家庭住址、电话号码。

（2）设计程序实现如下功能：输入 30 个学生的相关信息(学号、姓名和四门课程的成绩)，计算四门课的平均分，并输出这些学生的完整信息(包括平均分)。

要求：信息的输入、输出在自定义函数 Input()和 Output()中完成。

（3）设计程序，程序功能为：输入日期，计算它是这一年的第几天。其中，输入三个整数(分别为年、月、日)，输出一个整数，表示是这一年的第几天。

输入示例：

2023 1 1↵

输出示例：

1

要求：

① 定义一个结构体记录年、月、日；

② 编写一个函数，计算该日在本年中是第几天，注意这一年可能是闰年。

③ 在 main()中输入、输出、调用函数。

答案输入：2020 12 31

答案输出：366

（4）有 n 个员工,每人的信息有姓名、A 业务能力、B 业务能力、C 业务能力。能力总分最高的是最厉害的,输出最厉害的员工的各项信息。

【输入】　第一行一个整数 n,表示员工人数。后面 n 行,每行用一个字符串表示姓名,后面 3 个整数表示 3 个业务能力。

【输出】　最厉害员工的信息。

输入示例:

```
3↵
Tom 114 51 4 ↵
John 114 10 23 ↵
Jerry 51 42 60 ↵
```

输出示例:

```
Tom 114 51 4
```

要求:

① 定义一个结构体记录员工信息;

② 编写一个函数,用于查找最厉害的员工;

③ 在 main()中输入、输出、调用函数。

答案输入：3 Tom 114 51 4 John 114 10 23 Jerry 51 42 60

答案输出：Tom 114 51 4

（5）编写程序,输出共用体变量中成员的地址以及成员中对应的值,验证各成员是否共用同一块内存空间。

第 8 章

对数据的间接访问

【内容提要】 直接访问是指通过变量名对数据进行引用,而间接访问则是指利用变量所分配的内存空间地址对数据的引用。C 语言利用指针机制实现对数据的间接访问。本章首先简要介绍间接访问方式下对数据的操作过程,并引出指针、变量的指针和指针变量的概念,介绍 C 语言中指针变量的定义、初始化和引用方法。在此基础上,详细介绍利用指针机制实现对数组、结构体(共用体)、函数和文件的间接访问方法。

【学习目的和要求】 本章学习的主要目的是使学生熟悉间接访问的含义,变量的指针、指针变量的概念,理解通过指针实现对数据间接访问的方法。要求掌握 C 语言中指针变量的定义、初始化和引用方法,并能熟练运用指针方法实现对数组、结构体与共用体、函数和磁盘文件的引用。

【重要知识点】 直接访问;间接访问;指针;指针变量。

8.1 对数据
的访问方式

◆ 8.1 对数据的访问方式

前面各章中,对数据的引用多是通过直接访问实现的,即直接通过变量名、数组名等方式进行引用,下面来了解一下系统对数据的访问过程。内存中每个存储单元都有一个编号,称为该存储单元的地址。在一个程序中,如果定义了一个变量,系统会给该变量在内存中分配一块存储空间。通常,一个变量包括两个属性,变量值和变量的地址。当程序运行时,变量所分配的存储空间的起始地址,称为该变量的地址。变量的地址指示了该变量在内存中的存储位置,变量值是存放在这块内存空间中的内容。系统为每个程序维持着一张"对照表",每个变量在该表中对应一个特定的地址。欲访问这块存储空间上的内容,可以直接使用变量名,如同用钥匙打开快递柜直接存取物品一样,系统利用上述对照表找出变量名所对应的地址,从而访问相应存储空间中的数据,这种访问方式称为**直接访问**。

例如,C 程序段中有语句"z=x+y;",该语句对变量 x、y 和 z 的引用就采用了直接访问方式。系统对上面程序段的执行分为三个步骤:

(1) 读取变量 x 所对应的存储空间中的值,将其暂存到寄存器中;

(2) 读取变量 y 所对应的存储空间中的值,与刚才暂存到寄存器中的值相加,和仍然放到寄存器中;

(3) 将寄存器中的值存放到变量 z 所对应的存储空间中。

　　与此形成鲜明对比的是间接访问,它借助于第二个变量去访问第一个变量所对应的存储空间中的数据。打个比方,为安全起见,将快递柜 A 的钥匙放在 B 柜中,然后将 B 柜的钥匙带在身上。需要存取 A 柜中的物品时,可先打开 B 柜,取出 B 柜中的内容(A 柜的钥匙)。然后,使用 A 柜的钥匙打开 A 柜,取出其中存放的物品,这个过程相当于是通过 B 柜去存取 A 柜中的物品。由于这时没有去直接利用"对照表"查找出第一个变量的地址,而是通过存放第一个变量地址的第二个变量达到访问第一个变量的存储空间中的内容的目的,因此称为**间接访问**。再如,你想拜访某位朋友,如果知道朋友的住址,则可以直接去他家拜访,这就是直接访问。但是,如果你还不知道朋友的家庭地址,则可以到朋友所属地的派出所,从派出所的信息系统中先找到朋友家的地址,然后再去拜访,这种利用地址实现的访问就是间接访问。

　　从上面过程可知,间接访问的机理概括起来就是"顺藤摸瓜",其实质是先获得欲访问的内存空间地址(藤),然后基于所得到的地址去访问目的空间中的内容(瓜)。

　　直接访问和间接访问的主要区别在于对变量的访问方式不同:直接访问是指通过直接使用变量名来存取该变量的值,访问方式简单方便,适用于对单个变量访问的场合;而间接访问方式,对变量的操作则需要通过几道手续(过程)来实现,相对来说似乎更加复杂。但是,当需要连续访问某一段连续的内存空间时,尤其是对于批量数据、字符串、混合数据以及动态数据等的操作,采用间接访问方式时不用重复查找变量与地址的"对照表",使得操作更加方便快捷。

　　C 语言中,通过指针机制实现对数据的间接访问。什么是指针呢? 如前所述,通过内存单元的地址能够在内存空间中找到该存储单元,其作用就像公园里状如箭头的指示路标(见图 8-1)。因此,将地址形象化地称为"**指针**"(Pointer),它指向地址所标识的内存单元(有点像内存中进行定位的"导航员"),即指针的"合法值"就是内存地址。从这个意义上来讲,变量的指针就是变量的地址。在程序中为了实现指针机制,还必须定义一个变量专门用于存放指针,这个变量称为**指针变量**(Pointer Variable)。

图 8-1　公园中
　　　　的路标

　　例如,对于程序段:

```
int a, c, d, * b;
a=8;                  //对变量 a 的直接访问
c=a+5;                //对变量 a、c 的直接访问
printf("c=%d", c);    //对变量 c 的直接访问
b=&a;                 //变量 b 为指针变量(值为变量 a 的地址),这里对 b 的操作方式为直接访问
d= * b+5;             //通过指针变量 b 实现对变量 a 的间接访问
printf("d=%d", d);    //对变量 d 的直接访问
```

　　其中,b 被定义为指针变量,在系统分配给 b 的内存空间中存放了变量 a 的地址,这样就在指针变量 b 和普通变量 a 之间建立起一种指向关系,随后即可通过指针变量 b 实现对变量 a 的间接访问,如图 8-2 所示。

　　本章其余各节将详细介绍 C 语言中如何通过指针方法实现对数据的间接访问。

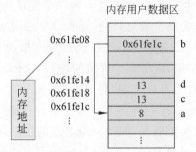

图 8-2 对数据的直接访问和间接访问

◇ 8.2 指针变量的定义、初始化及引用

8.2.1 指针变量的定义

指针变量的定义比较简单，语法格式为

基类型名 **＊指针变量名**

这里，基类型名即指针变量拟指向的地址中所存储的数据的类型名，"＊"称为**指针运算符**，它是指针变量的标志，放在某个变量名之前，表明该变量不是普通变量，而是一个专门用于存放某个地址的变量。

例如：

```
int * pi1, * pi2, * pi3;    //基类型名为 int,三个指针变量所指向的数据类型为 int
float * pf1, * pf2, * pf3;  //基类型名为 float,三个指针变量所指向的数据类型为 float
char * pc1, * pc2, * pc3;   //基类型名为 char,三个指针变量所指向的数据类型为 char
```

8.2.2 指针变量的初始化

在定义指针变量的同时，可以对指针变量进行初始化。
指针变量初始化的语法格式为

基类型名 **＊指针变量名＝&指向的变量名；**

例如：

```
int i;
int * pi=&i;
float f;
float * pf=&f;
char c;
char * pc=&c;
```

实际上，提供指针类型的程序设计语言往往包含两个基本的指针运算：赋值和引用。

其中,赋值(Assignment)运算是指将指针变量的值设置为某个有用的地址。程序设计过程中,如果指针变量用于管理动态存储,则可以通过动态内存管理函数所开辟的内存空间的地址来初始化指针变量。如果指针用于非堆动态变量的间接寻址,则须用取地址运算符"&"获取变量的地址,然后再将其赋给指针变量。关于指针的引用,下面将重点介绍。

8.2.3　指针的引用

C 表达式中的指针变量通常可以用两种方式来解释:

(1) 对其所绑定的内存单元内容的引用,此时指针就是地址,这是正常的指针引用,它与表达式中其他非指针变量的含义相同;

(2) 对其所绑定的内存单元所指向的另一个内存单元的值的引用,即间接访问,它是指针引用的结果。

此处所讲的引用(Reference)属于对指针的第二种基本运算,即通过一级间接层次来进行引用。

指针引用的语法格式为

> * 指针变量名

【例 8-1】　使用指针方法引用另一个变量。

解:

```
#include<stdio.h>
int main()
{
  int i, * pi;
  pi=&i;
  scanf("%d", pi);
  printf(" i=%d, * pi=%d\n", i, * pi);
  * pi=314;
  printf(" i=%d, * pi=%d\n", i, * pi);
  return 0;
}
```

程序运行结果:

```
123
i=123,*pi=123
i=314,*pi=314
```

【扩展阅读】　野指针与悬空指针。

指针变量也是变量,定义好指针变量,一般应该对其进行初始化或赋初值。如果没有被初始化过或不赋初值,该指针变量的指向不确定,这种情况称为**野指针**(Wild Pointer)。野指针不会直接引发错误,但操作野指针指向的内存区域将会出问题。导致一个指针变量成为野指针的原因:①指针变量未初始化,它所指向的内存地址是随机的;②指针越界访问,指向的范围超出了合理范围,如利用指针方式越界访问数组。

如果一个指针变量最初所指向的对象已被删除或用 free() 函数释放掉了,那么该指针变量就成了悬空指针（Dangling Pointer，也称空挂指针）。这有点像超市的储物柜，我一小时前使用了储物柜的某个格子并且在半小时前退掉了，尽管我知道这个储物格的号码，但现在该储物格已经被别人使用了，至于格子里的具体内容当然无法知晓了，更别提去操作了。这种情况尤其在函数调用时容易出现，主调函数中的指针变量指向了被调函数中的局部变量，但函数调用结束时，局部变量的内存空间被释放了，主调函数中的指针变量即变成了悬空指针。

由于 C 语言的指针可以指向内存中的任何位置，无论该位置上是否有变量，这是使用指针的危险之一。因此，无论是野指针还是悬空指针，都是指向无效的内存区域（不安全不可控）的指针，访问"不安全可控"的内存区域将导致难以预料的后果（Undefined Behavior）：①它指向的内存空间可能已重新分配给新的变量，如果这个新变量的数据类型与原变量不同，指针的类型检查就是无效的。即使新的变量仍然具有相同的类型，它的值也与原变量的值毫无关系。另外，可能还会破坏这个新变量的值；②指针指向的位置可能已经被内存管理系统临时使用，此时修改它的值将导致内存管理出错。

如何避免使用野指针？最好的办法就是养成在定义指针后、在使用之前完成初始化或赋值的良好习惯，以及注意不要越界使用指针。而解决悬空指针的办法是，所指向的对象删除或开辟的内存空间释放后，将该指针变量的值置为 NULL（0，它可以赋给任何类型的指针变量），以及避免在调用函数时返回局部变量的地址。

指针引用常用的情形之一是将指针变量作为函数的参数（形参）。这种情况下，通常的做法是：将一个实参变量的地址传递到被调用函数中；将形参定义为与实参同类型的指针变量；实现对普通变量的地址传递。

这样做的好处是，通过指针传递可以降低参数传递的代价，使主调函数与被调函数共享同一块内存空间，实现信息的共享。

【例 8-2】 指针变量作为函数的参数。

解：

```c
#include<stdio.h>
void fun(int a, int b, int * p, int * q)
{
    * p=a+b;
    * q=a-b;
}

int main()
{
    int a=111, b=333, sum, sub;
    fun(a, b, &sum, &sub);
    printf("sum=%d, sub=%d\n", sum, sub);
    return 0;
}
```

程序运行结果：

```
sum=444, sub=-222
```

例中,实参(&sum 和 &sub)为变量 sum 和 sub 的地址,被传递给形参变量 p 和 q,p 和 q 均为指针变量,从而使得 p 指向 sum,q 指向 sub。在这种情况下,对 p 所指向的对象的任何操作等同于对 sum 的操作,对 q 所指向的对象的任何操作等同于对 sub 的操作,从而实现了信息的共享。

8.2.4　指针的基本操作

C 语言中,指针所涉及的基本操作如下。

1. 取址运算

用"&"运算符求取拟操作对象的地址,数组名代表了数组在内存中的起始地址,但可用"&"获取数组元素的地址。

2. 取值运算

用"*"运算符取得指针所指向对象的内容,即访问地址表达式所指向的变量的值,又称取值运算符。当运算符"*"与"&"连用时,两者将会抵消。例如:

```
int a=123, * p;
p=&a;
```

这时,*(&a)等价于 a,其值为 123,而 &(*p)等价于 p,其值此时为变量 a 的地址(&a)。

3. 赋值运算

用赋值运算符"="将一个指针值赋给某个指针变量。

例如,下面的代码中:

```
int m, n;
int * pt, * pt1;
  ⋮
pt=&m;
n= * pt;
pt1=pt;
```

第一个赋值语句把变量 pt 的值设置成变量 m 的地址。第二个赋值语句是对变量 pt 的引用,得到 pt 所指向的对象(这里为 m)所在空间的内容,然后将该内容赋给变量 n。pt1 的赋值语句则将 pt 的值(即 m 的地址)赋给 pt1,使得 pt1 同样指向变量 m。

4. 算术运算

程序可以用某些受限制的形式进行指针算术运算。假设 pt 是一个指针变量并指向一个某种类型的变量,那么 pt+5 就是一个合法的表达式,但此时其语义并非简单的加减法运算(不是简单地将 5 加到 pt 上),而是一种地址运算,运算时先将 5 乘以 pt 所指向的数据所占用的内容单元的大小,再加到 pt 上。例如,pt 的值为 1000,且 pt 指向一个大小为 4 字节的数据,pt+5 的值就是把 5 乘以 4 再加到 pt 上,即为 1020。这种地址运算主要用于对数组的操作。同样道理,减法运算和++/--运算同样是地址运算。

在 C 和 C++中,数组名表示该数组在内存中的首地址。针对下面的定义:

```
int xyz[10];
int * pt;
```

考虑下面的赋值语句：

```
pt=xyz;
```

它把数组 xyz 的首地址(与 xyz[0]的地址相同)赋给指针变量 pt。赋值之后，下面的表述均是合法的：

(1) ＊(pt＋1)与 xyz[1]、＊(pt＋n)与 xyz[n]等价。

(2) pt[1]与 xyz[1]、pt[n]与 xyz[n]等价。

这里，n 为具有确定值的正整数。

从上面的表述可以看出，指针的算术运算通常用于指向同一数组元素。另外，如同数组名一样，指向数组的指针可以通过下标索引来访问。

5. 关系运算

类似于算术运算，关系运算只有在指向同一数组时才有意义。

6. 类型转换

对于指针的赋值运算，要求赋值号右侧的指针值与赋值号左侧的指针变量之间类型相容，不同类型的指针变量之间不能赋值，如果一定要进行赋值，必须通过强制类型转换运算符，将该指针值转换为正确作用域类型变量中的内存地址后方可进行赋值。

强制转换的语法格式：

(类型名 ＊)指针变量名

在 C 程序中，还可以定义 void ＊类型的指针变量。void ＊类型指针是一种特殊的指针，它无须类型转换即可指向任意类型的值，任意类型的指针也可指向 void ＊类型的值。它们实际上是通用指针，void ＊指针的一个常见用法是作为在内存上操作的函数的参数类型。例如，假设需要一个函数将一系列数据字节从内存中的一个位置移动到另一个位置。

【例 8-3】 void 类型指针变量的使用。

解：

```
#include<stdio.h>
int main()
{
  double f=1.23, * pf;
  void * p;
  p=&f;
  pf=(double *)p;
  printf("&f=%x, p=%x, pf=%x\n", &f, p, pf);
  printf("* pf=%f\n", * pf);
  return 0;
}
```

程序运行结果：

```
&f=61fe08, p=61fe08, pf=61fe08
*pf=1.230000
```

8.2.5　多级指针

与普通变量一样,对于程序中定义的用于存放地址值的指针变量,系统也会在内存中给其分配相应的存储空间。因此,指针变量也有其起始地址和数据类型的问题。对于指针变量的物理地址,同样可以定义一个新的指针变量来存放,这个新指针变量的值(指针值)指向了原来的指针变量,把这种指向指针变量的指针变量称为二级指针变量。

二级指针变量定义及初始化的语法格式:

基类型名　**指针变量名 [=& 指针变量名];

这里,"[ ]"为可选框。此外,还可以定义三级或多级指针变量,它们的定义及初始化格式与二级指针相类似,这里不再赘述。

例如:

```
int i=314, * pi, **ppi, ***pppi;
pi=&i;
ppi=&pi;
pppi=&ppi;
```

此时,要访问变量 i 的内容,有以下四种方式。

(1) 直接访问 i。

(2) 通过指针变量 pi 间接访问 i: * pi⇔i。

(3) 通过指针变量 ppi 间接访问 i:**ppi⇔i。

(4) 通过指针变量 pppi 间接访问 i:***pppi⇔i。

上例中,各指针变量的指向关系如图 8-3 所示。

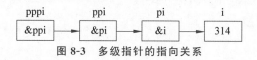

图 8-3　多级指针的指向关系

基于上面的知识,读者也可以使用多级指针作为函数的形参。

【例 8-4】　多级指针的使用。

解:

```
#include<stdio.h>
void Exch(int **p, int **q)
{
  int t;
  t=**p;
  **p=**q;
  **q=t;
}
```

```
int main()
{
  int a=28, b=75;
  printf("a=%d, b=%d\n", a, b);
  int * pi1=&a, * pi2=&b;
  Exch(&pi1, &pi2);
  printf("a=%d, b=%d\n", a, b);
  return 0;
}
```

程序运行结果：

```
a=28, b=75
a=75, b=28
```

本例中，函数 Exch()的形参 p 和 q 被定义为二级指针变量，该函数被 main()函数所调用。函数调用时实参分别使用了指针变量 pi1 和 pi2 的地址，即 &pi1 和 &pi2。而 pi1 和 pi2 本身又分别指向了整型变量 a 和 b，如图 8-4 所示。

通过函数调用，将这两个实参指针变量本身的地址传递给形参变量 p 和 q，使得 p 指向 pi1，q 指向 pi2，从而既可以通过变量 a 本身，还可以通过指针变量 pi1 和形参变量 p 访问变量 a 中的内容。对于变量 b 的访问也是如此。

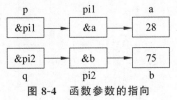

图 8-4　函数参数的指向

8.3 使用指针访问批量类型数据

◇ 8.3　使用指针访问批量类型数据

8.3.1　使用指针访问一维数组

通过指针方式可以访问一个基础类型的数据，也可以访问组合类型数据。本节将介绍通过指针方式访问批量类型数据。

使用指针访问一维数组分为四种方式。

1. 使用普通指针变量

例如：

```
int * p, a[10];
p=a;                              //使指针变量p指向数组,也可以 p=&a[0];
```

例中，定义了一个普通的指针变量 p 和一个数组 a，然后将数组 a 的起始地址值（同时也是 0 号元素 a[0] 的地址，即 &a[0]）赋给指针变量 p，使得 p 指向了数组元素 a[0]，p+1 则指向 a[1]，以此类推，从而可以通过指针 p+k 遍历数组 a 中的每个元素。

因此，要访问数组 a，可以通过下标法、地址法和指针法三种方式，具体见表 8-1 所示。

表 8-1　对数组的访问方式

	下　标　法	地　址　法	指　针　法
第 k 号元素的地址	&a[k]	a+k	p+k
第 k 号元素	a[k]	*(a+k)	*(p+k)

注：

（1）拟通过指针访问一维数组，首先应该使指针指向该数组，具体方式为 p＝a 或 p＝&a[0]。

（2）指针变量是变量，值可以改变，数组名是常量，值不能改变。例如，p＋＋是正确的表达式，而 a＋＋则是非法的表达式，因为这里自加运算要求是一个左值，但 a 代表了数组在内存中的首地址，是一个常量。

（3）两个指针之间不能进行加、乘及除法运算，但可以进行减法运算。指向同一个数组的两个指针减法运算的结果为这两个指针所指向的数组元素之间跳过的元素个数。

（4）C 标准规定：指针变量也可以带下标，如 *（p＋k）等价于 p[k]。

【例 8-5】 使用指针输出数组全部元素的值。

解：

```
#include<stdio.h>
int main()
{
  int i, * p, a[10]={1, 2, 3, 4, 5, 6, 7, 8, 9, 10};
  printf("下标法输出各元素:\n");
  for(i=0; i<10; i++)
    printf("%4d", a[i]);
  printf("指针法输出各元素:\n");
  for(p=a; p<a+10; p++)
    printf("%4d", * p);
  printf("\n");
  return 0;
}
```

程序运行结果：

```
下标法输出各元素:
   1   2   3   4   5   6   7   8   9  10
指针法输出各元素:
   1   2   3   4   5   6   7   8   9  10
```

2. 使用指针数组

编程者还可以通过指针数组以及多级指针访问普通数组。其中，**指针数组**是指该数组的所有元素为指针类型数据。在这种情况下，数组的每个元素都相当于一个指针变量，都可以存放一个地址。

定义指针数组的语法格式：

基类型名   * 数组名 [长度] [= {地址表列}]；

【例 8-6】 使用指针数组访问一个普通数组。

解：

```
#include<stdio.h>
int main()
```

```
{
  int i, a[5];
  int * p[5]={&a[0], &a[1], &a[2], &a[3], &a[4]};
  printf("请输入 5 个整数值:");
  for(i=0; i<5; i++)
    scanf("%d", p[i]);
  printf("数组 a 各元素的值为:");
  for(i=0; i<5; i++)
    printf("%4d", a[i]);
  printf("数组 p 所指向的空间中的内容为:");
  for(i=0; i<5; i++)
    printf("%3d", * (p[i]));
  printf("\n");
  return 0;
}
```

程序运行结果：

```
请输入5个整数值: 10 20 30 40 50
数组a各元素的值为:    10   20   30   40   50
数组p所指向的空间中的内容为:    10 20 30 40 50
```

程序中，p 被定义为指针数组并对其进行了初始化，该指针数组共包含了 5 个元素，各元素的初值被设置为数组 a 的各个元素的地址，即 p 数组的 5 个元素分别指向了数组 a 的 5 个元素。这时，可以像通过指针变量引用数组元素一样，使用指针数组的各个元素引用数组 a 中各个元素的内容。因此，语句"scanf("%d", p[i]);"的功能实质上是给 a 数组各个元素赋值。程序运行结果也证实了上述结论，这时 p 数组所指向的空间即为数组 a 的地址空间，故输出的内容也为数组 a 的各个元素的值。

3. 使用多级指针

利用多级指针引用数组的内容时，只需使多级指针变量指向该数组即可实现对数组的存取操作。

【例 8-7】 使用二级指针访问一个普通数组。

解：

```
#include<stdio.h>
int main()
{
  int i, a[5], * p[5]={&a[0], &a[1], &a[2], &a[3], &a[4]};
  int **pt=p;
  printf("请输入 5 个整数值:");
  for(i=0; i<5; i++)
    scanf("%d", * pt++);
  pt=p;
  printf("数组 a 各元素的值为:");
  for(i=0; i<5; i++)
    printf("%4d", a[i]);
  printf("二级指针变量 pt 所指对象所指向的空间中的内容为:");
```

```
for(i=0; i<5; i++)  printf("%3d", *(*pt++));
printf("\n");
return 0;
}
```

程序运行结果：

```
请输入5个整数值: 10 20 30 40 50
数组a各元素的值为:  10 20 30 40 50
二级指针变量pt所指对象所指向的空间中的内容为:  10 20 30 40 50
```

与例 8-6 类似,本例中定义了一个指针数组且将其初始化为数组 a 各元素的内存地址,但未对数组 a 进行初始化。通过将指针数组 p 初始化为数组 a 的各个元素的地址,使得数组 p 的各元素分别指向数组 a 的不同元素。程序中另外定义了一个二级指针变量 pt,并将其初始化为指针数组 p 的首元素的值(即 &a[0]),使得 pt 间接指向数组 a。此时,可以利用二级指针变量 pt 向数组 a 中各个元素输入数值,以及输出数组 a 中的各个元素值。

4. 使用指向一维数组整体的指针变量

定义格式：

基类型名 　(＊指针变量名)[长度];

例如：

```
int a[5], (*p)[5];
p=&a;
```

此处,定义了一个指针变量 p,它指向了一维数组 a 整体,即该指针的类型就是 int [5]。在数组名 a 前加"&"表示取数组整体,&a＋1 表示数组 a 的首地址加上 5 个元素所占空间的大小,即跨越了整个数组的 5 个元素。

那么,对于数组的第一个元素 a[0](0 号元素),有

```
地址:*p⟺*(&a)⟺a⟺&a[0]
内容:**p⟺*(*(&a))⟺*(a)⟺*(&a[0])⟺a[0]
```

相应地,数组的第二个元素 a[1](1 号元素),因为 ＊p⟺＊(&a)⟺a⟺&a[0],因此 a[1] 对应的地址和值分别为

```
*p+1⟺&a[0]+1⟺&a[1]
*(*p+1)⟺*(&a[0]+1)⟺*(&a[1])⟺a[1]
```

以此类推,第 k＋1 号元素的地址为 ＊p＋k,相应的值为 ＊(＊p＋k),通过这种方式可遍历该一维数组的每个元素。

8.3.2　使用指针访问二维数组

对于二维数组,既可以通过下标方式逐个访问数组中的各个元素,也可以通过指针进行

访问。通过下标法访问数组元素时，应指明欲操作的数组元素所在的行号和列号，这种方式比较简单，但效率不高。当使用指针法访问数组时，需要定义一个指针变量，并使该指针变量指向欲访问的数组。

1. 使用列指针

对于一个二维数组

```
int a[5][5];
```

可用图 8-5 表示其逻辑结构。

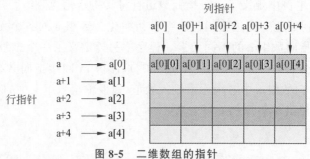

图 8-5　二维数组的指针

这里，a 为二维数组名，该二维数组首行上各个元素分别为 a[0][0]、a[0][1]、a[0][2]、a[0][3] 和 a[0][4]，它们的共同之处是各元素的前半部分均为 a[0]，即 a[0] 就相当于是二维数组第 0 行的数组名，为第 0 行上元素的首地址。因此，a[0] 等价于 &a[0][0]。同理，a[1] 为第 1 行的数组名，同时也是该行上首元素的地址，a[1] 等价于 &a[1][0]，以此类推。

基于上面的认知，a[0]+1 即为第 0 行第 1 列元素的地址，a[0]+2 是第 0 行第 2 列元素的地址，依此类推。这时，a[0] 是一个指向数组元素的指针(地址)，将该指针称为"列指针"(Column Pointer)，即每次跳动一个(列)数组元素。

为引用该二维数组的各个元素，可以定义一个指针变量 p：

```
int * p;
p=&a[0][0];
```

这里，由于将 a[0][0] 的地址值赋给 p，使得它指向了二维数组元素 a[0][0]。这时，p 等价于 &a[0][0]，*p 等价于 *(&a[0][0]) 或 a[0][0]。相应地，对于数组元素 a[0][1]，其地址为 p+1，值为 *(p+1)；元素 a[0][2] 的地址和值分别为 p+2、*(p+2)；以此类推。

为访问二维数组第 1 行上各个元素，需首先调整指针变量的指向，具体做法为："p=&a[1][0];"，则 p+1 指向 a[1][1]，p+2 指向 a[1][2]，以此类推。注意，这里也可以不对指针变量进行调整，把二维数组当成一维数组来访问，即当 p=&a[0][0] 或 p=a[0] 时，可用 p+k 的方法表示数组每个元素的地址。例如，上面例子中，p+5 即表示 a[1][0] 的地址，p+12 为 a[2][2] 的地址，以此类推。

归纳起来，使用列指针对二维数组的访问方式如表 8-2 所示。

表 8-2　通过列指针访问二维数组

	下标法	地　址　法	列指针法
第 i 行第 j 列元素的地址	&a[i][j]	a[i]+j 或 *(a+i)+j	p+k
第 i 行第 j 列元素	a[i][j]	*(a[i]+j)或 *(*(a+i)+j)	*(p+k)

表中,假设 p=&a[0][0]或 p=a[0],k 值为 i×二维数组每行的元素个数+j。例如,对一个 5×5 的数组,当 i=2,j=2 时,k 的值为 2×5+2=12,即 a[2][2]的地址为 p+12,元素值为 *(p+12)。

2. 使用行指针

对于整个数组而言,可以将其看作是一个一维数组,该一维数组包含了 5 个元素,分别为 a[0]、a[1]、a[2]、a[3]和 a[4],但元素 a[0]~a[4]并非是普通的数组元素,每个元素又包含了 5 个元素值。打个比方,这里数组 a 像是由 5 个大柜子(每个大柜子这里暂称作一个单元)组成的一排柜子,其中的每个大柜子(单元)又由 5 个小柜子组成。整个数组的数组名 a 是第 0 行的首地址(即第 0 号单元的地址),a+1 则为第 1 号单元 a[1]的地址,a+2 是第 2 号单元 a[2]的地址,以此类推。从 a 到 a+1,指针跳过了第 0 行上的所有元素(这里跳过了二维数组第 0 行上的 5 个元素,即跳过了第 0 号单元中的 5 个小柜子)。从 a+1 到 a+2,从 a+2 到 a+3,以及从 a+3 到 a+4,也均是如此。由于每次都跳过了一行元素,这里的 a,a+1,…,a+4 被称为"行指针"(Row Pointer)。

对于行指针,可以使用前面已介绍过的指向一维数组整体的指针变量来存储。

例如:

```
int a[3][4];
int (*p)[4];
p=a;                                          //或 p=&a[0]
```

与前面一样,这里的 p 为指针变量,它的基类型是 int [4],即包含 4 个 int 型元素的一维数组。a 被定义为一个包含 3 行 4 列的二维数组,a 的每行中包含了 4 个元素。利用表达式 p=a,使得指针变量 p 指向了 a 的第 0 行,p+1 指向第 1 行,p+2 指向第 2 行,以此类推。那么,这时如何才能开启第 i 个单元中第 j 个柜子呢?需要先取第 i 个单元的钥匙(p+i,或 a+i),在该单元中取出第 j 个小柜子的钥匙(*(p+i)+j,或 *(a+i)+j)。从而使得可以通过指针变量 p 遍历 a 数组的每个元素,如表 8-3 所示。

表 8-3　通过行指针访问二维数组

	下标法	地　址　法	行指针法
第 i 行第 j 列元素的地址	&a[i][j]	a[i]+j 或 *(a+i)+j	*(p+i)+j
第 i 行第 j 列元素	a[i][j]	*(a[i]+j)或 *(*(a+i)+j)	*(*(p+i)+j)

【例 8-8】 使用列指针和行指针分别输出一个二维数组的内容。

解:

```
#include<stdio.h>
```

```
int main()
{
    int i, j, a[3][4]={1, 2, 3, 4, 5, 6, 7, 8, 9, 10, 11, 12}, * pt, ( * p)[4];
    printf("使用列指针输出数组 a 的元素:");
    for(i=0; i<3; i++)
    {
      pt=a[i];
      for(j=0; j<4; j++)
        printf("%4d", * (pt+j));
      printf("\n");
    }

    printf("使用行指针输出数组 a 的元素:");
    p=a;
    for(i=0; i<3; i++)
    {
      for(j=0; j<4; j++)
        printf("%4d", * ( * (p+i)+j));
      printf("\n");
    }
    return 0;
}
```

程序运行结果：

```
使用列指针输出数组a的元素:
    1    2    3    4
    5    6    7    8
    9   10   11   12
使用行指针输出数组a的元素:
    1    2    3    4
    5    6    7    8
    9   10   11   12
```

3. 使用指针数组和多级指针

对二维数组的访问，还可以通过指针数组结合多级指针的形式进行。

【例 8-9】 使用二级指针访问一个二维数组。

解：

```
#include<stdio.h>
int main()
{
    int a[5][5]={{1, 2, 3, 4, 5},
                 {6, 7, 8, 9, 10},
                 {11, 12, 13, 14, 15},
                 {16, 17, 18, 19, 20},
                 {21, 22, 23, 24, 25}};
    int * p[5], **pt;
    int i, j;
    for(i=0; i<5; i++)
      p[i]=a[i];
```

```
    pt=p;
    printf("数组 a 各元素的值为:\n");
    for(i=0; i<5; i++)
    {
      for(j=0; j<5; j++)
        printf("%3d", *(*(pt+i)+j));
      printf("\n");
    }
    return 0;
}
```

程序运行结果:

```
数组a各元素的值为:
  1   2   3   4   5
  6   7   8   9  10
 11  12  13  14  15
 16  17  18  19  20
 21  22  23  24  25
```

8.3.3　使用指针处理字符类型数据

　　如果使一个指针变量指向一个字符串或字符数组,则可以通过指针变量引用该字符串或字符数组。

　　【例 8-10】　通过指针处理字符串常量。

　　解:

```
#include<stdio.h>
int main()
{
    char * p;
    p="China Ecust";
    printf("指针变量所指向空间的内容为:");
    puts(p);
    for(; * p!='\0'; p++)
      printf("%c", * p);
    return 0;
}
```

程序运行结果:

```
指针变量所指向空间的内容为:
China Ecust
China Ecust
```

　　【例 8-11】　使用指针访问字符数组。

　　解:

```
#include<stdio.h>
int main()
{
```

```
char str1[50], str2[20], * p, * q;
printf("输入两个字符串:\n");
gets(str1);
gets(str2);
p=str1;
q=str2;
while( * p) p++;
while( * p++= * q++);
printf("结果字符串是:%s\n", str1);
return 0;
}
```

程序运行结果：

```
输入两个字符串:
Shanghai Xuhui
ECUST CS
结果字符串是:  Shanghai Xuhui ECUST CS
```

总结起来，使用字符指针变量和下标法处理字符串的比较结果如表 8-4 所示。

表 8-4　通过字符数组和字符指针变量处理字符串的比较

	字 符 数 组	字符指针变量
存储方式不同	分配一段连续的空间	分配一个用于存放地址的存储区域
运算方式不同	数组名是指针常量，不能运算	字符指针变量是变量，可以运算
赋值方式不同	可初始化，但不能进行整体赋值	可以初始化，可以进行整体赋值

8.4 使用指针访问混合类型数据

◇ 8.4　使用指针访问混合类型数据

8.4.1　结构体指针变量的定义及初始化

使用指针访问混合类型数据，应首先定义一个结构体或共用体指针变量。

结构体类型指针变量定义和初始化的语法格式：

> 结构体类型名　* 指针变量名；
> 结构体类型名　* 指针变量名=& 指向的结构体变量名；

共用体类型指针变量的定义、初始化和引用格式与结构体类似，这里不再赘述。
例如：

```
struct Student
{
  int num;
  char name[20];
  float score;
};
```

```
struct Student st1={1001, "张三", 85};
struct Student * p=&st1;
```

编程者也可以通过赋值操作使一个指针变量指向某个结构体类型变量：

```
struct Student * p;
p=&st1;
```

8.4.2　结构体指针变量的引用

结构体指针变量的引用与基础数据类型指针变量的引用方式类似,有两种使用指向结构体类型数据的指针来引用其中成员的方法。

引用方法一：

(* 结构体指针变量).成员名

引用方法二：

结构体指针变量->成员名

注意：

(1) 由于成员运算符“.”的优先级比指针运算符“ * ”高, * p 两侧应加“()”,即(* p).num；

(2) “->”称为指向运算符或间接成员运算符,该运算符只能用于结构体指针变量,直接获得成员变量,即 p->num 与(* p).num 等价；

(3) C 允许一个结构体类型的成员中含有指向同一种结构体类型的指针,这种结构称为自引用结构。

例如：

```
struct ABC
{
  int a;
  float b;
  struct ABC * pt;
}
```

请读者思考下面表达式的含义：

```
( * p).num++        //引用 p 所指向的结构体变量中成员 num 的值,用完后使该值增 1
( * p++).num        //引用 p 所指向的结构体变量中成员 num 的值,然后再使 p 自增
( * ++p).num        //++运算符和 * 运算符优先级相同,结合性为从右到左
p->num++            //引用 p 所指向的结构体变量中成员 num 的值,用完后使 num 增 1
(p++)->num          //引用 p 所指向的结构体变量中成员 num 的值,然后再使 p 自增
++p->num            //使 p 所指向的结构体变量中成员 num 的值先增 1,再引用 num 的值
```

上面表达式中，对于(∗++p).num，由于"++"运算符和"∗"运算符优先级相同，但结合性为从右到左，因此该表达式等价于(∗(++p)).num，如果 p 原来指向一个数组元素，自增后则指向下一个元素。但如果 p 原来指向了一个普通的结构体变量，p 自增后指向谁呢？答案是无法确定。另外，对于表达式"++p->num"，由于运算符"->"的优先级高于"++"，因此表达式实质上是"++(p->num)"。

在程序中也经常使用指针引用结构体数组中的数据，例如：

```
struct Student
{
  int num;
  char name[20];
  float score;
};
struct Student st[10];
struct Student * p=st;
```

这时，可以使用 st[0].name、(∗p).name、p->name 等不同方式引用该结构体数组中各个元素及其成员。"p++;"的效果是使 p 指向结构体数组的元素 st[1]，然后引用该元素中的各个成员。

8.5 使用指针访问函数

◈ 8.5 使用指针访问函数

8.5.1 返回指针值的函数

通过函数调用可以带回一个基础类型的数值，也可以带回一个指针类型的数据。
返回指针类型的函数定义的语法格式：

```
基类型名    ∗ 函数名(参数表列)
{
   函数体
}
```

例如：

```
int * fun_p(int a, float b, char c){…}
```

上例中，定义了一个函数，函数名为 fun_p，该函数设置了 int、float 和 char 三个不同类型的参数，函数的返回值是一个指针值，该指针指向一个 int 型数据。

【例 8-12】 输出两个数据中的较大值及其地址。

解：

```
#include <stdio.h>
int * fun_p(int x, int y)
{
```

```
        printf("The address of x and y are %p, %p.\n", &x, &y);
        return x>y? &x:&y;
    }


    int main()
    {
        int a, b;
        int * pt;
        printf("Input a and b:");
        scanf("%d%d", &a, &b);
        pt=fun_p(a, b);
        printf("Max value is %d. Its' address is %p.\n", * pt, pt);
        return 0;
    }
```

程序运行结果：

（1）Code::Blocks 环境下：

```
Input a and b:123 789
The address of x and y are 000000000061FDF0, 000000000061FDF8.
Max value is 789. Its' address is 000000000061FDF8.
```

（2）VC++ 6.0 环境下：

```
Input a and b:123 789
The address of x and y are 0019FED0, 0019FED4.
Max value is 1703636. Its' address is 0019FED4.
```

例中，通过函数调用，所输入的两个值被传给函数 fun_p()的形参 x 和 y，该函数执行结束时，两个形参中值较大的那个对应的地址（指针）被带回到 main()函数中，并被赋给指针变量 pt。但需要注意的是，实参变量 a 和 b 的存储空间是随机分配的，在不同运行环境下其地址可能不完全相同。另外，当函数调用结束后，形参所占据的存储空间可能会被撤销（pt 将成为悬空指针），导致在主调函数中再次访问该空间时，其中的内容（值）已发生变化。因此，在程序设计中不提倡采用例 8-12 所述的方式。

【例 8-13】 对例 8-12 进行改进，使其能正确运行。

解：

```
#include <stdio.h>
int * fun_p(int * x, int * y)
{
    printf("The value of x and y are %p, %p.\n", x, y);
    return * x> * y? x:y;
}


int  main()
{
    int a, b;
    int * pt;
```

```
        printf("Input a and b:");
        scanf("%d%d", &a, &b);
        printf("The address of a and b are %p, %p.\n", &a, &b);
        pt=fun_p(&a, &b);
        printf("Max value is %d. Its' address is %p.\n", *pt, pt);
        return 0;
    }
```

程序运行结果：

```
Input a and b:123 789
The address of a and b are 000000000061FE14, 000000000061FE10.
The value of x and y are 000000000061FE14, 000000000061FE10.
Max value is 789. Its' address is 000000000061FE10.
```

区别于例 8-12，本例中用变量 a 和 b 的地址作为实参，相应的形参被定义为指针变量，接收变量 a 和 b 的地址。在函数 fun_p() 中，对比指针变量 x 和 y 所指向的变量（即 a 和 b）之值，将值较大的那个变量的地址作为函数的返回值带回到主调函数 main() 中，并赋给指针变量 pt。程序运行结果表明，通过上述方式正确地实现了题目要求。

8.5.2　通过函数指针调用函数

所谓函数指针（Function Pointer），就是指向函数的指针，即该指针为一个自定义函数的入口地址。在进行程序编译时，系统将给自定义函数分配相应的存储空间，程序执行结束时由操作系统收回该存储空间。其中，自定义函数中第一条指令的地址即为该函数的入口地址，C 语言规定该入口地址用函数名代表。

因此，在程序中可以定义一个指针变量，并使其指向一个自定义函数，然后就可以使用这个指针变量访问该自定义函数。函数指针的主要适用场合是对某些接口形式相同而名称不同的函数多次访问的情形，或函数的递归调用的情形。这时，相当于为方便调用函数，专门设计了一个统一的"模板"，使得在程序中可随时根据需要动态地调整指针变量的指向，从而调用不同的函数，减少了代码的冗余。

函数指针变量定义与初始化的语法格式：

基类型名 (* 指针变量名) (参数表列) [=函数名];

例如：

```
int (* fp) (int a, float b, char c)=fun;
```

或

```
int (* fp) (int, float, char)=fun;
```

这里，定义 fp 为一个指向具有三个不同类型参数、返回值为 int 型的函数的指针变量，并将其初始化为 fun() 函数的入口地址。定义之后，即可使用该指针变量调用 fun() 函数。

通过函数指针调用函数的语法格式：

(*指针变量)(实参表列);

【例 8-14】　使用函数指针计算并输出斐波那契数列中某一项的值。

解:

```c
#include<stdio.h>
int fun(int n)
{
    if(n==1||n==2) return 1;
    return fun(n-1)+fun(n-2);
}

int main()
{
    int n;
    long m;
    int (*fp)(int);    //也可以将本行及紧接着一行的代码修改为:int (*fp)(int)=fun;
    fp=fun;
    printf("请输入要求的是第几项:");
    scanf("%d", &n);
    m=(*fp)(n);
    printf("%d\n", m);
    return 0;
}
```

程序运行结果:

```
请输入要求的是第几项：20
斐波那契数列第20项的值是：6765.
```

也可以通过下面的例子使用函数指针实现编程者的要求。

【例 8-15】　利用函数指针求两个正整数的和、差、积和商。

解:

```c
#include<stdio.h>
float fun_add(int x, int y)
{
    return x+y;
}

float fun_sub(int x, int y)
{
    return x-y;
}

float fun_mul(int x, int y)
{
    return x*y;
}
float fun_div(int x, int y)
```

```
{
    return 1.0 * x/y;
}

int main()
{
    int a,b;
    float (*fp)(int,int);
    printf("请输入两个整数 a 和 b:");
    scanf("%d%d", &a, &b);
    fp=fun_add;
    printf("%d+%d=%.0f.\n", a, b, (*fp)(a, b));
    fp=fun_sub;
    printf("%d-%d=%.0f.\n", a, b, (*fp)(a, b));
    fp=fun_mul;
    printf("%d*%d=%.0f.\n", a, b, (*fp)(a, b));
    fp=fun_div;
    printf("%d/%d=%f.\n", a, b, (*fp)(a, b));
    return 0;
}
```

程序运行结果：

```
请输入两个整数a和b: 369 123
369+123=492.
369-123=246.
369*123=45387.
369/123=3.000000.
```

本例中，通过调整函数指针变量的指向，既可以调用不同的函数，同时又可减少重复编写代码的工作量，提高了程序的通用性。

8.5.3　指针作为 main() 函数的形参

前面各章中，main()函数首部通常以 main()或 main(void)形式出现，不附带任何参数。实际上，main()函数可以带有参数。通常，main()函数和其他自定义函数组成一个文件，当对该文件进行编译和链接后，即可生成相应的可执行文件。在用户运行可执行文件时，操作系统就调用程序中的 main()函数，然后由 main()函数去调用其他函数，从而实现程序的相关功能。

这有一个问题，即 main()函数的形参从哪里获得实参信息呢？很显然，不可能从程序中得到，答案只有一个，因为 main()函数是由操作系统调用的，因此实参只能由操作系统给出。当编程者在操作命令状态下，输入可执行文件的名字时，操作系统即调用 main()函数，从而为实参赋值。

带参数的 main()函数的语法格式：

```
int  main(int argc, char * argv[ ])
```

或

```
int  main(int argc, char * argv[ ], char * envp[])
```

上述格式中,形参 argc 用来统计运行程序时命令行中参数的个数,字符指针数组 argv 用来存放命令行上各字符串参数的指针,每个元素指向一个参数。其中 argv[0]指向程序运行的全路径名,argv[1]指向可执行程序名后的第一个字符串,…,argv[argc]为 NULL。envp 则用以获取系统的环境变量,该参数不太常用。

【例 8-16】 编程实现带参数的 main()函数,利用编译器的命令行参数和 cmd 命令行参数两种方法在 main()中传递参数,将相关实参依次显示到屏幕上,并写入一个磁盘文件中。

解:

```
#include <stdio.h>
#include"stdlib.h"
int main(int argc, char * argv[], char * envp[])
{
    int i;
    FILE * fpout;
    printf("Total arguments is %d.\n", argc);
    for(i=0; i<argc; i++)
      printf("Argument %d: %s.\n", i, argv[i]);

    if((fpout=fopen("e:\\tmp\\file_source.dat", "w+"))==NULL)
    {
      printf("文件打开失败!\n");
      exit(0);
    }
    for(i=0; i<argc; i++)
      fprintf(fpout, "%s\n", argv[i]);
    fclose(fpout);
    return 0;
}
```

程序运行结果和所建立的文件内容如下。

方法一:

通过编译器的命令行参数传递。

例如,在 VC++ 环境下编译、链接后,在"工程"→"设置"→"调试"→"程序变量"中输入 China Shanghai Ecust CS2023,再运行就可得到结果(见图 8-6(a));在 Code∷Blocks 环境下,建立 Project,编辑好程序,然后单击 Project→Set programs' arguments…,在 Select target 对话框中选择 Debug,在 Program arguments 框中输入 China Shanghai Ecust CS2023,运行即可得到系统的结果(见图 8-6(b))。

两种环境下所建立的文件的内容见图 8-6(c)、图 8-6(d)。

方法二:

通过 cmd 命令行传递参数。首先打开 cmd 命令行,进入 C 盘,然后输入 E:\TMP\Debug\maintest.exe China Shanghai Ecust CS2023,按 Enter 键即可运行该程序,并向 main()函数传递参数。程序运行结果如图 8-7 所示。

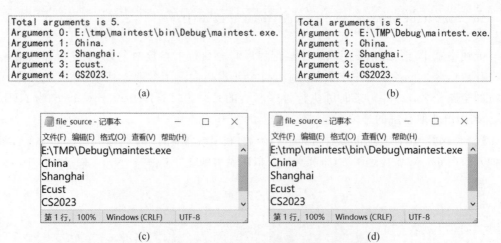

图 8-6　程序在 VC++ 6.0 和 Code∷Blocks 环境下的运行结果和所建立的文件内容

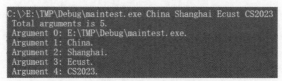

图 8-7　cmd 命令行方式下的运行结果

◆ 本 章 小 结

"**男儿何不带吴钩，收取关山五十州**。"对数据的访问可以通过直接访问和间接访问两种方式进行，C 语言的指针机制提供了对数据间接寻址的功能。指针是 C 语言的重要特色和精髓，合理使用指针，可以有效地对一些复杂的数据结构进行快速灵活的处理，同时也为函数间各类数据的传递提供了灵活便利的方法。

　　本章首先简要分析了间接访问方式下对数据的操作过程，并引出指针、变量的指针和指针变量的概念，进而给出了 C 语言中指针变量的定义、初始化和引用方法。在此基础上，分别介绍了利用指针机制实现对数组、结构体（共用体）、函数和文件等间接访问的方法。

　　指针使用的三部曲为定义指针变量、关联指针变量和通过指针变量引用目标空间。指针变量的定义遵循普通变量定义的一般规律，分配相应的存储空间。指针在使用中存在野指针、悬空情况以及内存泄漏等固有的危险性，当在定义指针变量时未对其进行初始化、未赋值或指向释放掉的空间，则该指针变量指向了一个地址不确定的变量，这时引用该地址将会导致不可预知的后果。因此，在引用指针之前必须绑定一个有效地址（关联指针变量），使该指针变量指向一个可以访问的存储空间。然后，通过引用指针变量达到间接访问目标变量的目的。

　　指针和数组的结合可以说是"天然联姻"，利用指针通过地址偏移方式操作数组非常方便。由于数组中各元素地址彼此相邻，它们有一个共同的起始地址，且在编译器内部均采用指针方式来访问数组元素，因此通过下标和指针两种方式访问数组元素在实质上是一样的。当用指针作为函数参数时，通过"传址调用"可以达到对实参地址空间的共享，从而实现一次调用函数带回多个数据的目的。同时由于函数名代表整个函数代码段的首地址,因此采用指针方式调用函数将十分容易。结构体变量尤其是结构体数组一般存放的信息量较大,当用结构体变量作为函数形参时,属于单向的"传值调用",效率较低,这时恰当的做法是采用指针方式传参。对磁盘上数据的访问是通过文件指针来进行的,文件指针实际上是指向一个结构体类型的指针,它允许读取磁盘上特定位置的信息或者向特定位置写入信息,而且提供了一种管理动态存储空间的方法。

◇ 习　题

1. 名词解释

(1)指针;(2)指针变量;(3)基类型;(4)指针引用;(5)指针数组。

2. 填空题

(1) 指针就是_____,而指针变量则是_____。

(2) 若有"int * pt, x=12, y=34;　pt=&y;　x= * pt+x;",则 x 的值是_____。

(3) 如果"float x[20], * pt; pt=x;",则 pt+4 表示_____。

(4) 如有"int a[5]={1,2,3,4,5};",则代码"int * p[5]={&a[0],&a[1], &a[2], &a[3], &a[4]};"的含义是_____。

(5) 若有定义"int a[2][3]={2,4,6,8,10,12};",则 * (&a[0][0]+2 * 2)的值是_____。

3. 选择题

(1) 有如下定义语句:"char b[5], * p;",则正确的赋值语句是(　　)。

　　A. b="ABCD";　　B. * b="ABCD";　　C. p="ABCD";　　D. * p="ABCD";

(2) 若有定义"int a=5, b=8, * p, * q=&b;",则以下非法的赋值语句是(　　)。

　　A. p=q;　　　　B. * p= * q;　　　　C. p=&a;　　　　D. a= * q;

(3) 若有定义"int i, a[10], * p;",则合法的赋值语句是(　　)。

　　A. p=1000;　　　　B. p=a+2;　　　　C. p=a[2]-2;　　　　D. p=a[2]+2;

(4) 若有语句"char str1[20]="Shanghai", * str2="12345"; printf("%d\n", strlen(strcat(str1, str2)));",则输出的结果是(　　)。

　　A. 13　　　　　　B. 8　　　　　　C. 5　　　　　　D. 20

(5) 如果"char str1[]="Shanghai", str2[10], * str3="ECUST_CS", * str4;",则下列对函数 strcpy 的调用中,不正确的是(　　)。

　　A. strcpy(str1, "English");　　　　　　B. strcpy(str2, "Physics");

　　C. strcpy(str3, "Math");　　　　　　D. strcpy(str4, "History");

4. 谈谈你对指针的理解。

5. 简述指针和指针变量的区别与联系。

6. 程序阅读题

(1) 下面程序的输出结果是_____。

```
#include<stdio.h>
void func(int * a, int * b)
```

```
{
    int * t;
    t=a;
    a=b;
    b=t;
}
void main()
{
    int a=3, b=5, * p=&a, * q=&b;
    func(p, q);
    printf("The result is: %d %d\n", a, b);
}
```

（2）下面程序的功能是_____。

```
#include"stdio.h"
void main()
{
    char a[]="Programming", b[]="Language";
    char * pt1, * pt2;
    int i;
    pt1=a;
    pt2=b;
    for(i=0; i<7; i++)
      if( * (pt1+i)== * (pt2+i))  printf("%c", * (pt1+i));
}
```

（3）以下程序所实现的功能是_____。

```
#include <stdio.h>
void fun(int * pa, int * pb)
{
    int t;
    t= * pa;
    * pa= * pb;
    * pb=t;
}
void main(  )
{
    int  a, b, * p1, * p2;
    scanf("%d%d", &a, &b);
    p1=&a;
    p2=&b;
    fun(p1, p2);
    printf("a=%d, b=%d\n", a, b);
}
```

（4）以下程序的运行结果是_____。

```
#include"stdio.h"
void main()
{
    char * p="0612347";
    int x=0, y=0, z=0;
    while (*p){
      switch(*p)
      {
        default: z++;
        case '1': x++; break;
        case '2': y++;
      }
      p++;
    }
    printf("%d,%d,%d\n", x, y, z);
}
```

（5）以下程序的输出结果是_____。

```
#include<stdio.h>
struct ST
{
    char name[20];
    char sex;
    int age;
}stu[3]={"Zhang san", 'M', 18, "Li si", 'F', 19, "Wang wu", 'M', 17};

void main()
{
    struct ST * p;
    p=stu;
    p++;
    printf("%s, %c, %d\n", p->name, p->sex, p->age);
}
```

7. 程序设计题

（1）编写程序，要求使用指针方法实现对一个数组的排序。

（2）某班共有 30 名学生，每个学生具有学号、姓名、三门课程的成绩等信息。编写程序，定义结构体数组，在主函数中调用自定义函数 Input() 和 Search()。其中函数 Input()输入全班学生的全部信息，函数 Search()查找并输出三门课程平均分不及格学生的全部信息（学号、姓名、三门课程的成绩、平均分，平均分保留两位小数）。

注：要求用指针作为形参接收学生信息。

（3）程序员小王计划开发一个图书管理系统，该系统的主要功能是对图书的基本信息（见表 8-5）进行管理，请你利用所学的结构程序设计知识帮助小王完成这个设计。为了体现模块化设计的思想，要求系统的图书信息的输入、输出和求单价最高的图书信息的功能都使用函数来实现。

表 8-5　图书基本信息

书　　名	作者	出版社	出版年	单价	ISBN
计算机程序设计	李军	清华大学出版社	2024	45.00	978-7-115-28282-9

（4）这是一道程序设计题，题目要求如下。

【题目】　送外卖。"好吃"外卖店的外卖很受欢迎。由于订单太多，忙不过来，老板动起了歪心思，不再按订单编号先后送外卖，而是按"打赏费"的多少送。每个订单包含的信息有：订单编号、订单金额、打赏费。打赏费最高的先送，如果打赏费相同就先送订单金额高的。

【输入】　第一行是整数 n，表示共有 n 个订单；后面 n 行，每行一个订单，包括三个整数：订单编号、订单金额、打赏费。2＜n＜100。注意：为了简化情况，不同订单的打赏费可能相同，但是订单金额、订单编号都不同。

【输出】　输出一行，包括 n 个整数，按送外卖的顺序，输出 n 个订单编号，用空格隔开。注意最后不能有空格。

【输入样例】

```
5
1 20 9
2 100 9
3 95 9
4 60 10
5 34 2
```

【输出样例】

```
4 2 3 1 5
```

提示：请定义一个结构体表示订单；请编写一个 Sort() 用于排序（使用冒泡或选择排序），不能使用 STL 的 sort() 函数；编写一个 Swap() 函数用于结构体数据交换。

答案输入：5 1 20 99 2 100 9 3 95 9 4 60 10 5 34 2

　　　　　5 1 20 9 4 100 92 2 95 9 5 60 10 3 34 10

答案输出：1 4 2 3 5

　　　　　4 5 3 2 1

动态数据组织与处理

【内容提要】 动态数据是相对静态数据而言的,是指在对程序编译时先不分配固定的存储空间,而是由编程者在程序运行过程中,根据需要随时进行内存的分配与释放,以实现对数据的动态组织与处理。本章在引入 C 语言的动态内存管理函数的基础上,将重点介绍三类动态数据结构,即链表、栈和队列的原理及使用方法。

【学习目的和要求】 本章教学的主要目的是使学生理解动态数据结构的概念,学习通过指针实现对内存进行动态管理的原理,掌握并能熟练运用链表、栈和队列等动态数据结构实现对数据的动态组织与处理方法。

【重要知识点】 动态数据;链表;栈;队列。

◆ 9.1 动态数据概述

前面各章中,均采用了静态数据结构组织与处理程序中的数据。C 语言提供了基本的数据结构和静态数组等来存储和组织数据,但未提供内置的动态数据结构来进行数据的组织与处理。**静态数据结构**(Static Data Structure),如程序中的变量,一旦定义,在对程序进行编译时,将为其分配相应的存储空间,在程序运行过程中该存储空间的位置和大小将不会再改变。再如数组,在程序执行期间其存储空间大小是固定的,必须用常量来指定其长度,系统将为其分配一段连续的内存空间。因此,使用静态数据结构处理数据时,要求编程者事先了解数据集的大小,以免出现内存空间不够用或者被浪费的情况。

面对数据组织和处理需要,有时仅采用上述传统方式显然是不够的,必要时需要定义动态数据。将在系统应用中随时间改变的数据称为**动态数据**(Dynamic Data),为组织与处理动态数据,需要编程者在程序中通过人工方式创建动态数据结构来管理内存的分配和释放。**动态数据结构**(Dynamic Data Structure)是指在开始时并不确定总的数据存储空间大小,因此在编译阶段就不用固定地分配存储空间,而在程序运行过程中,根据需要进行内存的动态管理,对内存按需分配或按需释放,以及进行动态地收缩或扩展。在这种情况下,可为变量或数组元素定义一个初始大小的空间,当数据量发生变化时,使数据存储空间的大小也随之发生变化。若数据量增加,就重新向系统申请新的空间,若数据量减少,则将多余的空间归还给系统。这样一来,使得数据不一定非得被存储到连续的内存空间中,为实现该目的，可使用第 8 章介绍的指针将数据链接。

指针不但提供了间接寻址的功能，还提供了一种管理动态存储空间的方法。指针可被用来访问动态分配的存储区域，即堆中的位置，从堆中动态分配的变量属于堆动态变量，它们往往没有与其相关联的标识符，因此只能通过指针等方式来引用。

为了实现动态数据管理，C99 的结构体类型中最后一个元素允许是未知大小的数组，例如：

```
struct abc
{
  int x;
  float y[ ];      //数组大小是可以改变的，如"float y[0];"，该成员也可改为"float * y;"
}
```

上述结构体类型中，成员数组 y 的大小未定，该数组被称为**柔性数组**（Flexible Array）。对于包含柔性数组的结构体类型变量，在分配内存空间时，将不计算该柔性数组。因此，sizeof(struct abc)的值为 4。

需要注意的是，结构体类型的柔性数组成员前面一定要有一个其他类型的成员，且包含柔性数组成员的结构体变量用 malloc()函数进行内存的动态分配时，所分配的内存空间应该大于结构体变量的大小，以适应柔性数组的预期大小。

本章将首先介绍如何利用 C 语言中的内存管理函数实现数据的动态组织与处理。在此基础上，将重点介绍链表、栈、队列等动态数据结构的原理及使用方法。

◆ 9.2　动态内存管理

9.2 动态
内存管理

许多高级程序设计语言都提供了对存储空间的显式分配和删除操作，如面向对象程序设计语言中的 new 和 delete，C 语言也不例外。

9.2.1　内存分区模型

为了更清晰地理解 C 语言中如何对内存进行动态管理，有必要先介绍 C 语言中的内存分区模型（见图 9-1）。这里，内存被划分为栈区、堆区、静态数据区、常量区和程序代码区等。这些不同的区域将被用作不同的用途，它们可以通过不同的方法访问。

栈区（Stack）：用来存放程序中定义的函数和复合语句中的局部变量等具有自动存储类别的变量，以及函数调用时的现场保护和返回地址、函数形参等，其操作方式类似于数据结构中的栈，由编译器自动分配和释放。

堆区（Heap）：用来存放通过动态空间申请函数申请的变量，一般由编程者调用 malloc()、calloc()、realloc()和 free()等函数进行内存的申请与释放，若编程者不释放则在程序运行结束时可能由操作系统回收。这里的堆区与数据结构中的堆不是同一个概念，堆区的分配方式类似于链表。

静态数据区（Static）：用于存放用绝对地址标识的、主要是全局变量或静态存储类别的数据或变量，其中初始化的全局变量和静态变量在一块区域，而未初始化的全局变量和静态变量在相邻的另一块区域，该区域在程序运行结束时由操作系统释放。该块内存有读写权

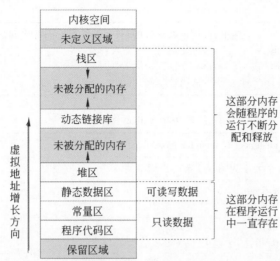

图 9-1 内存分区模型（Linux 64 位下 C 语言程序环境）

限,其值在重新运行期间可以改变。

常量区（Constant）：存放程序中的常量、字符串常量等,程序运行结束后由操作系统释放。该块内存只有读取权限,没有写入权限,其值在程序运行期间不能改变。

程序代码区（Code）：用于存放程序的二进制代码。

动态链接库（Dynamic Link Library,DLL）：可以被其他应用程序共享的程序模块,其中封装了一些可以被共享的例程和资源。

在以上内存分区中,程序代码区用来保存程序指令,静态数据区、常量区、堆区、栈区均用来保存数据。通常,当程序被加载到内存后,程序代码区、静态数据区和常量区已被分配好,这些内存区在程序运行期间将一直存在,在程序运行结束后才能由操作系统收回,因此它们的生存期为程序的整个运行过程。对于程序中的函数,当函数被调用时,会将函数参数、局部变量、返回地址等与函数相关的信息压入栈中,函数执行结束后,这些信息将被销毁。因此,函数参数、局部变量等的生存期为当前函数的调用过程。

9.2.2 C 语言的动态内存分配函数

C 语言中,通常使用指针和动态内存分配函数来实现动态数据结构。常用的动态内存分配函数有 malloc()、calloc()、realloc() 和 free(),它们的原型和功能等相关信息如表 9-1～表 9-4 所示。

表 9-1 malloc() 函数

函数原型	void * malloc(unsigned long size);
函数功能	向内存中申请指定字节数的连续空间
参数	size——申请的内存空间的字节数
返回值	成功：所分配的内存空间的首地址； 不成功：NULL 指针
头文件	#include<stdlib.h>

续表

说明	(1) 所分配空间位于堆中，按指定大小分配，且所开辟的空间的内容是随机值； (2) 不再使用该内存空间时，可使用 free()函数释放。 应用举例：int * pi; pi＝(int *)malloc(50 * sizeof(int)); 　　　　　　//为 50 个整数申请内存空间，并使 pi 指向该空间

表 9-2　calloc()函数

函数原型	void * calloc(unsigned n, unsigned size);
函数功能	向内存申请 n 个大小为 size 字节的连续空间
参数	n——数据项的个数； size——每个数据项的字节数
返回值	成功：所分配的内存空间的首地址； 不成功：NULL 指针
头文件	#include＜stdlib.h＞
说明	(1) 所分配空间位于堆中，且将空间的每字节都初始化为 0； (2) 不再使用该内存空间时，可使用 free()函数释放。 应用举例：int * pi; pi＝(int *)calloc(50, sizeof(int)); 　　　　　　//申请 50 个 int 类型的内存空间，使 pi 指向该空间

表 9-3　realloc()函数

函数原型	void * realloc(void * p, unsigned size);
函数功能	将 p 所指向的已经分配的内存区大小改为 size
参数	p——指向要修改大小的内存区的指针； size——调整后的字节数
返回值	成功：新分配的内存空间的首地址； 不成功：NULL 指针
头文件	#include＜stdlib.h＞
说明	size 可以比原来的内存区间扩大或缩小。如果原有空间足够，直接追加即可。如果不够用，就在堆中再开辟一块新空间满足需求，且把原来内存中的数据复制回来，释放旧的内存空间，最后返回新分配的内存空间的首地址。 应用举例：int * pi; pi＝(int *)malloc(50 * sizeof(int));　pi＝(int *)realloc(pi,10 * sizeof(int)); 　　　　　　//将 pi 所指向的内存空间缩小至存放 10 个整数

表 9-4　free()函数

函数原型	void free(void * p);
函数功能	释放 p 所指向的内存区
参数	p——指向要释放内存空间的指针，如果是 NULL，则什么都不做
返回值	无
头文件	#include＜stdlib.h＞

续表

说明	(1) 拟释放的内存是由 malloc()或 calloc()函数申请空间时返回的地址; (2) 所释放的空间可由系统重新分配。 应用举例: free(p);

由于 C 语言是编译型语言,没有内存回收机制,需要编程者自己释放不再需要的内存空间。因此,上述的每个动态内存分配函数必须由相应的 free()函数进行内存空间的释放,释放后不能再次使用被释放的内存。但需要注意的是,free(p)函数并不能改变指针 p 的值,p 依然指向原来的内存,为防止再次使用该内存,建议将 p 的值修改为 NULL。另外,在申请内存空间时最好不要用数字直接指定内存空间的大小,正确方法是使用 sizeof()运算符,以增加程序的可移植性。

上述方式虽然给编程者带来了较大的灵活性,但如果动态开辟的空间忘记释放,会造成内存泄漏的风险,而且会对系统性能产生极大影响,甚至可能导致系统崩溃。为了改善程序的稳定性和健壮性,Java、Python、C♯等语言使用了垃圾内存自动回收机制,系统会自动识别不再使用的内存并将其释放掉,避免内存泄漏,这样编程者就不需要管理内存了。

利用动态内存分配函数,可以非常方便地进行动态数据的组织与处理。以创建动态数组为例,数组的大小可以由编程者在程序运行过程中从键盘输入。

【例 9-1】 创建一维动态数组。

解:

```c
#include <stdio.h>
#include <stdlib.h>
int main()
{
    int *p, i, n;
    p=(int *)malloc(sizeof(int) * n);
    printf("输入一维数组的长度:");
    scanf("%d", &n);
    for(i=0; i<n; i++)
      scanf("%d", &p[i]);
    printf("输出一维数组各个元素:\n");
    for(i=0; i<n; i++)
      printf("%3d", p[i]);
    free(p);
    return 0;
}
```

程序运行结果:

```
输入一维数组的长度: 10
 1  2  3  4  5  6  7  8  9 10
输出一维数组各个元素:
 1  2  3  4  5  6  7  8  9 10
```

【例 9-2】 创建二维动态数组。

解:

```
#include <stdio.h>
#include <stdlib.h>
int main()
{
    int * p, * pt[10], * pp, i, j, m, n;
    p=(int *)malloc(sizeof(int) * m);
    printf("输入数组的行数 m 和列数 n:");
    scanf("%d %d", &m, &n);
    printf("输入数组的各个元素的值:\n");
    for(i=0; i<m; i++)
    {
      p=(int *)malloc(sizeof(int) * n);
      pt[i]=p;
      for(j=0; j<n; j++)
        scanf("%d", (p++));
    }
    printf("输出数组元素的值:\n");
    for(i=0; i<m; i++)
    {
      pp=pt[i];
      for(j=0; j<n; j++)
        printf("%3d", * (pp++));
      printf("\n");
    }
    for(i=0; i<m; i++)
      free(p[i]);
    free(p);
    return 0;
}
```

程序运行结果：

```
输入数组的行数m和列数n: 3 4
输入数组的各个元素的值:
 1  2  3  4
 5  6  7  8
 9 10 11 12
输出数组元素的值:
 1  2  3  4
 5  6  7  8
 9 10 11 12
```

分析例 9-1、例 9-2 的运行结果可知，动态数组实质上是一种使用连续内存空间存储数据的动态数据结构，其大小既可以在初始化时设置，也可以在程序运行过程中自动调整。编程者可以在数组尾部添加或删除元素，而无须在编程时显式地设置数组大小，从而使得数组大小可以随着向数组中添加元素或删除元素而动态地扩大或缩小。一方面，在添加新元素时，如果当前数组已满，就会重新分配一块较大的内存空间，并将原来的元素值复制到新的空间中。另一方面，当从数组中删除一个元素时，如果元素数量变得过少，则会对数组进行收缩，释放未使用的内存空间。但是，动态数组也存在着插入或删除数组元素时效率低下，频繁进行内存空间的重新分配和复制导致额外的时间开销，以及新分配的内存空间可能不连续使得缓存命中率下降等诸多问题,要求编程者综合考虑其使用。

9.3 利用链表实现动态数据组织与处理

链表(Linked List)是采用链式存储方式的线性表,它也是一种动态数据结构,由若干结点用指针串在一起构成,结点的数目无须事先指定,可以动态地生成,每个结点分别有自己的存储空间,这些结点的存储空间无须连续存放。这样一来,方便编程者随时根据需要插入结点或删除结点,而无须移动大批量的数据,届时只需修改指针的指向即可。日常生活中有许多类似于链表的例子,例如火车的每一节车厢前后各有一个挂钩,由火车头牵引第一节车厢,第一节车厢的后挂钩牵引第二节车厢,第二节车厢的后挂钩牵引第三节车厢,…,最后一节车厢的后挂钩空着,这就是"链表"。

链表可以动态定义存储空间的大小,实现内存的弹性管理,因此非常适合动态数据的组织与处理。例如,选择合适的数据结构来存放一批学生的学号及考试成绩,以便进一步处理。这里,由于学生人数未知,很显然定义静态数组并不合适,恰当的方法是用链表进行处理。

按创建的时机,链表分为静态链表和动态链表。其中,静态链表是指在编译之前就确定了链表的结构和结点数目,在程序运行过程中将不会再改变。上面的例子则属于动态链表,它是指在程序运行过程中根据需要创建结点和存储数据,结点数目事先未定,且每个结点的存储空间都需要在程序中通过编程显式地申请,使用完毕后再显式地释放每个结点所分配的空间。

除此之外,链表还可以按搜索方向分为单向链表、双向链表和环形链表等。

9.3.1 单向链表

为存储前述的学生数据,可创建一个链表(见图 9-2)。链表中,每位学生的信息以一小块内存(称为一个结点或元素,node)存放,每增加一个学生就申请分配一个结点空间,并将各结点用指针按逻辑顺序依次链接。链表的逻辑顺序与其物理存储顺序不一定相同,即各结点可以以离散的形式存放。链表中的每个结点包含两个域,一个为数据域(存放相关的数据),另一个为指针域(存放下一结点的开始地址)。头指针(Head)用于存放链表第一个结点的地址,是访问链表的重要依据,最后一个结点的指针域为空,这样的链表称单向链表(Singly Linked List)。

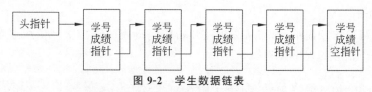

图 9-2 学生数据链表

链表中每个结点可用如下结构体类型实现:

```
struct stud
{
    int num;                                      //学号
```

```
    float score;                              //成绩
    struct stud * next;                       //下一结点的地址
};
```

1. 创建链表

仍然以上面学生数据为例,创建一个链表包括以下步骤:

(1) 输入一个学生的相关数据;

(2) 申请结点空间,存入数据;

(3) 将刚建立结点的首地址赋给前一个结点的 next 成员,如果该结点是第一个结点,则赋给头指针;

(4) 将结点的 next 成员置为 NULL,表示该结点为当前的最后结点。

相应的程序代码为:

```
struct stud * BuildList()
{
    struct stud st, * p0=NULL, * p, * head=NULL;
    while(1)
    {
      scanf("%d%f", &st.num, &st.score);
      if(st.num<0) break;
      p=(struct stud *)malloc(sizeof(struct stud));
      * p=st;
      p->next=NULL;
      if(p0==NULL) head=p;
      else p0->next=p;
      p0=p;
    }
    return head;
}
```

上面代码中,p0 为前一结点的指针(前置结点),p 指向新申请的结点空间。如果 p0 为 NULL,表示当前链表为空,此时将新建立的结点首地址赋给头指针变量 head,否则将新结点的首地址赋给前一结点的 next 成员。当创建新的结点后,刚才的结点则变为前驱结点,学号小于 0 时输入结束。

2. 输出链表

输出整个链表比较简单,只需从头指针开始按照链表的链接次序依次逐个输出每个结点中的数据域。相应的程序代码如下:

```
void PrintList(struct stud * head)
{
    struct stud * p=head;
    while(p)
    {
      printf("%d,%d", p->num, p->score );
      p=p->next;
```

```
    }
}
```

3. 删除结点

删除一个链表结点时,只需对预删除结点的指针进行相应的调整,将其从链表中剥离开来即可,并且不能破坏链表原有的链接关系。具体步骤为:

(1) 按搜索条件寻找要删除的结点;

(2) 如果要删除的结点是链表的第一个结点,则将其后继结点的指针赋给头指针;如果该结点是最后一个结点,则将其前置结点的 next 成员置为 NULL;如果该结点是中间结点,则将后继结点的指针赋给前置结点的 next 成员;

(3) 释放该结点所占的内存单元。

相应的程序代码如下:

```c
struct stud * DeleteList(struct stud * head, int num)
{
    struct stud * p=head, * p0=NULL;
    while(p)
    {
      if(p->num==num)                        //假定要删除某一指定学号的结点
      {
        if(p==head) head=p->next;
        else if(p->next==NULL) p0->next=NULL;
            else p0->next=p->next;
        free(p);
        break;
      }
      else
      {
        p0=p;
        p=p->next;
      }
    }
    return  head;
}
```

删除指针 p 所指向的结点的过程可用图 9-3 表示。

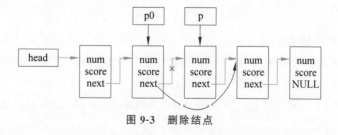

图 9-3　删除结点

4. 插入结点

假定将结点 p 插入结点 p0 的后面(见图 9-4),则插入操作的相应代码为

```
p->next=p0->next;
p0->next=p;
```

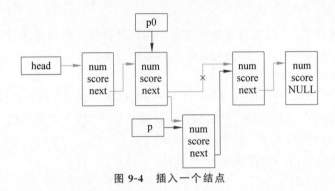

图 9-4   插入一个结点

上述代码中,第一条语句用于将原来的后继结点链接到当前结点的后面,第二条语句则用于将当前结点链接到 p0 所指向的结点(前驱结点)后面。通过上述操作,将当前新建立的结点成功地插入链表中,形成新的链表。

9.3.2 双向链表

每个结点中都设置分别指向该结点的后继和前驱两个指针域的链表,称为**双向链表**(Doubly Linked List)。链表既可以从链头遍历到链尾,也可以从链尾遍历到链头,即链表链接过程是双向的,这样的链表即为双向链表,如图 9-5 所示。

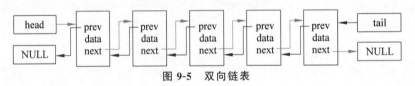

图 9-5   双向链表

双向链表结点的结构体类型定义为

```
struct node
{
    int data;
    struct node * prev;
    struct node * next;
}
```

双向链表的特点如下。

(1) 双向链表有两个指针 head 和 tail,称为链头和链尾,分别指向第一个结点和最后一个结点;

(2) 每个结点由三部分组成:数据域 data、指针域 prev 和 next,prev 指向前一个结点,next 指向后一个结点;

(3) 第一个结点的 prev 指向 NULL,最后一个结点的 next 指向 NULL。

相对于单向链表,双向链表每个结点所占的内存空间要更大一些,且在插入或删除某个结点时,需要处理的指针域会更复杂,实现起来会更困难。

9.3.3 环形链表

环形链表(Circular Linked List)也称循环链表,它既可以是单向链表,也可以是双向链表。关于环形链表操作的方法和单向链表差不多,只是最后一个结点不再指向 NULL 而是链头(head),如图 9-6 所示。

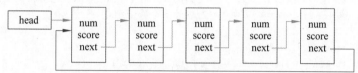

图 9-6 环形链表

【例 9-3】 猴子选大王。山中无老虎,现在有 n(n≤50)只猴子要选举大王,将猴子们按照顺序从 1 到 n 编号。猴子们按顺时针方向围成一圈,从第 1 只猴子开始报数,报到数字 m 的猴子将被淘汰,剩下的猴子接着从 1 重新开始报数。就这样一直重复下去,直到只剩下一只猴子,这个猴子就当选为大王。编写程序,用循环链表实现上述功能。

【输入】 输入为一行,两个数 n 和 m。

【输出】 输出一个数,即当选大王的猴子编号。

输入示例:

```
10 5 ↵
```

输出示例:

```
3
```

解:
根据题意,很显然,本题适合用环形链表实现,具体的程序代码如下:

```c
#include <stdio.h>
#include <stdlib.h>

struct king
{
  int num;
  struct king * next;
};

int main()
{
  struct king * monkey, * head, * p;
  int m, n, k, i;
  k=1;
  scanf("%d%d", &n, &m);               //n 为猴子的总数,m 为报数上限
  monkey=(struct king * )malloc(sizeof(struct king));
                                        //动态申请一个结点空间,并用临时
```

```
                                        //指针 monkey 指向该结点
   p=(struct king *)malloc(sizeof(struct king));
                                        //动态申请一个结点空间,并用临时
                                        //指针 p 指向该结点
   head=monkey;                         //指针 head 也指向 monkey 结点
   monkey->num=1;                       //第一个猴子的编号是 1
   monkey->next=p;                      //使当前 monkey 结点的后继指针指向 p 结点
   monkey=monkey->next;                 //新的 monkey 指针指向 p 结点(新猴子)
   for(i=2; i<=n-1; i++)                //创建多个猴子结点
   {
     monkey->num=i;
     p=(struct king *)malloc(sizeof(struct king));
     monkey->next=p;
     monkey=monkey->next;
   }
   monkey->num=n;                       //这是最后一个猴子
   monkey->next=head;                   //最后一个猴子的后继结点是第一个猴子
   monkey=head;                         //现在的猴子是第一个猴子了
   while(n>1)                           //开始选大王,n=1时说明只剩下一个猴子,该猴子即为大王,退出
   {
     while(k!=m-1&&monkey->next!=NULL)
     {
       monkey=monkey->next;
       ++k;
     }
     k=1;
     monkey->next=monkey->next->next;
     monkey=monkey->next;
     n=n-1;
   }
   printf(" The number of King is %d\n", monkey->num);
   return 0;
}
```

程序运行结果：

```
10 5
3
```

9.4 利用栈
实现动态
数据组织
与处理

◆ 9.4 利用栈实现动态数据组织与处理

栈(Stack)是一种操作受限的特殊线性表,该线性表只在表的同一端进行插入或删除操作。

从原理上讲,栈是一种遵循后进先出(Last In First Out,LIFO)原则的动态数据结构,其操作机制类似于薯片桶,生产时薯片桶是空的,第一片放进去的薯片会被放在桶的最底部,接着放第二片,第三片,…,最后一片薯片被放在桶的顶部。吃薯片时,会先吃掉放在桶顶的薯片,然后再吃接下来的一片,以此类推,放在桶底的薯片要到最后才会被吃掉。

栈机制的原理如图 9-7 所示。

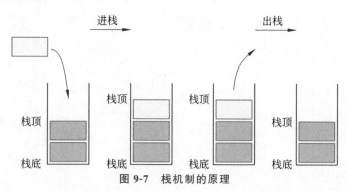

图 9-7　栈机制的原理

栈由数目事先未定的若干元素组成,新添加的元素和待删除的元素都会保存在栈的同一端,称为栈顶,另一端叫作栈底。在栈中,新元素都接近栈顶,旧元素都接近栈底。插入新元素到栈顶元素的上面,称作进栈、入栈或压栈,它是把新元素放在栈顶元素的上面,使之成为新的栈顶元素。从一个栈中删除元素称为出栈或退栈,它是把栈顶元素删除掉,使其相邻的元素成为新的栈顶元素。

程序内部的实现机制中,经常会用到栈结构。假设在一个程序中,在 A 函数中调用 B函数,在 B 函数中调用 C 函数,在 C 函数中又调用 D 函数。此种情形下,在程序执行过程中,系统会先将 A 函数压入栈,A 函数没有执行完就不会退出栈。在 A 函数执行过程中调用了 B 函数,系统也会将 B 函数压入栈中,且将 B 函数放置到 A 函数的上面,即 B 函数在栈顶,A 函数在栈底。如果 B 函数能一气呵成执行完,它就会退出栈。但由于 B 函数在执行完之前调用了 C 函数,因此 B 函数并没有退出栈,同时 C 函数还会入栈。此时,栈中放置情况为,C 函数在栈顶,中间为 B 函数,A 函数在栈底。当在 C 函数执行完成之前又调用了 D函数,D 函数被压入成为新的栈顶函数。从上述过程,各个函数的入栈顺序为 A→B→C→D。当 D 函数执行完率先出栈,然后 C、B、A 函数再依次出栈。

栈结构可用第 6 章的数组或第 9.3 节的链表实现,下面主要介绍链表实现方法。栈的操作包括压栈、出栈、计算栈长度和输出栈中元素内容等,相应的程序代码如例 9-4 所示。

【例 9-4】　输出栈中各元素的内容。

解:

```
#include<stdio.h>
#include<stdlib.h>
#define MAXSIZE 10

struct stack * head=NULL;

struct stack                              //结点结构
{
    int  val;                             //存放数据
    struct stack * next;                  //下一结点的地址
};

struct stack * BuildStack(int val)        //生成一个结点
```

```
{
    struct stack * p=(struct stack * )malloc(sizeof(struct stack));
    p->val=val;
    p->next=NULL;
    return p;
}

struct stack * PushStack(int val)                //压栈
{
    struct stack * p=BuildStack(val);
    p->next=head;
    head=p;
    return head;
}

int PopStack()                                   //出栈,返回值为栈顶数据
{
    int val;
    struct stack * p=head;
    val=p->val;
    head=head->next;
    free(p);
    return val;
}

int LengthStack(struct stack * link)             //计算栈长度
{
    int count=0;
    while(link)
    {
      count++;
      link=link->next;
    }
    return count;
}

void PrintStack(struct stack * link)             //输出栈中内容
{
    if(link==NULL) printf("这是一个空栈.\n");
    else while(link)
    {
      printf("%d ", link->val);
      link=link->next;
    }
}

int main()
{
    int i, stackSize;
    printf("###########入栈操作###########\n");
```

```
        for(i=1; i<=MAXSIZE; i++)
          PushStack(i * 10);
        stackSize=LengthStack(head);
        printf("栈长度为:%d\n", stackSize);
        printf("---------输出栈中数据---------\n");
        PrintStack(head);
        printf("\n###########出栈操作###########\n");
        for(i=0; i<stackSize; i++)
          printf("%d ", PopStack());
        printf("\n ---------输出栈中数据---------\n");
        PrintStack(head);
        return 0;
    }
```

程序运行结果:

```
###########入栈操作###########
栈长度为: 10
---------输出栈中数据---------
100 90 80 70 60 50 40 30 20 10
###########出栈操作###########
100 90 80 70 60 50 40 30 20 10
---------输出栈中数据---------
这是一个空栈.
```

【例 9-5】　编写程序,输入两个正整数 n 和 m,实现将 n 转换为 m 进制的功能,输出转换后的数据。

解:

进制转换问题一般采用倒序余数法,以十进制转换为二进制为例,转换规则为:用 2 整除十进制整数,可以得到一个商和余数;再用 2 去除商,又会得到一个商和余数,如此进行,直到商小于 1 时为止,然后把先得到的余数作为二进制数的低位有效位,后得到的余数作为二进制数的高位有效位,依次排列起来。假设现在十进制数为 10,转换时,先用 10 除以 2 得 5 余 0,接着用 5 除以 2 得 2 余 1,然后用 2 除以 2 得 1 余 0,最后用 1 除以 2 得 0 余 1。最终,将得到的结果进行逆序排列,所以十进制的 10 转换为二进制的结果是 1010。

本题可用数组方法实现,也可以用栈结构来实现,最后得到的结果最先输出,最先计算的结果最后输出。

```
#include<stdio.h>
#include<stdlib.h>

struct stack
{
    int val;
    struct stack * next;
};


struct stack * head=NULL;
```

```
struct stack * BuildStack(int val)
{
    struct stack * p=(struct stack *)malloc(sizeof(struct stack));
    p->val=val;
    p->next=NULL;
    return p;
}

struct stack * PushStack(int val)
{
    struct stack * p=BuildStack(val);
    p->next=head;
    head=p;
    return head;
}

void PrintStack(struct stack * link)
{
    if(link==NULL) printf("这是一个空栈.\n");
    else while(link)
    {
      printf("%d", link->val);
      link=link->next;
    }
}

int main()
{
    int n, m, nn;
    printf("请输入拟转换的数 n 及进制数 m:");
    scanf("%d%d", &n, &m);
    nn=n;
    while(nn)
    {
      PushStack(nn%m);
      nn=nn/m;
    }
    printf("%d 可以转换为%d 进制", n, m);
    PrintStack(head);
    return 0;
}
```

程序运行结果：

```
请输入拟转换的数n及进制数m: 159  7
159可以转换为7进制315
```

◆ 9.5　利用队列实现动态数据组织与处理

队列(Queue)是另外一种操作受限制的特殊线性表,同时也是一种先进先出的动态数据结构。队列的例子很多,如公交站排队上车,排队的旅客可以看作一个队列,前门上后门下,先排队的人先上车。在队列结构(见图 9-8)中,数据项从表的一端(rear,队尾)加入,而在表的另一端(front,队首)移除。因此,一个队列需要两个指针,分别指向队首和队尾。

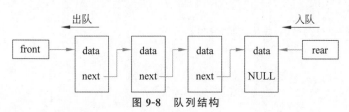

图 9-8　队列结构

队列的操作包括创建队列、入队、出队、判空、判满和获取队首元素等。

创建队列:初始化一个空队列。

入队操作:将新元素放入队列中,只允许在队尾的位置放入元素,新元素的下一个位置将会成为新的队尾。

出队操作:将队列中的元素移出队列,只允许在队头一侧移出元素,出队元素的后一个元素将会成为新的队头。

判空(满)操作:判断队列是否为空(满)。

获取队首元素:返回队列的头部元素,但不删除。

队列结构也可用数组或链表实现。

【例 9-6】　用数组实现队列。

解:

```c
#include<stdio.h>
#define MAXSIZE 10

struct queue
{
    int val[MAXSIZE];                    //存放数据
    int front, rear;                     //分别指向队列的队首和队尾
};

void InitQueue(struct queue * q)         //初始化队列
{
    q->front=q->rear=0;
}

int IsEmpty(struct queue * q)            //判断队列是否空
{
    return (q->front==q->rear);
}
```

```
int IsFull(struct queue * q)                //判断队列是否满
{
    return (q->rear==MAXSIZE);
}

void InQueue(struct queue * q, int x)        //入队
{
    if(IsFull(q))
    {
      printf("队列已满,无法入队!\n");
      return;
    }
    q->val[q->rear++]=x;
}

int OutQueue(struct queue * q)               //出队
{
    if(IsEmpty(q))
    {
      printf("队列已空,无法出队!\n");
      return -1;
    }
    return (q->val[q->front++]);
}
int GetSize(struct queue * q)                //获取队列长度
{
    return (q->rear-q->front);
}

void PrintQueue(struct queue * q)
{
    int i;
    if(IsEmpty(q))
    {
      printf("队列已空!\n");
      return;
    }
    printf(" 队列中的元素为:");
    for(i=q->front; i<q->rear; i++)
      printf("%d ",q->val[i]);
    printf("\n");
}

int main()
{
    int i;
    struct queue Q;
    InitQueue(&Q);
    InQueue(&Q,10);
```

```
    InQueue(&Q,20);
    InQueue(&Q,30);
    InQueue(&Q,40);
    InQueue(&Q,50);
    PrintQueue(&Q);
    printf(" 出队元素为:");
    for(i=0; i<3; i++)
      printf("%d ",OutQueue(&Q));
    printf("\n");
    PrintQueue(&Q);
    return 0;
}
```

程序运行结果：

```
队列中的元素为: 10 20 30 40 50
出队元素为: 10 20 30
队列中的元素为: 40 50
```

【例 9-7】 用链表实现队列。

解：

```
#include<stdio.h>
#include<stdlib.h>
#define MAXSIZE 10

struct queue
{
    int val;                              //存放数据
    struct queue * next;                  //下一结点的地址
};

struct queue * front=NULL, * rear=NULL;

void Enqueue(int x)                       //入队
{
    struct queue * p;
    p=(struct queue * )malloc(sizeof(struct queue));
    p->val=x;
    p->next=NULL;
    if(rear==NULL) rear=front=p;
    else
    {
      rear->next=p;
      rear=p;
    }
}

int Dequeue()                             //出队
{
```

```
    int val;
    struct queue * p;
    if(front==NULL)
    {
      printf(" 队列空.\n");
      val=-999;
    }
    else
    {
      val=front->val;
      p=front;
      front=front->next;
      if(front==NULL)  rear=NULL;
      free(p);
    }
    return val;
}

int main()
{
    int i;
    printf("\n 1. 入队操作 \n");
    for(i=1; i<=MAXSIZE; i++)
      Enqueue(i * 10);
    printf(" 2. 出队时输出队列内容\n");
    for(i=0; i<MAXSIZE/2; i++)
      printf(" %d", Dequeue());
    printf("\n");
    for(i=1; i<MAXSIZE; i++)
      Enqueue(i * 1000);
    for(i=1; i<MAXSIZE+MAXSIZE/2; i++)
      printf(" %d", Dequeue());
    printf("\n");
    return 0;
}
```

程序运行结果：

```
1. 入队操作
2. 出队时输出队列内容
10 20 30 40 50
60 70 80 90 100 1000 2000 3000 4000 5000 6000 7000 8000 9000
```

◆ 本 章 小 结

"时人不识凌云木，直待凌云始道高。"动态数据是指在系统应用中随时间改变的数据，对动态数据组织与处理的方法，是在程序运行过程中根据需要随时进行存储空间的分配和释放，而不是事先分配固定大小的存储空间。

　　C 语言中的动态数据结构包括链表、栈和队列等。链表是采用链式存储方式的线性表，分为单向链表、双向链表和环形链表等类型，链表中每个结点包含数据域和指针域两部分内容。单向链表是最简单的链表类型，只能从头结点开始遍历所有结点。双向链表是在单向链表的基础上，每个结点不仅包含指向后继结点的指针(prev)，而且包含指向前驱结点的指针(next)，从而使得可以从头结点开始向后遍历或者从尾结点开始向前遍历。环形链表则是一种环状结构的特殊双向链表，最后一个结点的指针指向第一个结点，这样可以非常方便地实现循环遍历。

　　栈作为一种动态数据结构，是一种只能在一端进行插入和删除操作的特殊线性表。它按照后进先出的原则存储数据，先进入的数据被压入栈底，最后的数据在栈顶。在计算机系统中，栈是一个具有上述属性的动态内存区域，程序可以将数据压入栈中，也可以将数据从栈顶弹出。

　　与栈一样，队列是一种特殊的线性表，特殊之处在于它只允许在表的前端(front)进行删除操作，而在表的后端(rear)进行插入操作，并且只有最早进入队列的元素才能最先从队列中删除，因此属于先进先出结构。队列分为顺序队列和循环队列等。

　　在使用动态数据结构时，需要采取恰当的措施防止出现内存泄漏、内存溢出、指针错误和数据访问冲突等问题。

◇ 习　　题

1. 名词解释

(1)静态数据结构；(2)动态数据结构；(3)链表；(4)栈；(5)队列。

2. 填空题

(1) 动态数据结构是指＿＿＿＿过程中，根据需要进行内存的动态管理。

(2) C 语言中的内存分区模型将内存划分为＿＿＿＿、＿＿＿＿、静态数据区、常量区和＿＿＿＿等。

(3) 静态数据区用于存放用绝对地址标识的、主要是＿＿＿＿或＿＿＿＿存储类别的数据或变量。

(4) C 语言中常用的动态内存分配函数有 malloc()、＿＿＿＿、＿＿＿＿和 free()。

(5) 链表还可以按搜索方向分为单向链表、＿＿＿＿和＿＿＿＿等类型。

3. 选择题

(1) p1、p2 为指向单向链表前后相邻两个结点的指针变量，欲将 p2 所指向的结点从链表中删除并释放相应的内存空间，正确的语句组是(　　　)。

　　A. p1＝p2；free(p2)；

　　B. p2＝p1；free(p1)；

　　C. p1->next＝p2->next；free(p2)；

　　D. (＊p1).next＝(＊p2).next；free(p1)；

(2) 若已知一个栈的入栈序列是 1,2,3,…,n，其出栈序列为 p1,p2,p3,…,pn，若 p1＝n，则 pi 是(　　　)。

　　A. i　　　　　　　B. n－i　　　　　　　C. n－i+1　　　　　　　D. 不确定

（3）栈和队列的共同点是（　　　）。

  A. 这两者没有共同之处   B. 都遵循先进先出原则

  C. 都遵循先进后出原则   D. 只允许在端点处插入和删除元素

（4）用链接方式存储的队列，在进行删除运算时（　　　）。

  A. 头、尾指针可能都要修改   B. 仅修改头指针即可

  C. 仅修改尾指针即可   D. 头、尾指针都必须修改

（5）下面关于链表的表述中正确的是（　　　）。

  A. 数据在内存中一定是连续的

  B. 插入或删除操作时，不需要移动其他元素

  C. 需要事先估计存储空间的大小

  D. 可以随机访问链表中的元素

4. 谈谈你对动态数据的理解。

5. 简述链表、栈和队列三者之间的区别与联系。

6. 程序阅读题

（1）下面程序的功能是_____。

```c
#include<stdio.h>
struct node
{
    int data;
    struct node * next;
};

int main()
{
    int result=0;
    struct node * p, * q;
    p=(struct node *)malloc(sizeof(struct node));
    q=(struct node *)malloc(sizeof(struct node));
    p->data=123;
    q->data=456;
    p->next=q;
    q->next=NULL;
    result=p->data * q->data;
    printf("最终结果为:%d\n", result);
    return 0;
}
```

（2）函数 fun() 的功能是_____。

```c
#include<stdio.h>
struct node
{
    int data;
    struct node * next;
};
```

```
int fun(struct node * head)
{
    int m;
    struct node * p;
    p=head->next;
    m=head->data;
    p=p->next;
    for(; p!=NULL; p=p->next)
      if(p->data<m) m=p->data;
    return m;
}
```

（3）下面程序段的功能是_____。

```
void Conversion()
{
    InitStack(S);
    Scanf("%d", &N);
    while(N)
    {
      PushStack(S, N%8);
      N=N/8;
    }
    while(!StackEmpty(S))
    {
      PopStack(S, &e);
      printf("%d\n", e);
    }
}
```

（4）对于一个栈，如果输入项分别序列为 A、B、C、D，则可能的输出序列为_____。

7. 程序设计题

（1）建立一个关于通讯录的链表，链表每个结点中包含姓名、性别、电话号码。输入一个电话号码，如果链表中的结点所包含的电话号码没有此号码，则建立一个新结点。

（2）设计程序，要求用数组实现栈，并完成如下功能：输入一串文字，判断该串文字是否为回文字。

（3）击鼓传花。设给定一个数（如 3）和一朵花，n 个人坐成一圈。第一个拿到花的人报数 1，然后把花传给第二个人并报数 2，第二个人再把花传给第三个人，第三个人喊 3 并退出人群，继续把花传给下一个人并继续报数，不断报数不断淘汰，最后一个留下来的人即为赢家。并用队列编程实现击鼓传花。

磁盘数据组织与处理

【内容提要】 磁盘数据是指保存在存储介质上的一组带标识的、有逻辑意义的信息序列集合,以满足大批量数据读入、长期保存和等待后续处理等需要。本章首先简要介绍磁盘数据的含义,引出文件、流式文件等相关概念,重点介绍 C 语言中对磁盘数据的组织与处理方法,包括文件的打开与关闭,不同格式磁盘文件的读写操作过程。

【学习目的和要求】 本章教学的主要目的是使学生理解磁盘数据的概念,学习通过指针实现对磁盘数据进行组织与处理的方法,掌握并能熟练运用文件机制设计程序,以实现对磁盘数据的组织与处理。

【重要知识点】 磁盘数据;文件;流式文件;缓冲文件系统。

10.1 磁盘
数据概述

◆ 10.1 磁盘数据概述

程序中的常量及变量的值只有在程序运行时有效,程序结束后即消失。要永久保存这些数据,只能借助于磁盘。

磁盘是一种利用磁性材料记录数据的存储设备,其原理是通过改变磁性材料的磁化方向来表示不同的数据。磁盘的主要组成部分是一个或多个圆形的磁性盘片,以及一个用来读写数据的磁头。磁盘的数据存储单位是扇区,每个扇区可存储一定量的数据。

磁盘根据其结构和使用方式可以分为两大类:软盘和硬盘。软盘是一种可移动的磁盘,它的磁性盘片是柔软的塑料材料,通常被装在一个方形的塑料壳中,以保护盘片免受损坏。软盘携带方便、价格低廉,可用来在不同的计算机之间传输数据或启动系统。但因为容量较小,读写速度也较慢,易于损坏、易受磁场干扰和容易感染病毒等原因,已经被其他更为先进的存储设备所取代。硬盘则是一种固定的磁盘,其磁性盘片是硬质的金属材料,通常被装在一个密封的金属壳中,以防止灰尘和其他杂质进入。硬盘的容量较大,读写速度也较快,性能稳定、可靠和高效,可用来存储大量的数据和信息。缺点是体积和重量较大,容易受到物理损坏或故障的影响。硬盘被用作计算机中主要的存储设备。

磁盘上的数据可以是程序运行的中间结果或最终结果,也可以是由其他软件生成的,如文档、音频数据、视频数据等,统称为文件。**文件**(File)是保存在存储介质上的一组带标识的、有逻辑意义的信息项序列的集合,通常存放在磁盘上,需要时再被调入内存中。

　　文件是一个逻辑概念,除了磁盘文件之外,操作系统将显示器、打印机、键盘等外部设备都当作文件处理(设备文件),目的是为应用程序提供一种简单且一致的方式来与各种不同类型的设备进行交互,即把对它们的输入输出操作等同于对磁盘文件的操作。

　　高级计算机语言中,把不同对象,如键盘、文件、显示器、打印机、网络连接等的输入输出,抽象表述为"**流**"(Stream),将文件看作是一个个字符序列(字节流),称为流式文件。流是一种抽象,它负责在数据源(数据的生产者)和数据的目的地(数据的消费者)之间建立联系并管理数据的流动,使得从不同输入设备输入数据或向不同输出设备输出数据时,无须考虑格式转换问题。按照传输方向,可将数据流分为输入流(从外设读取数据)和输出流(向外设输出数据)。通过流的方式,使得程序能以相同的方式完成不同对象的输入输出操作。流式文件的长度以字节为单位,对流式文件的访问,采用读/写指针来指定下一个要访问的字符。程序中的源程序文件、可执行文件、库函数等,均采用了这种无结构的文件形式。

　　在应用程序对文件中的数据进行读写时,由于系统对磁盘数据的读写速度与对内存的读写速度严重不匹配,为避免低速的磁盘操作占用大量的系统时间,ANSI C 采用了"缓冲文件系统"对磁盘文件进行处理。

　　所谓**缓冲文件系统**(Buffer File System),是指系统自动在内存区为每个正在使用的文件开辟一个"文件缓冲区",用于进行文件读写时数据的暂存,如图 10-1 所示。当从磁盘向内存读入数据时,先一次性从磁盘文件将数据读入内存的"输入文件缓冲区",装满后再从缓冲区依次将数据送到程序数据区中。向磁盘文件写数据时,也是先将数据写入内存中的"输出文件缓冲区",待装满缓冲区后才一起写入磁盘文件中。因此,文件缓冲区越大,操作磁盘的次数就越少,执行效率就越高。这里需要注意的是,每个文件在内存中只有一个缓冲区,当从文件中读取数据时,该缓冲区充当"输入文件缓冲区";当向磁盘写数据时,缓冲区则充当"输出文件缓冲区"。

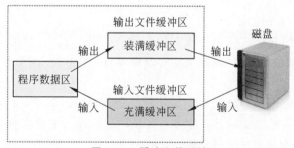

图 10-1　缓冲文件系统

　　编程者也可以使用 fflush()函数刷新文件缓冲区,将不理想的值冲掉。如果文件流是一个输出流,那么该函数将把输出到缓冲区的内容写入文件;如果文件流是输入类型的,该函数则会清除输入缓冲区。

　　fflush()函数的语法格式:

```
int  fflush(FILE * stream);
```

　　如果成功刷新,该函数返回 0;如果指定的流没有缓冲区或者以只读方式打开时也返回

0；当发生错误时，返回 EOF。

除了缓冲文件系统外，有些计算机系统则采用了非缓冲文件系统。非缓冲文件系统不由系统自动设置缓冲区，而由用户自己根据需要设置。因此，它依赖于操作系统，通过操作系统的功能对磁盘文件进行读写。

一般把缓冲文件系统的输入输出称为标准输入输出（标准 I/O，或高级 I/O），非缓冲文件系统的输入输出称为系统级输入输出（系统 I/O，或低级 I/O）。

◆ 10.2　C 语言中的磁盘数据管理

C 语言提供了五种标准流，如下所示。

（1）标准输入流（stdin）：用于从标准输入设备（默认为键盘）读取数据，scanf()、getchar()、gets()等函数即从该流中读取数据。

（2）标准输出流（stdout）：用于向标准输出设备（默认为显示器）输出数据，printf()、putchar()、puts()等将输出数据写入这个流中。

（3）标准错误输出流（stderr）：默认为显示器，用于将程序的出错信息输出来。

（4）标准打印机（stdprn）：默认为 LPT1 端口。

（5）标准串行设备（stdaux）：默认为 COM1 端口。

用户程序可以在任何时候使用上面的标准流，且不用编程者打开或关闭它们。其中，stdin、stdout 和 stderr 会被自动打开。而 LPT1 和 COM1 端口在某些系统中无意义，故stdprn 和 stdaux 不会自动打开。此外，stdin 也可以不来自键盘，stdout 可以不输出到显示器上，它们可以重定向到磁盘文件或其他设备上。

为了有效、方便地组织和管理文件，通常从不同的角度对文件进行分类。

（1）按文件的逻辑结构。分为记录文件和流式文件。其中，记录文件（Record File）由具有一定结构的记录组成，如数据库文件等。而流式文件（Stream File）则如前所述，由一个个字符（字节）数据按顺序组成。

（2）按文件的存储介质。分为普通文件和设备文件。其中，普通文件（Ordinary File）也称存储介质文件，如磁盘文件、磁带文件等。而设备文件（Device File）又称非存储介质文件，如键盘、显示器、打印机等。

（3）按数据的存储格式。分为文本文件和二进制文件。其中，文本文件（Text File）也称 ASCII 码文件，每字节存放一个字符的 ASCII 码值。而二进制文件（Binary File）则是将数据按其在内存中的存储形式原样存储。

（4）按数据的组织形式。分为顺序文件和随机文件。其中，顺序文件（Sequential File）只能连续地存取文件的内容，而随机文件（Random File）则可以不连续地存取文件内容。

在 C 语言中，缓冲文件系统为每个打开的文件在内存中开辟了一个"文件信息区"，用来存放文件名、文件操作方式、文件状态和当前读写位置等相关信息，这些信息被保存在FILE 类型的结构体变量中，FILE 类型的定义包含在 stdio.h 中。

```
typedef struct
{
    short level;                                //缓冲区"满"或"空"的程度
```

```
    unsigned flags;                    //文件状态标志
    char fd;                           //文件号
    unsigned char hold;                //如无缓冲区不读取字符
    short bsize;                       //缓冲区的大小
    unsigned char * baffer;            //数据缓冲区的读写位置
    unsigned char * curp;              //指针指向的当前文件的读写位置
    unsigned istemp;                   //临时的文件指示器
    short token;                       //用于有效性检查
}FILE;
```

为对文件进行操作,还需要定义一个 FILE 类型的指针变量(文件指针),通过该指针变量可以找到相应文件的文件信息区,从而实施对文件的操作。

```
FILE * fp;
```

这里,fp 是 FILE 类型的指针变量,通过 fp 可以找到存放某个文件信息的结构体变量,按该结构体变量提供的信息找到对应的文件,从而实施对文件的操作。

文件中数据流的结束标志为 EOF,其定义包含在 stdio.h 文件中:

```
#define  EOF  -1
```

这里,提请读者注意不要将 EOF 与下面将要介绍的文件状态检查函数 feof()的返回值(1 或者 0)相混淆。

10.2.1　文件的打开和关闭

10.2.1 文件的打开和关闭

C 语言中对文件的操作通过函数实现,具体过程为:打开文件→文件操作→关闭文件。打开文件的作用是使系统在内存中开辟一个文件信息区,并使文件指针指向该区域。

打开文件的语法格式:

文件指针名=fopen(文件名,打开方式);

如果文件打开成功,则返回文件指针;如果打开失败,则返回 NULL。

例如:

```
FILE * fp;
fp=fopen("D:\\CAI\\myfile.dat", "rb");
```

上面程序段中,首先定义了一个 FILE 类型的指针变量,然后打开 D 盘下 CAI 子目录中的文件 myfile.dat,打开方式为 rb,r 和 b 分别代表 read(读)和 binary(二进制),即打开文件的目的是从文件中读取数据,文件的类型为二进制文件。打开文件的同时,使指针变量 fp 指向该文件的文件信息区。

除了以 r 方式打开文件外,其他打开方式有 w(write,写入)、a(append,追加或添加)、+(读和写)。拟打开文件的类型可以是 b 和 t(text,文本文件,可省略不写),具体如表 10-1 所示。

表 10-1   文件打开方式

使用方式	含义	如果文件存在	如果文件不存在
r	只读	仅允许从文件中读取数据	出错
w	只写	仅允许向文件写数据（清空原数据）	创建新文件
a	追加	仅允许向文件尾部追加数据	创建新文件
r+	读写	允许读和写数据（从文件头开始）	出错
w+	读写	允许读和写数据（清空原数据）	创建新文件
a+	读写	允许读，或向文件尾部写数据（追加）	创建新文件
rb	只读	仅允许从文件中读取数据	出错
wb	只写	仅允许向文件写数据（清空原数据）	创建新文件
ab	追加	仅允许向二进制文件尾部追加数据	创建新文件
rb+	读写	允许读和写数据（从文件头开始）	出错
wb+	读写	允许读和写数据（清空原数据）	创建新文件
ab+	读写	允许读，或向文件尾部写数据（追加）	创建新文件

上表中，前 6 种打开方式下文件类型为文本文件，后 6 种打开方式下文件类型则为二进制文件。其中，文本文件是指直接以字符形式进行存储的文件，每个字符占一字节，存储对应的 ASCII 码值。文本文件便于阅读和编辑，但占用的存储空间较大，且由于需要进行字符与二进制的转换，效率较低。而二进制文件是指对内存中的数据（以二进制形式存储）不进行任何转换，严格按照其在内存中的形式保存的文件。二进制文件占用的存储空间较小，输入输出速度快，但无法直接读懂，主要用于暂存程序的中间结果，以供另一个程序读取。图 10-2 给出了 11528 在两种文件类型下的存储形式。提醒读者注意，C 语言在处理文本文件及二进制文件时，并不区分类型，均看成字符流，按字节进行处理。

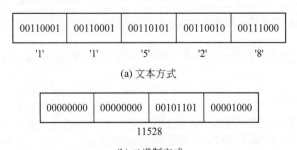

| 00110001 | 00110001 | 00110101 | 00110010 | 00111000 |

   '1'   '1'   '5'   '2'   '8'

(a) 文本方式

| 00000000 | 00000000 | 00101101 | 00001000 |

11528

(b) 二进制方式

图 10-2   文本文件和二进制文件的存储形式

文件使用完毕必须正确关闭，否则可能会造成文件中数据的丢失。关闭文件意味着确保所有数据进行正确的操作，并删除与当前文件相关的内存空间。

关闭文件的语法格式：

```
int  fclose(文件指针);
```

例如：

```
fclose(fp);
```

当文件关闭成功,fclose()函数返回数值 0,否则返回 EOF。同时,当文件被关闭时,指针指向的位置会被重置。

10.2.2 文件的顺序读写

10.2.2 文件的顺序读写

文件的顺序读写即从头到尾逐个从文件中读出数据或向文件中写入数据,C 语言提供了十种函数进行文件的顺序读写。

1. 字符顺序读写

fgetc()、fputc()函数按字符方式进行顺序读写,如表 10-2 所示。

表 10-2　fgetc()、fputc()函数

函数原型	int fgetc(FILE * fp);	int fputc(int ch, FILE * fp);
函数功能	从 fp 所指向的文件中读取一个字符	将字符 ch 输出到 fp 所指向的文件中
参数	fp——任意输入流,如文件流或标准输入流(文件指向或 stdin)	ch——要写入的字符或其 ASCII 码值; fp——任意输出流,如文件流或标准输出流(文件指向或 stdout)
返回值	成功:所读取的字符的 ASCII 码; 不成功:不成功或到达文件尾返回 EOF	成功:所写入的字符的 ASCII 码; 不成功:EOF
头文件	#include<stdio.h>	#include<stdio.h>
说明	读取的文件应以只读或读写方式打开,刚开始时文件指针指向第一个字符的位置,读取成功后,位置标记向后移动一个字符。如果从标准输入设备(键盘)中读取,在一直没有输入时,该函数会阻塞等待。 举例:ch=fgetc(fp); //从 fp 指向的文件中读取一个字符赋给变量 ch	被写入文件应以只写、读写或追加方式打开,写入成功后,位置标记向后移动一个字符。 举例:fputc('A', fp); //向 fp 指向的文件中写入一个字符'A'

2. 字符串顺序读写

fgets()、fputs()函数按字符串方式进行顺序读写,如表 10-3 所示。

表 10-3　fgets()、fputs()函数

函数原型	char * fgets(char * str, int n, FILE * fp);	int fputs(const char * str, FILE * fp);
函数功能	从 fp 所指向的流或标准输入流中读取多个字符,存入起始地址为 str 的空间	将 str 所指向的字符串写入 fp 所指向的文件流或标准输出流中,直到遇到'\0'
参数	str——拟存入空间的地址; n——读取的字符数; fp——要读取的文件流或标准输入流	str——字符串常量、字符数组名或字符指针; fp——要写入的文件流或标准输出流
返回值	成功:字符指针 str 的值; 文件结束或出错:NULL	成功:非负值; 不成功:EOF

头文件	#include<stdio.h>	#include<stdio.h>
说明	读取的文件应以只读或读写方式打开，读取 n-1 个字符，提前遇到'\0'，或提前遇到 EOF 时读取结束。每次调用该函数时，文件指针会移到下一个要读取的字符串。如果存在多行，调用 fgets()时，读完第一行的所有字符，才会转到第二行开始读取，而非每调用一次就换一行。另外，如果读到换行符，也会将其作为字符串的一部分读到字符串中。举例：char str[10]; fgets(str, 8, fp);	被写入的文件应以只写、读写或追加方式打开，将字符串写入 fp 指向的文件的指定位置，文件位置标记向后移动到写入字符串之后的位置。该函数不会在写入文件的字符串尾加上换行符。举例：fputs("Ecust", fp);

3. 格式化顺序读写

fscanf()、fprintf()函数以格式化方式进行顺序读写，如表 10-4 所示。

表 10-4　fscanf()、fprintf()函数

函数原型	int fscanf（FILE ＊ fp，const char ＊ format，args，…）;	int fprintf(FILE ＊ fp，const char ＊ format，args，…）;
函数功能	从 fp 所指向的文件中按指定的格式读取数据并送到 args 所指向的内存单元	将 args 的值以 format 指定的格式写入 fp 指向的文件流或标准输出流中
参数	fp——要读取的文件流或标准输入流；format——格式字符串，同于 scanf()函数；args——要存放的位置地址	fp——要写入的文件流或标准输出流；format——格式字符串，同于 printf()函数；args——要输出的数据
返回值	成功：已读取的数据个数；不成功：EOF	成功：实际写入的字符数；不成功：负值
头文件	#include<stdio.h>	#include<stdio.h>
说明	读取的文件应以只读或读写方式打开。读取成功后，文件位置标记向后移动到最后读取的数据所处位置之后的位置。读取时，系统根据空格或换行符来判断一个数据是否读取完毕。举例：fscanf(fp, "%d,%c,%f", &i, &ch, &f);	被写入的文件应以只写、读写或追加方式打开，写入成功后，文件位置标记向后移动到最后读写入的数据所处位置之后的位置。写入时，必须使用空格或换行符隔开。举例：fprintf(fp, "%d,%c,%f", i, ch, f);

4. 二进制数据块顺序读写

包括 fread()和 fwrite()两个函数，它们以二进制形式进行读写，且仅适用于文件的读写，而不是所有流，如表 10-5 所示。

表 10-5　fread()、fwrite()函数

函数原型	unsigned fread（void ＊ ptr，unsigned size，unsigned count，FILE ＊ fp）;	unsigned fwrite(const void ＊ ptr，unsigned size，unsigned count，FILE ＊ fp）;
函数功能	从 fp 所指向的文件中读取长度为 size 的最多 count 个数据项，送到 ptr 所指向的内存区	将 ptr 所指向的最多 count ＊ size 字节的数据输出到 fp 所指向的文件中

续表

参数	ptr——要存放的位置地址； size——每个数据项的长度； count——数据项的个数； fp——要读取的文件	ptr——要输出的数据项的地址； size——每个数据项的长度； count——数据项的个数； fp——要写入的文件
返回值	成功：实际读取的数据项个数； 不成功：0	成功：实际写入的数据项个数； 不成功：0
头文件	#include<stdio.h>	#include<stdio.h>
说明	该函数以二进制方式从一个文件中读取数据。读取的文件应以只读或读写方式打开，实际读取的数据项个数可能小于 count。读取成功后，文件位置标记向后移动实际读取数据项个数 * size 字节。该函数也可以使用一个变量来接收读取到的内容。 举例：float buf[10]; fread(buf, 4, 10, fp);	该函数以二进制方式进行写操作。被写入的文件应以只写、读写或追加方式打开，实际输出的数据项个数可能小于 count。输出成功后，文件位置标记向后移动实际读取数据项个数 * size 字节。该函数也可以写入一个变量或一个自定义类型的对象。 举例：float buf[10]; fwrite(buf, 4, 10, fp);

10.2.3 文件的随机读写

C 语言不仅支持对文件进行顺序读写，还支持对文件的随机读写，即从文件中某个特定位置开始进行读写。如前所述，在每个打开的文件中都有一个文件位置指针，用以指向当前读写文件的位置。当按顺序方式读写文件时，每读写完一字节，该位置指针将自动移动到下一字节的位置。但如果希望对文件进行随机读写，需要首先定位文件位置指针，即强制性地将文件位置指针移动到某个特定的位置。

对于文件的定位，可以通过 rewind()、fseek() 和 ftell() 三个函数来完成。

1. rewind() 函数

rewind() 函数的语法格式：

void rewind(FILE * fp);

其中，fp 为文件指针。该函数用于将文件位置指针重新指向一个流（数据流或文件）的起始位置。该函数没有返回值，无法进行安全性检查，很难判断其执行是否成功。

例如，下面代码段中：

```
FILE * fp=NULL;
if((fp=fopen("Myfile.dat", "r"))==NULL)
{
    printf("File open error!\n");
    exit(1);
}
rewind(fp);
```

虽然调用 rewind() 函数进行定位，但由于该函数没有返回值，编程者无法确定它是否执行成功。因此,此时可考虑使用 fseek()函数来代替。

2. fseek()函数

相较于 rewind()函数,fseek()函数用于以任意顺序从任何位置对文件进行访问,从而实现对文件的随机读写。

fseek()函数的语法格式:

```
int fseek(FILE * fp, long offset, int from);
```

格式中,第一个参数同于 rewind()函数,offset 为偏移量,表示拟移动的字节数,正数表示向文件末尾进行移动,负数表示向文件开头进行移动。第三个参数 from 表示从文件的何处开始偏移,即基准点,可以从文件头部(用字符常量 SEEK_SET 或数字 0 代表)、文件末尾(用字符常量 SEEK_END 或数字 2 代表)或文件当前位置(用字符常量 SEEK_CUR 或数字 1 代表)开始移动。

因此,该函数的功能为从 from 开始将文件的读写位置向前或向后偏移 offset 字节。当函数执行成功时,返回值为 0,表示 fp 将指向以 from 为基准、偏移量为 offset 字节的位置。如果该函数执行失败,则不改变 fp 所指向的位置,函数的返回值为 -1。

例如:

```
fseek(fp, 100L, 0);          //用于将读写位置移动到距离文件开头 100 字节处
fseek(fp, 200L, 1);          //用于将读写位置移动到距离文件当前位置 200 字节处
fseek(fp, -100L, 2);         //用于将读写位置向前退回到距离文件末尾 100 字节处
fseek(fp, 0L, SEEK_SET);     //用于将读写位置移动到文件开头处,其作用等同于
                             //rewind()函数
fseek(fp, 0L, SEEK_END);     //用于将读写位置移动到文件末尾处
```

这里特别提醒读者,在使用该函数时,需要注意以下三方面的问题:

(1) fp 所指向的文件必须是已经打开的文件,否则将会出错。

(2) 该函数一般用于二进制文件,因为当用于文本文件时,要发生字符转换,计算位置时往往会发生混乱。例如,对于文本文件,回车(ASCII 码值为 0x0D 或 13)和换行(ASCII 码值为 0x0A 或 10)按照一个字符 0x0A 进行处理。此时,可考虑将文件整体读入内存中,然后手工插入一个 0x0D。

(3) 该函数只返回调用的结果是否成功的标志,而不会返回文件的读写位置,需要使用 ftell()函数获取文件的读写位置。

3. ftell()函数

ftell()函数的语法格式:

```
long ftell(FILE * fp);
```

由于文件位置指针经常移动,编程者不易确定其当前位置。ftell()函数用于获取文件位置指针的当前位置,用相较于文件头部的位移量(字节数)来表示。

【例 10-1】 利用 ftell()函数显示文件的当前读写位置。

解:

```
#include<stdio.h>
#include<stdlib.h>
int main()
{
    FILE * fp;
    if((fp=fopen("Test.txt", "w+"))==NULL)
    {
      printf("File open error!\n");
      exit(1);
    };
    fprintf(fp,"This is a test program.");
    printf("The file pointer is at byte %ld.\n", ftell(fp));
    fclose(fp);
    return 0;
}
```

程序运行结果：

```
The file pointer is at byte 23.
```

程序中，字符串"This is a test program."共有 23 个字符，地址为 0~23。当调用 fprintf()
函数之后，文件位置指针会自动移动到最后一个字符的后面，即文件的结束符，其地址
为 24。

10.2.4 文件的状态检查

C 语言提供了三个文件状态检查函数，分别为 feof()、ferror()和 clearerr()。

1. feof()函数

feof()函数的语法格式：

int feof(FILE * fp);

该函数用于检查文件是否处于末尾位置，是则返回非 0 值，否则返回 0。

【例 10-2】 读出例 10-1 中建立的文件 Test.txt 内容，将结果显示在屏幕上。

解：

```
#include<stdio.h>
#include<stdlib.h>
int main()
{
    FILE * fp;
    char ch;
    if((fp=fopen("Test.txt", "r"))==NULL)
    {
      printf("File open error!\n");
      exit(1);
    }
```

10.2.4 文件
的状态检查

```
    while(!feof(fp))
    {
      ch=fgetc(fp);
      printf("%c", ch);
    }
    fclose(fp);
    return 0;
}
```

程序运行结果：

```
This is a test program.
```

2. ferror()函数

ferror()函数的语法格式：

```
int  ferror(FILE * fp);
```

该函数用于检查文件在调用各种输入输出函数（包括 fgetc()、fputc()、fread()和 fwrite()等）进行读写时是否出错，未出错返回 0，否则返回非 0 值。当在程序中调用 fopen()函数时，ferror()的初始值被自动置为 0。

【例 10-3】 在例 10-1 中建立的文件 Test.txt 末尾添加字符"!"。

解：

```
#include<stdio.h>
#include<stdlib.h>
int main()
{
    FILE * fp;
    if((fp=fopen("Test.txt", "r"))==NULL)
    {
      printf("File open error!\n");
      exit(1);
    }
    fputc('!',fp);
    if(ferror(fp))
    {
      perror("\n Operate Test.txt error!\n ");
    }
    fclose(fp);
    return 0;
}
```

程序运行结果：

```
Operate Test.txt error!
: Bad file descriptor
```

本例中，以 r 方式打开文件，当拟调用 fputc()函数向文件中写入字符"!"时，发生错误，

perror()函数用来输出出错的原因。

需要注意的是,对同一文件,每次调用输入输出函数,均会产生一个新的 ferror()函数值,此时应立即检查该函数值,否则信息将会丢失。

3. clearerr()函数

clearerr()函数的语法格式:

```
void  clearerr(FILE * fp);
```

该函数一般放在 ferror()的后面,用来清除文件的错误标志,使文件错误标志和文件结束标志置为 0。假设在调用一个输入/输出函数时出现了错误,ferror(fp)函数的返回值为一个非 0 值,在调用 clearerr(fp)后,ferror(fp)值会变为 0。如果不清除文件错误,随后在读写文件时,即使未发生错误,ferror(fp)仍将返回一个非 0 值,即认为程序中还有错误。

◆ 10.3　文件程序设计举例

【例 10-4】　编写程序,顺序向文件中写入若干数值,然后打开该文件,从中读取刚才写入的数据。

解:

```
#include"stdio.h"
#include"stdlib.h"
int main()
{
    FILE * fpin, * fpout;
    char ch;
    int i=100;
    if((fpin=fopen("F:\\CAI\\计算机程序设计\\file_source.dat", "r+"))==NULL)
    {
      printf("文件打开失败!\n");
      exit(1);
    }
    if((fpout=fopen("F:\\CAI\\计算机程序设计\\file_dest.dat", "w+"))==NULL)
    {
      printf("文件打开失败!\n");
      exit(1);
    }
    fprintf(fpout, "%-4d ", i * 100);
    while((ch=fgetc(fpin))!=EOF)
    {
      fputc(ch, fpout);
      if(ch=='\n'||ch=='\r')
        fprintf(fpout, "%-4d ", 100+(i++) * 10);
    }
    fclose(fpout);
    fclose(fpin);
```

```
    return 0;
}
```

程序运行结果：

打开原来的文件和所创建的新文件，各文件的内容如下：

【例 10-5】 从键盘上输入 10 名学生的学号、姓名，以及数学、英语、物理课程成绩，写到文本文件 score.dat，再从该文件中取出数据，计算每个学生的总成绩和平均分，并将结果显示在屏幕上。

解：

```
#include<stdio.h>
#include<stdlib.h>
int main()
{
    char filename[30], stuName[10];
    int stuNum, Math, Eng, Phys, total, i;
    float aver;
    FILE * fp;
    printf("Input the name of file that you want to open:");
    gets(filename);
    if((fp=fopen(filename, "w"))==NULL)
    {
      printf("File open error!\n");
      exit(1);
    }
    printf("Input the information of each students (No.  Name  Math  Eng  Phys):\n");
    for(i=0; i<10; i++)
    {
      scanf("%d%s%d%d%d", &stuNum, stuName, &Math, &Eng, &Phys);
      fprintf(fp, "%3d%8s%5d%5d%5d\n", stuNum, stuName, Math, Eng, Phys);
    }
    fclose(fp);
    if((fp=fopen(filename,"r"))==NULL)
    {
      printf("Can't Open File!");
      exit(1);
    }
    printf("学号   姓名   数学 英语 物理   总分 平均分 \n");
    fscanf(fp, "%d%s%d%d%d", &stuNum, stuName, &Math, &Eng, &Phys);
    while(!feof(fp))
```

```
    {
        total=Math+Eng+Phys;
        aver=total/3.0;
        printf("%3d%8s%5d%5d%5d%6d%7.1f\n", stuNum, stuName, Math, Eng, Phys,
            total, aver);
        fscanf(fp, "%d%s%d%d%d", &stuNum, stuName, &Math, &Eng, &Phys);
    }
    fclose(fp);
    return 0;
}
```

程序运行结果：

```
Input the name of file that you want to open:score.dat
Input the information of each students (No.  Name  Math  Eng  Phys):
101   丁一   81   75   82
102   曹二   87   68   85
103   张三   73   84   80
104   李四   76   81   100
105   王五   83   75   71
106   赵六   89   78   91
107   孙七   82   80   62
108   陈八   60   87   98
109   钱九   89   75   92
110   方十   93   85   100
学号   姓名   数学 英语 物理  总分  平均分
101   丁一   81   75   82   238   79.3
102   曹二   87   68   85   240   80.0
103   张三   73   84   80   237   79.0
104   李四   76   81   100  257   85.7
105   王五   83   75   71   229   76.3
106   赵六   89   78   91   258   86.0
107   孙七   82   80   62   224   74.7
108   陈八   60   87   98   245   81.7
109   钱九   89   75   92   256   85.3
110   方十   93   85   100  278   92.7
```

【例 10-6】　创建一个结构体类型，从键盘上输入两名学生的姓名、学号、年龄和籍贯，写到二进制文件 Students_Inf 中，再从该文件中读出两个学生的相关信息，显示在屏幕上。

解：

```
#include<stdio.h>
#include<stdlib.h>
struct stu
```

```
{
    char name[20];
    int num;
    int age;
    char addr[30];
}stu1[2], stu2[2], * pt1, * pt2;

int main()
{
    FILE * fp;
    int i;
    char ch;
    pt1=stu1;
    pt2=stu2;
    if((fp=fopen("Students_Inf", "wb+"))==NULL)
    {
      printf("File open error!\n");
      exit(1);
    }
    printf("Enter two group data (Name Num Age Address)\n");
    for(i=0 ;i<2; i++, pt1++)
      scanf("%s%d%d%s", pt1->name, &pt1->num, &pt1->age, pt1->addr);
    pt1=stu1;
    fwrite(pt1, sizeof(struct stu), 2, fp);
    rewind(fp);
    fread(pt2, sizeof(struct stu), 2, fp);
    printf("The information of students are:\n");
    printf("Name Num Age Address\n");
    for(i=0; i<2; i++, pt2++)
      printf("%s%5d%3d %s\n", pt2->name, pt2->num, pt2->age, pt2->addr);
    fclose(fp);
    return 0;
}
```

程序运行结果：

```
Enter two group data (Name Num Age Address)
张三 1001 18 Beijing
李四 1002 20 Shanghai
The information of students are:
Name Num Age Address
张三 1001 18 Beijing
李四 1002 20 Shanghai
```

本例中，调用了数据块读写函数 fread() 和 fwrite()。其中，函数调用 fwrite(pt1, sizeof(struct stu)，2，fp)表示将 pt1 指向的结构体数组(stu1)中的数据以二进制方式写到 fp 所指向的文件中，每次写两组数据。写好后，调用 rewind(fp)函数将文件位置指针移动到文件的起始位置。然后，再调用 fread(pt2，sizeof(struct stu)，2，fp)将文件中的两组数据读到 pt2 所指向的结构体数组(stu2)中，同时将它们显示在屏幕上。

【例 10-7】 向一段文字中间插入部分新的文字。

解：

```
#include<stdio.h>
#include<stdlib.h>
int main()
{
    FILE * fp;
    int pos;
    char * str="TEXT CONTENT TO BE INSERTED IN THE", buf[128]={0};
    if((fp=fopen("test.txt", "r+"))==NULL)
    {
      printf("File open error!\n");
      exit(1);
    }
    fseek(fp, 8L, 1);
    fprintf(fp, "the");
    fseek(fp, 0L, 1);
    pos=ftell(fp);
    fgets(buf, 128, fp);
    fseek(fp, pos+1, 0);
    fprintf(fp, str);
    fprintf(fp, buf);
    fclose(fp);
    return 0;
}
```

假设文件 test.txt 中原有的文字信息为"This is one program!"，如图 10-3 所示。程序段 "fseek(fp，8L，1)；fprintf(fp，"the")；"为等长覆盖，即用 the 覆盖 one。"pos=ftell(fp)；"则用于定位替换后 the 后面文本的起始位置，"fgets(buf，128，fp)；"将后面的文本缓存，然后在刚才的起始位置之后插入新的文本，再将刚才缓存的文字内容写回来，形成最终的文件（见图 10-4）。

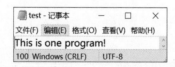

图 10-3　文件 test.txt 中原有的文字信息

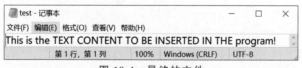

图 10-4　最终的文件

◆ 本 章 小 结

"黄沙百战穿金甲，不破楼兰终不还。"磁盘数据是指存储在计算机磁盘上的数据，程序产生的数据需要输出到各种外部设备上，同时需要从外部设备获取数据，不同的外部设备输入输出操作方法各不相同。

　　为方便编程者对各种设备的操作，抽象出了"流"的概念，学习中可把流想象成是流淌着字符的河流。C语言中将保存在外部介质上的一组相关数据的有序集合称为"文件"，从用户的角度，文件分为普通文件和设备文件，从编码方式角度，文件分为文本文件和二进制文件。C程序中对文件的数据输入输出操作都是通过流操作的，C程序启动时默认打开了stdin、stdout和stderr三个标准流，因此可以直接使用scanf()、printf()等函数直接进行输入输出。

　　C语言通过FILE *的文件指针维护流的各种操作。系统针对每个被打开的文件，都在内存中开辟了一个文件信息区，用来存放文件的相关信息。程序中，通过使得FILE *类型的指针变量指向某个文件的信息区，从而访问该文件。要对文件进行操作，需要首先通过不同的方式打开该文件，用完后务必关闭文件，否则可能会损坏文件内容。

　　C语言中，文件操作都是由库函数来承担的。fgetc()和fputc()函数用于从文件中顺序读取和向文件中顺序写入一个字符数据，常用于处理文本文件。fgets()和fputs()函数用于从文件中顺序读取和向文件中顺序写入一个字符串，fscanf()和fprintf()函数用于从文件中顺序读取和向文件中顺序写入任何类型的数据，而fread()和fwrite()则用于顺序处理二进制文件，可以读取和写入任意字节序列。

　　为了实现对文件的随机访问，可以利用rewind()、fseek()函数对文件位置指针进行定位，也可以用ftell()函数获取文件读写的当前位置。另外，还可以使用feof()函数检测文件是否处于结束位置，使用ferror()函数检查文件在用各种输入输出函数进行读写时是否出现错误，以及使用clearerr()函数清除文件出错标志和文件结束标志。

　　为提高效率，ANSI C标准采用了"缓冲文件系统"处理磁盘数据，系统自动地在内存中为程序中每个正在使用的文件开辟一个"文件缓冲区"，以提升程序的I/O速度。

◇ 习　题

1. 名词解释

(1)文件；(2)流；(3)设备文件；(4)缓冲文件系统；(5)文件位置指针。

2. 填空题

(1) 以ASCII码值进行编码和存储的文件，其内容全是字符，通过"记事本"等编辑工具可以进行查看和修改，这类文件是_____文件。

(2) 每个文件在内存中只有一个缓冲区，当向文件写入数据时，该缓冲区作为_____，当从文件读入数据时，它作为_____。

(3) 程序段"FILE * fp=fopen("C:\\myfile.dat", "wb+");"的作用是_____。

(4) 若fp是指向某文件的指针变量，且已读到文件末尾，则feof(fp)的返回值是_____。

(5) 从fp指向的文件中读入n个字符存放到字符数组str中的语句为_____。

3. 选择题

(1) 与fseek(fp,0L,0)功能相同的函数调用是(　　　)。

　　A. ftell()　　　　　B. rewind(fp)　　　　C. feof(fp)　　　　D. clearerr(fp)

(2) 以下可作为函数 fopen() 的第一个参数的是(　　)。

  A. D:user\test.txt   B. D:\user\test.txt

  C. "D:\user\test.txt"   D. "D:\\user\\test.txt"

(3) 缓存文件系统的文件缓冲区位于(　　)。

  A. 程序文件中   B. 磁盘文件中   C. 内存数据区中   D. 磁盘缓冲区中

(4) 函数 fgetc() 的作用是从文件中读取一个字符,这时文件必须以下列方式打开(　　)。

  A. 只读   B. 只写   C. 读或读写   D. 追加

(5) 下面关于文件的表述中正确的是(　　)。

  A. 对文件的读写操作完成后,必须将它关闭,否则可能导致数据丢失

  B. C 语言中的文件是流式文件,因此只能进行顺序读写操作

  C. 打开一个已存在的文件并进行写操作后,文件中原有的数据必定被覆盖

  D. 当对文件进行写操作后,必须先关闭该文件再打开,才能读取第一个数据

4. 谈谈你对流式文件的理解。

5. 简述文本文件和二进制文件之间的区别与联系。

6. 程序阅读题

(1) 文件 test.txt 中原有的内容为 ECUST CS,下面程序执行完毕后文件中的内容变为_____。

```
#include<stdio.h>
#include<stdlib.h>
int main()
{
  FILE * fp;
  if((fp=fopen("test.txt", "r+"))==NULL)
  {
    printf("File open error!\n");
    exit(1);
  }
  fputs(fp, "Hunan");
  fclose(fp);
  return 0;
}
```

(2) 下面程序的运行输出结果是_____。

```
#include<stdio.h>
#include<stdlib.h>
int main()
{
  FILE * fp;
  int i, s, t;
  if((fp=fopen("test.txt", "w+"))==NULL)
  {
    printf("File open error!\n");
    exit(1);
```

```
  }
  for(i=1; i<=9; i++)
  {
    fprintf(fp,"%d ",i);
    if(i%3==0) fprintf(fp,"\n");
  }
  fseek(fp, 10L, SEEK_SET);
  fscanf(fp, "%d%d", &s, &t);
  printf("%d %d\n", s, t);
  fclose(fp);
  return 0;
}
```

（3）下面程序的输出结果是_____。

```
#include<stdio.h>
#include<stdlib.h>
#include<string.h>
void Fun(char * fname,char * str)
{
  FILE * fp;
  int i;
  if((fp=fopen(fname, "a"))==NULL)
  {
    printf("File open error!\n");
    exit(1);
  }
  for(i=0; i<strlen(str); i++)
    fputc(str[i],fp);
  fclose(fp);
}

int main()
{
  Fun("test.txt", "Hello, ");
  Fun("test.txt", "ECUST!");
  return 0;
}
```

（4）下面程序的功能是_____。

```
#include<stdio.h>
#include<stdlib.h>
#include<string.h>
int main()
{
  FILE * fp;
  int i;
  char str[30];
```

```
  if((fp=fopen("test.txt", "w"))==NULL)
  {
    printf("File open error!\n");
    exit(1);
  }
  gets(str);
  i=0;
  while(str[i])
  {
    if(str[i]>='0'&&str[i]<='9') str[i]+=16;
    fputc(str[i], fp);
    i++;
  }
  rewind(fp);
  fgets(str, 30, fp);
  puts(str);
  fclose(fp);
  return 0;
}
```

（5）以下程序的功能是_____。

```
#include<stdio.h>
#include<stdlib.h>
struct student
{
  char name[10];
  int num;
  int age;
  char addr[20];
}stu[10];

int main()
{
  FILE * fp;
  int i;
  char str[30];
  if((fp=fopen("Students_Inf.dat", "rb"))==NULL)
  {
    printf("File open error!\n");
    exit(1);
  }
  for(i=0; i<10; i+=2)
  {
    fseek(fp,i*sizeof(struct student),0);
    fscanf(&stu[i], sizeof(struct student),1,fp);
    printf("%-10s %4d %4d %-20s\n", stu[i].name, stu[i].num,stu[i].age, stu[i].
addr);
  }
```

```
    fclose(fp);
    return 0;
}
```

7. 程序设计题

(1) 从键盘上输入若干字符,直到输入"@"时为止,然后依次将这些字符写入指定的文件 Myfile.txt 中。

(2) 设计一个程序,该程序的功能是用来统计某个文件中英文字母的个数。

(3) 键盘文件 Scores.dat 上保存了 10 名学生的学号、姓名以及数学、英语、物理课程成绩,打开该文件,计算每个学生的总成绩和平均分,并将结果添加到文件上每个学生信息的后面。

(4) 文件加密。设计一个磁盘文件加密程序,该程序利用移位法将文件 Source_file 中每个字符向后移动 key 个位置进行转换,以实现对文件进行加密,然后写入文件 Encrypt_file 中。

◈ 参 考 文 献

[1] 袁春风,余子濠. 计算机系统导论[M]. 北京：机械工业出版社,2023.

[2] 罗伯特·W. 塞巴斯塔. 程序设计语言原理[M]. 徐宝文,王子元,周晓宇,等译. 北京：机械工业出版社,2022.

[3] 内尔·黛尔,约翰·路易斯. 计算机科学概论[M]. 吕云翔,杨洪洋,曾洪立,等译. 北京：机械工业出版社,2022.

[4] 谭浩强. C 程序设计[M]. 5 版. 北京：清华大学出版社,2017.

[5] 张海藩. 软件工程导论[M]. 6 版. 北京：清华大学出版社,2013.

[6] 托尼·加迪斯. 程序设计基础[M]. 王立柱,刘俊飞,译. 北京：机械工业出版社,2018.

[7] 杨晓光,谢玉芯. 程序设计概论[M]. 北京：科学出版社,2011.

图书资源支持

感谢您一直以来对清华版图书的支持和爱护。为了配合本书的使用，本书提供配套的资源，有需求的读者请扫描下方的"书圈"微信公众号二维码，在图书专区下载，也可以拨打电话或发送电子邮件咨询。

如果您在使用本书的过程中遇到了什么问题，或者有相关图书出版计划，也请您发邮件告诉我们，以便我们更好地为您服务。

我们的联系方式：

清华大学出版社计算机与信息分社网站：https://www.shuimushuhui.com/

地　　址：北京市海淀区双清路学研大厦 A 座 714

邮　　编：100084

电　　话：010-83470236　010-83470237

客服邮箱：2301891038@qq.com

QQ：2301891038（请写明您的单位和姓名）

资源下载：关注公众号"书圈"下载配套资源。

资源下载、样书申请　　　　图书案例

书圈　　　　　　清华计算机学堂

观看课程直播